大数据开发工程师系列

Hadoop & Spark 大数据开发实战

主　编　肖　睿　雷刚跃

副主编　宋丽萍　张　宇　彭　英

中国水利水电出版社
www.waterpub.com.cn
·北京·

内 容 提 要

大数据让我们以一种前所未有的方式，通过对海量数据进行分析，获得有巨大价值的产品和服务，最终形成变革之力。本书围绕 Hadoop 和 Spark 这两个主流技术进行讲解，主要内容包括 Hadoop 环境配置、分布式文件系统 HDFS、分布式计算框架 MapReduce、资源调度框架 YARN 与 Hadoop 新特性、大数据数据仓库 Hive、离线处理辅助系统、Spark Core、Spark SQL、Spark Streaming 等知识。

为保证最优学习效果，本书紧密结合实际应用，利用大量案例说明和实践，提炼含金量十足的开发经验。本书使用 Hadoop 和 Spark 进行大数据开发，并配以完善的学习资源和支持服务，包括视频教程、案例素材下载、学习交流社区、讨论组等终身学习内容，为开发者带来全方位的学习体验，更多技术支持请访问课工场官网：www.kgc.cn。

图书在版编目（CIP）数据

Hadoop & Spark大数据开发实战 / 肖睿，雷刚跃主编. -- 北京：中国水利水电出版社，2017.7（2019.7 重印）
（大数据开发工程师系列）
ISBN 978-7-5170-5643-0

Ⅰ. ①H… Ⅱ. ①肖… ②雷… Ⅲ. ①数据处理软件 Ⅳ. ①TP274

中国版本图书馆CIP数据核字(2017)第164300号

策划编辑：祝智敏　责任编辑：李　炎　加工编辑：祝智敏　封面设计：梁　燕

	大数据开发工程师系列
书　　名	Hadoop & Spark大数据开发实战
	Hadoop & Spark DASHUJU KAIFA SHIZHAN
作　　者	主　编　肖　睿　雷刚跃
	副主编　宋丽萍　张　宇　彭　英
出版发行	中国水利水电出版社
	（北京市海淀区玉渊潭南路 1 号 D 座　100038）
	网　址：www.waterpub.com.cn
	E-mail：mchannel@263.net（万水）
	sales@waterpub.com.cn
	电　话：（010）68367658（营销中心）、82562819（万水）
经　　售	全国各地新华书店和相关出版物销售网点
排　　版	北京万水电子信息有限公司
印　　刷	三河航远印刷有限公司
规　　格	184mm×260mm　16 开本　19.25 印张　416 千字
版　　次	2017 年 7 月第 1 版　2019 年 7 月第 3 次印刷
印　　数	6001—9000 册
定　　价	58.00 元

丛书编委会

前　言

丛书设计：

准备好了吗？进入大数据时代！大数据已经并将继续影响人类的方方面面。2015年8月31日，经李克强总理批准，国务院正式下发《关于印发促进大数据发展行动纲要的通知》，这是从国家层面正式宣告大数据时代的到来！企业资本则以BAT互联网公司为首，不断进行大数据创新，从而实现大数据的商业价值。本丛书根据企业人才实际需求，参考历史学习难度曲线，选取“Java＋大数据”技术集作为学习路径，旨在为读者提供一站式实战型大数据开发学习指导，帮助读者踏上由开发入门到大数据实战的互联网＋大数据开发之旅！

丛书特点：

1．以企业需求为设计导向

满足企业对人才的技能需求是本丛书的核心设计原则，为此课工场大数据开发教研团队，通过对数百位BAT一线技术专家进行访谈、对上千家企业人力资源情况进行调研、对上万个企业招聘岗位进行需求分析，从而实现技术的准确定位，达到课程与企业需求的高契合度。

2．以任务驱动为讲解方式

丛书中的技能点和知识点都由任务驱动，读者在学习知识时不仅可以知其然，而且可以知其所以然，帮助读者融会贯通、举一反三。

3．以实战项目来提升技术

本丛书均设置项目实战环节，该环节综合运用书中的知识点，帮助读者提升项目开发能力。每个实战项目都设有相应的项目思路指导、重难点讲解、实现步骤总结和知识点梳理。

4．以互联网＋实现终身学习

本丛书可通过使用课工场APP进行二维码扫描来观看配套视频的理论讲解和案例操作，同时课工场（www.kgc.cn）开辟教材配套版块，提供案例代码及案例素材下载。此外，课工场还为读者提供了体系化的学习路径、丰富的在线学习资源和活跃的学习社区，方便读者随时学习。

读者对象：

1．大中专院校的老师和学生

2．编程爱好者

3．初中级程序开发人员

4．相关培训机构的老师和学员

读者服务：

为解决本丛书中存在的疑难问题，读者可以访问课工场官方网站（www.kgc.cn），也可以发送邮件到 ke@kgc.cn，我们的客服专员将竭诚为您服务。

致谢：

本丛书是由课工场大数据开发教研团队研发编写的，课工场（kgc.cn）是北京大学旗下专注于互联网人才培养的高端教育品牌。作为国内互联网人才教育生态系统的构建者，课工场依托北京大学优质的教育资源，重构职业教育生态体系，以学员为本、以企业为基，构建教学大咖、技术大咖、行业大咖三咖一体的教学矩阵，为学员提供高端、靠谱、炫酷的学习内容！

感谢您购买本丛书，希望本丛书能成为您大数据开发之旅的好伙伴！

关于引用作品版权说明

为了方便读者学习，促进知识传播，本书选用了一些知名网站的相关内容作为学习案例。为了尊重这些内容所有者的权利，特此声明，凡在书中涉及的版权、著作权、商标权等权益均属于原作品版权人、著作权人、商标权人。

为了维护原作品相关权益人的权益，现对本书选用的主要作品的出处给予说明（排名不分先后）。

序号	选用的网络作品	版权归属
1	MapReduce	hadoop.apache.org
2	YARN	IBM
3	Hive	hive.apache.org
4	Sqoop	sqoop.apache.org
5	Spark	spark.apache.org
6	Spark Streaming	storm.apache.org

由于篇幅有限，以上列表中可能并未全部列出本书所选用的作品。在此，我们衷心感谢所有原作品的相关版权权益人及所属公司对职业教育的大力支持！

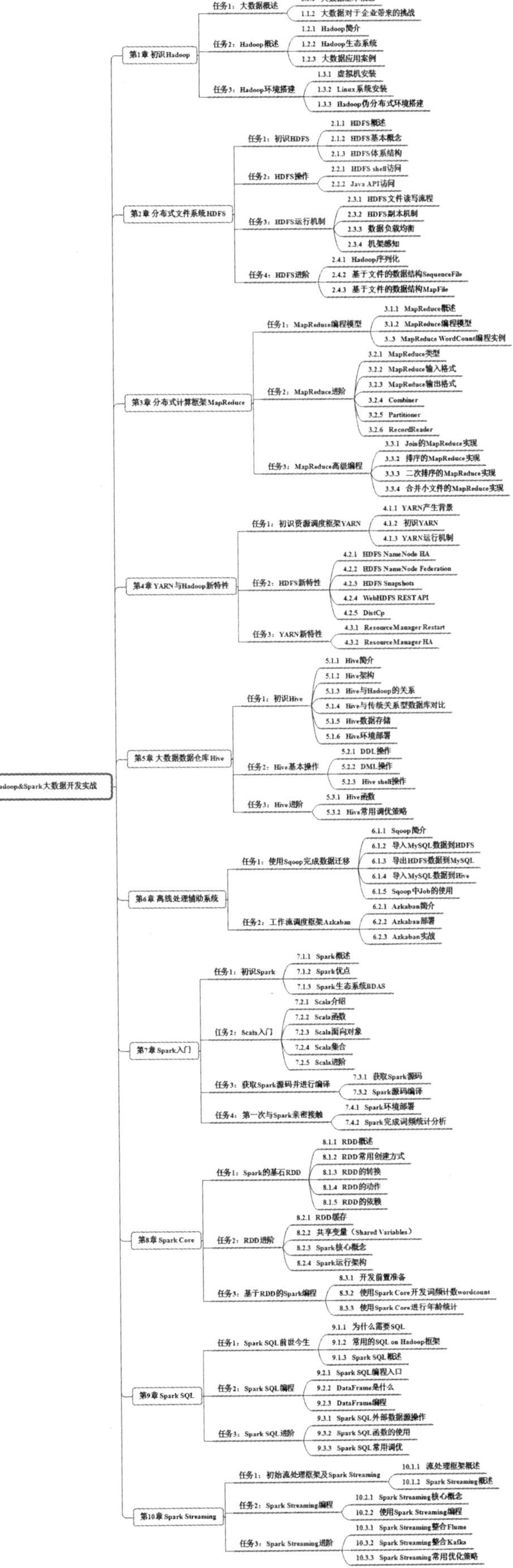

Hadoop&Spark大数据开发实战
第1章 初识Hadoop
任务1：大数据概述
1.1.1 大数据基本概念
1.1.2 大数据对于企业带来的挑战
任务2：Hadoop概述
1.2.1 Hadoop简介
1.2.2 Hadoop生态系统
1.2.3 大数据应用案例
任务3：Hadoop环境搭建
1.3.1 虚拟机安装
1.3.2 Linux系统安装
1.3.3 Hadoop伪分布式环境搭建
第2章 分布式文件系统HDFS
任务1：初识HDFS
2.1.1 HDFS概述
2.1.2 HDFS基本概念
2.1.3 HDFS体系结构
任务2：HDFS操作
2.2.1 HDFS shell访问
2.2.2 Java API访问
任务3：HDFS运行机制
2.3.1 HDFS文件读写流程
2.3.2 HDFS副本机制
2.3.3 数据负载均衡
2.3.4 机架感知
任务4：HDFS进阶
2.4.1 Hadoop序列化
2.4.2 基于文件的数据结构SequenceFile
2.4.3 基于文件的数据结构MapFile
第3章 分布式计算框架MapReduce
任务1：MapReduce编程模型
3.1.1 MapReduce概述
3.1.2 MapReduce编程模型
3..3 MapReduce WordCount编程实例
任务2：MapReduce进阶
3.2.1 MapReduce类型
3.2.2 MapReduce输入格式
3.2.3 MapReduce输出格式
3.2.4 Combiner
3.2.5 Partitioner
3.2.6 RecordReader
任务3：MapReduce高级编程
3.3.1 Join的MapReduce实现
3.3.2 排序的MapReduce实现
3.3.3 二次排序的MapReduce实现
3.3.4 合并小文件的MapReduce实现
第4章 YARN与Hadoop新特性
任务1：初识资源调度框架YARN
4.1.1 YARN产生背景
4.1.2 初识YARN
4.1.3 YARN运行机制
任务2：HDFS新特性
4.2.1 HDFS NameNode HA
4.2.2 HDFS NameNode Federation
4.2.3 HDFS Snapshots
4.2.4 WebHDFS REST API
4.2.5 DistCp
任务3：YARN新特性
4.3.1 ResourceManager Restart
4.3.2 ResourceManager HA
第5章 大数据数据仓库Hive
任务1：初识Hive
5.1.1 Hive简介
5.1.2 Hive架构
5.1.3 Hive与Hadoop的关系
5.1.4 Hive与传统关系型数据库对比
5.1.5 Hive数据存储
5.1.6 Hive环境部署
任务2：Hive基本操作
5.2.1 DDL操作
5.2.2 DML操作
5.2.3 Hive shell操作
任务3：Hive进阶
5.3.1 Hive函数
5.3.2 Hive常用调优策略
第6章 离线处理辅助系统
任务1：使用Sqoop完成数据迁移
6.1.1 Sqoop简介
6.1.2 导入MySQL数据到HDFS
6.1.3 导出HDFS数据到MySQL
6.1.4 导入MySQL数据到Hive
6.1.5 Sqoop中Job的使用
任务2：工作流调度框架Azkaban
6.2.1 Azkaban简介
6.2.2 Azkaban部署
6.2.3 Azkaban实战
第7章 Spark入门
任务1：初识Spark
7.1.1 Spark概述
7.1.2 Spark优点
7.1.3 Spark生态系统BDAS
任务2：Scala入门
7.2.1 Scala介绍
7.2.2 Scala函数
7.2.3 Scala面向对象
7.2.4 Scala集合
7.2.5 Scala进阶
任务3：获取Spark源码并进行编译
7.3.1 获取Spark源码
7.3.2 Spark源码编译
任务4：第一次与Spark亲密接触
7.4.1 Spark环境部署
7.4.2 Spark完成词频统计分析
第8章 Spark Core
任务1：Spark的基石RDD
8.1.1 RDD概述
8.1.2 RDD常用创建方式
8.1.3 RDD的转换
8.1.4 RDD的动作
8.1.5 RDD的依赖
任务2：RDD进阶
8.2.1 RDD缓存
8.2.2 共享变量（Shared Variables）
8.2.3 Spark核心概念
8.2.4 Spark运行架构
任务3：基于RDD的Spark编程
8.3.1 开发前置准备
8.3.2 使用Spark Core开发词频计数wordcount
8.3.3 使用Spark Core进行年龄统计
第9章 Spark SQL
任务1：Spark SQL前世今生
9.1.1 为什么需要SQL
9.1.2 常用的SQL on Hadoop框架
9.1.3 Spark SQL概述
任务2：Spark SQL编程
9.2.1 Spark SQL编程入口
9.2.2 DataFrame是什么
9.2.3 DataFrame编程
任务3：Spark SQL进阶
9.3.1 Spark SQL外部数据源操作
9.3.2 Spark SQL函数的使用
9.3.3 Spark SQL常用调优
第10章 Spark Streaming
任务1：初始流处理框架及Spark Streaming
10.1.1 流处理框架概述
10.1.2 Spark Streaming概述
任务2：Spark Streaming编程
10.2.1 Spark Streaming核心概念
10.2.2 使用Spark Streaming编程
任务3：Spark Streaming进阶
10.3.1 Spark Streaming整合Flume
10.3.2 Spark Streaming整合Kafka
10.3.3 Spark Streaming常用优化策略

目　录

第 9 章 Spark SQL 245

第 10 章 Spark Streaming 271

第 1 章

初识 Hadoop

本章重点

※ Hadoop 环境部署

本章目标

※ 了解大数据和 Hadoop 是什么
※ 掌握 Hadoop 的核心构成
※ 了解 Hadoop 生态系统
※ 掌握虚拟机、CentOS 和 Hadoop 的安装

本章任务

学习本章，需要完成以下 3 个工作任务。请记录下来学习过程中所遇到的问题，可以通过自己的努力或访问 kgc.cn 解决。

任务 1：大数据概述

了解大数据的基本概念和基本特征，大数据对企业带来的挑战有哪些。

任务 2：Hadoop 概述

了解 Hadoop 是什么，掌握 Hadoop 的核心构成，了解 Hadoop 生态系统中各个组件的功能。

任务 3：Hadoop 环境搭建

掌握虚拟机、CentOS、Hadoop 的安装。

任务 1 大数据概述

关键步骤如下：

- 了解大数据是什么。
- 了解大数据的特征。
- 了解大数据给企业带来了哪些方面的挑战。

1.1.1 大数据基本概念

1. 大数据概述

相信大家会在各种场合经常听到“大数据”这个词，被誉为数据仓库之父的 Bill Inmon 早在 20 世纪 90 年代就经常将大数据挂在嘴边了。那么到底什么是大数据呢？这是我们本任务中要了解的。

我们现在生活的时代是一个数据时代，近年来随着互联网的的高速发展，每分每秒都在产生数据，那么产生的这些数据如何进行存储和相应的分析处理呢？在这种情况下，各大公司纷纷研发和采用一批新技术，主要包括分布式文件系统、分布式计算框架等等，这些是我们需要学习和掌握的。

互联网周刊对大数据的定义为：“大数据”的概念远不止大量的数据（TB）和处理大量数据的技术，或者所谓的“4 个 V”之类的简单概念，而是涵盖了人们在大规模数据的基础上可以做的事情，而这些事情在小规模数据的基础上是无法实现的。换句话说，大数据让我们以一种前所未有的方式，通过对海量数据进行分析，获得有巨大价值的产品和服务，或深刻的洞见，最终形成变革之力。

2. 大数据特征

（1）数据量大（Volume）

随着网络技术的发展和普及，每时每刻都会产生大量的数据。在我们的日常生活中，比如说你在电商网站上购物、在直播平台看直播、阅读新闻等等操作，都会产生很多的日志，每分每秒产生的数据量是非常巨大的。

（2）类型繁多（Variety）

大数据中最常见的类型是日志，除了日志之外常见的还有音频、视频、图片等等。由于不同类型的数据没有明显的模式，具有多样性的特点，这对于数据的处理要求也会更高。

（3）价值密度低（Value）

现阶段每时每刻产生的数据量已经很大了，如何从大量的日志中提取出来我们所需要的、对我们有价值的东西是最重要的。数据量越来越大，那么里面必然会存在着大量与我们所需要的不相干的信息，如何更迅速地完成数据的价值提炼，是大数据时代有待解决的问题。

（4）处理速度快（Velocity）

传统的离线处理的时效性不高，换句话说时延是非常高的。随着时代的发展，对时效性要求越来越高，需要实时对产生的数据进行分析处理，而不是采用原来的批处理方式。

1.1.2　大数据对于企业带来的挑战

1. 对现有数据库的挑战

随着互联网时代的到来，现在产生的数据如果想存储在传统数据库里面是不太现实的，即便传统的数据库有集群的概念，但是传统的数据库不能处理数 TB 级别的数据分析。而且现阶段产生的数据类型有很多，有些类型的数据是没办法使用结构化数据查询语言（SQL）来处理的。

2. 实时性的技术挑战

我们知道数据所产生的价值是随着时间的流逝而大大降低的，所以当数据产生后我们要尽可能快的进行处理。最典型的就是电商网站的推荐系统，早些年的推荐系统都是基于批处理来进行的，比如每隔半天或者一天进行计算然后再进行推荐，这样就会有很大的延时，对于订单的转换而言有效果但不很好。如果能做到实时推荐，那么肯定能大大提高公司的营收。

传统的离线批处理对处理时间的要求并不高。实时处理的要求是区别大数据应用和传统数据库技术、或者离线技术的关键差别之一。

3. 对数据中心、运维的挑战

每天创建的数据量正呈爆炸式增长，那么这么多数据如何进行高效的收集、存储、计算都是数据中心要面临的一个非常棘手的问题。要处理快速增长的数据量所需要的机器日益增多，那么对于运维团队来说压力也会增加。

至此，在掌握以上相关知识后，任务 1 就可以完成了。

任务 2 Hadoop 概述

关键步骤如下：

- 认知 Hadoop 是什么。
- 了解 Hadoop 的发展史。
- 掌握 Hadoop 中的核心组件及功能。
- 了解 Hadoop 常用的发行版本。
- 了解 Hadoop 生态系统中常用的处理框架。
- 了解大数据在企业中的应用案例。

1.2.1 Hadoop 简介

1. 什么是 Hadoop

Hadoop 是 Apache 基金会旗下的一个分布式系统基础架构。主要包括：分布式文件系统 HDFS（Hadoop Distributed File System）、分布式计算系统 MapReduce 和分布式资源管理系统 YARN。可以使得用户在不了解分布式底层细节的情况下，开发分布式程序、充分利用集群的分布式能力进行运算和存储。以 Apache Hadoop 为生态系统的框架是目前分析海量数据的首选。

针对第一节中描述的大数据，我们如何对这些数据进行分析或者提取出我们所需要的有价值的信息呢？我们可以采用 Hadoop 以及生态圈提供的分布式存储和分布式计算的功能来完成。

2. Hadoop 发展史

（1）2002 年，Doug Cutting 团队开发了网络搜索引擎 Nutch，这就是 Hadoop 的前身；

（2）2003—2004 年，Google 两篇论文诞生：GFS 和 MapReduce；

（3）2006 年，为致力于 Hadoop 技术的发展，Doug Cutting 加入 Yahoo!；

（4）2008 年 1 月，Hadoop 成为 Apache 顶级项目，并在同年 7 月打破最快排序 1TB 数据的世界纪录；

（5）2008 年 9 月，Hive 成为 Hadoop 子项目；

（6）2009 年 3 月，Cloudera 推出 CDH；

（7）2011 年 12 月，1.0.0 版本发布，标志着 Hadoop 已经初具生产规模；

（8）2013 年 10 月，发布 2.2.0 版本，正式进入 2.x 时代；

（9）2014 年，先后发布了 Hadoop2.3.0，Hadoop2.4.0，Hadoop2.5.0 和 Hadoop2.6.0；

（10）2015 年，发布 Hadoop2.7.0；

（11）2016 年，发布 Hadoop3.0-alpha 版本，预示着 Hadoop 即将进入 3.x 时代。

3. Hadoop 核心构成

Hadoop 框架主要包括三大部分：分布式文件系统、分布式计算系统、资源管理系统。

（1）分布式文件系统 HDFS

源自于 Google 发表于 2003 年 10 月的 GFS 论文，HDFS 是 GFS 克隆版。

Hadoop 分布式文件系统（HDFS）能提供对数据访问的高吞吐量，适用于大数据场景的数据存储，因为 HDFS 提供了高可靠性（主要通过多副本来实现）、高扩展性（通过添加机器来达到线性扩展）和高吞吐率的数据存储服务。按照官方的说法，HDFS 是被设计成能够运行在通用硬件上的分布式文件系统，所以我们的 Hadoop 集群可以部署在普通的机器上，并不需要部署在价格昂贵的小型机或者其他机器上，能够大大减少公司的运营成本。

HDFS 的基本原理是将数据文件以指定的块的大小拆分成数据块，并将数据块以副本的方式存储到多台机器上，即使其中的某个节点出现故障，那么该节点上存储的数据块副本丢失，但是该副本在其他节点上还有对应的数据副本，所以在 HDFS 中即使某个节点出现问题也不会产生数据的丢失（前提是你的 Hadoop 集群的副本系数大于 1）。HDFS 将数据文件的切分、容错、负载均衡等功能透明化（用户是感知不到整个过程的，只知道上传了一个文件到 HDFS 上，其中数据的切分、存储在哪些机器上是感知不到的，非常易用），我们可将 HDFS 看成一个容量巨大、具有高容错性的磁盘，在使用的时候完全可以当作普通的本地磁盘进行使用。所以说 HDFS 是适用于海量数据的可靠性存储。

（2）分布式计算系统 MapReduce

MapReduce 是一个编程模型，用以进行大数据量的计算。MapReduce 的名字源于这个模型中的两项核心操作：Map（映射）和 Reduce（归纳）。MapReduce 是一种简化并进行应用程序开发的编程模型，能让没有多少并行应用经验的开发人员也可以快速的学会并行应用的开发，而不需要去关注并行计算中的一些底层问题，只要按照 MapReduce API 的编程模型实现相应业务逻辑的开发即可。

一个 MapReduce 作业通常会把输入的数据集切分为若干独立的数据块，由 map 任务以并行的方式处理它们，对 map 的输出先进行排序，然后把结果输入给 reduce 任务，由 reduce 任务来完成最终的统一处理。通常 MapReduce 作业的输入和输出都是使用 Hadoop 分布式文件系统 HDFS 进行存储，换句话说就是 MapReduce 框架处理数据的输入源和输出目的地大部分场景都是存储在 HDFS 上的。

在部署 Hadoop 集群时，通常是将计算节点和存储节点部署在相同的节点之上，这样做的好处是允许计算框架在任务调度时，可以将作业优先调度到那些已经存有数据的节点上进行数据的计算，这可以使整个集群的网络带宽被非常高效地利用，这就是大数据中非常有名的一句话“移动计算而不是移动数据”。

（3）资源管理系统 YARN

Hadoop YARN 的基本思想是将 Hadoop1.x 中的 MapReduce 架构中 JobTracker 的资源管理和作业调度监控功能进行分离，解决了在 Hadoop1.x 中只能运行 MapReduce 框架的限制。

YARN 是随着 Hadoop 发展而催生的新框架，全称是 Yet Another Resource Negotiator，是一个通用资源管理系统，可为运行在 YARN 之上的分布式应用程序提供统一的资源管理和调度，它的引入为集群在利用率、资源统一管理和数据共享等方面带来了很大好处，而且在 YARN 之上我们可运行各种不同类型的作业，比如：MapReduce、Spark、Tez 等不同的计算框架。

4. 为什么很多公司选择 Hadoop 作为大数据平台的解决方案

（1）Hadoop 源代码开源；

（2）社区活跃、参与者众多（这是我们选择某一项框架的很重要的原因，试想如果社区都不活跃，那么当我们在工作中遇到各种问题时，如何去解决）；

（3）涉及大数据分布式存储和计算的各个场景；

（4）发展了 10 余年，已得到企业各界的验证。

5. Hadoop 发行版本

Hadoop 的发行版除了社区的 Apache Hadoop 外，Cloudera、Hortonworks、MapR 等都提供了自己的商业版本。商业版主要是提供了各项服务的支持（高级功能要收取一定的费用），这对一些研发能力不是太强的企业来说是非常好的，公司只要出一定的费用就能使用到一些高级功能。每个发行版都有自己的一些特点，这里就使用最多的 CDH 和 HDP 发行版的特点做简单介绍。

（1）Cloudera CDH

Cloudera CDH 版本的 Hadoop 是现在国内公司用的最多的。

特点：Cloudera Manager（简称 CM）小白式安装，CM 配置简单、升级方便，资源分配设置方便，非常便于整合 Impala，而且文档写的很好，与 Spark 的整合力度非常好。在 CM 的基础之上，我们通过页面就能完成对 Hadoop 生态系统的环境的各种安装、配置和升级。

缺点：CM 不开源，Hadoop 的功能和社区版有些出入。

（2）Hortonworks HDP

特点：原装 Hadoop、纯开源，版本和社区版一致，支持 Tez，集成开源监控方案 Ganglia 和 Nagios。

缺点：安装、升级、添加删除节点比较麻烦。

1.2.2　Hadoop 生态系统

1．概述

当下 Hadoop 已经成长为一个庞大的体系，貌似只要和海量数据相关的，没有哪个领域缺少 Hadoop 的身影。

狭义的 Hadoop：是一个适合大数据分布式存储和分布式计算的平台，包括 HDFS、MapReduce 和 YARN。

广义的 Hadoop：指以 Hadoop 为基础的生态系统，是一个很庞大的体系，Hadoop 是其中最重要最基础的一个部分；生态系统中的每个子系统只负责解决某一个特定的问题域（甚至可能更窄），不是一个全能系统而是小而精的多个小系统。Hadoop 生态系统的主要构成如图 1.1 所示。

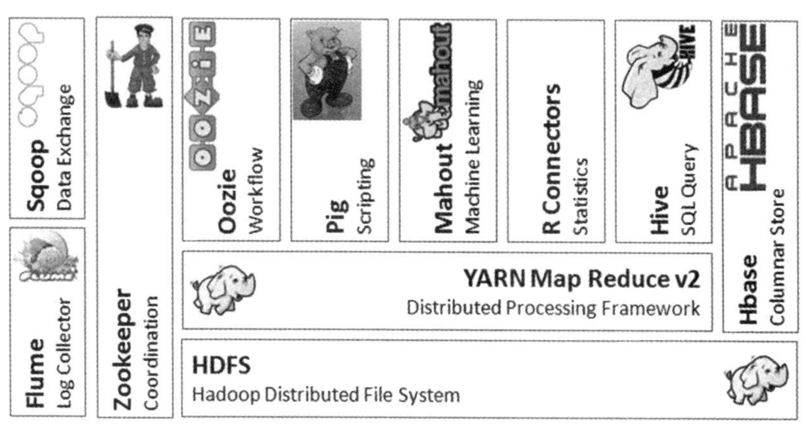

图 1.1　Hadoop 生态系统

2．HDFS

Hadoop 生态圈的基本组成部分是 Hadoop 分布式文件系统（HDFS）。大数据处理框架比如 MapReduce 或者 Spark 等要处理的数据源大部分都是存储在 HDFS 之上。Hive 或者 HBase 等框架的数据通常情况下也是存储在 HDFS 之上的。简言之：HDFS 为大数据的存储提供了保障。

3．MapReduce

MapReduce 是一个分布式、并行处理的编程模型。开发人员编写 Hadoop 的 MapReduce 作业就能使用存储在 HDFS 中的数据来完成相应的数据处理功能。

4．YARN

是 Hadoop2.x 之后对 Hadoop1.x 之前 JobTracker 和 TaskTracker 模型的优化而诞生的，主要职责是负责整个系统的资源管理和调度，而且在 YARN 之上能运行各种不同类型（MapRedce、Tez、Spark）的执行框架。

5. HBase

HBase 是一个建立在 HDFS 之上的面向列的数据库，用于快速读 / 写大量数据。HBase 使用 ZooKeeper 进行管理，确保所有组件都正常运行。HBase 查询速度的一个关键因素就是其 RowKey 设计的是否合理，这点需要重点关注。

6. ZooKeeper

ZooKeeper 是分布式协调服务的框架。Hadoop 的许多组件依赖于 ZooKeeper，比如 HDFS NameNode HA 的自动切换、HBase 的高可用、以及 Spark Standalone 模式 Master 的 HA 机制都是通过 ZooKeeper 来实现的。

7. Hive

Hive 让不熟悉 MapReduce 的开发人员能编写数据查询语句（SQL 语句）来对大数据进行统计分析操作。Hive 的执行原理就是将 SQL 语句翻译为 MapReduce 作业，并提交到 Hadoop 集群上运行，这个框架一诞生就受到了很多熟悉 SQL 的人员的追捧，因为只需要写 SQL，而不需要面向 MapReduce 编程 API 进行相应代码的开发，大大降低了学习的门槛也提升了开发效率。

8. Pig

Pig 是一个用于并行计算的高级数据流语言和执行框架，有一套和 SQL 类似的执行语句，处理的对象是 HDFS 上文件。Pig 的数据处理语言是数据流方式的，一步一步的进行处理（该框架简单了解即可，近些年在生产上使用的并不是太多）。

9. Sqoop

是一个用于在关系数据库、数据仓库（Hive）和 Hadoop 之间的数据转移框架。可以借助于 Sqoop 完成关系型数据库到 HDFS、Hive、HBase 等 Hadoop 生态系统中框架的数据导入导出操作，底层也是通过 MapReduce 作业来实现的。

10. Flume

Flume 是由 Cloudera 提供的一个分布式、高可靠、高可用的服务，用于分布式的海量日志的高效收集、聚合、移动 / 传输系统的框架；Flume 是一个基于流式的数据的非常简单的（只需要一个配置文件）、灵活的、健壮的、容错的架构。

11. Oozie

Oozie 是一个工作流调度引擎，在 Ooize 上可以执行 MapReduce、Hive、Spark 等不同类型的单一或者依赖性（后一个作业的执行是依赖于前一个或者多个作业执行成功后执行的）的作业。可以使用 Cloudera Manager 中的 HUE 子项目在页面上对 Oozie 进行配置和管理。类似的工作流调度引擎在大数据中使用的还有 Azkaban，后续章节详细介绍。

12. Mahout

Mahout 是一个机器学习和数据挖掘库，它提供的 MapReduce 包含很多实现，包括聚类算法、回归测试、统计建模。

1.2.3　大数据应用案例

1. 大数据在华数传媒的应用

当下大数据之热使得技术界对 Hadoop 的话题热火朝天。但在日常工作中，企业往往还是遵循既有模式，对于 Hadoop 到底能否真正帮到企业的应用依然心存顾虑。Hadoop 是不是很年轻？这个开源的事物能否符合公司业务级的严谨要求？有没有企业真的应用过？一系列问题萦绕人们心头。这可以理解，毕竟任何一个新生事物出来都要有一个接受过程。

对于 Hadoop，其实这些都不是问题。专业人士都知道，Hadoop 到现在已有 10 余年，这对于一个实用技术的稳定发展已足够长久。事实上，虽然"大数据"一词才出来二三年，但它实际指称的海量的、多类型的数据现象早就有了，不但在互联网领域，更在工业、商业、通信、金融、传媒等存在久远。比如，生产线上巨量传感器数据的接收分析、通信系统全程全网的实时日志文件采集与分析、医疗系统密集数据采集与分析从而帮助快速的科学诊断等等，所有这些都需要新型的数据处理技术来支撑。Hadoop 在这些领域突显了强大竞争力，并在国内外的相关实践中获得广泛应用。

2013 年，华数传媒的大数据系统完成了从无到有的基础建设，实现了基本应用。然而，华数大数据仍面临很多挑战：数据量增加带来的服务性能压力、数据分析无法满足高时效性业务、业务支撑功能无法满足复杂的商用需求、对网络和服务器质量等数据分析仍为空白等等。为此，华数传媒亟需解决如下问题：

（1）数据采集、存储和转发。通过大数据技术满足海量、多来源、多样性数据的存储、管理要求，支持平台硬件的线性扩展，提供快速实时的数据分析结果，并迅速作用于业务。

（2）个性化用户推荐。不仅限于数据本身的分析和决策价值，通过构建在大数据平台之上整合业务能力，为用户提供融合、个性化的内容服务。

（3）从内容传输到内容制造。使用大数据挖掘技术先于观众知道他们需求，预知将受到追捧的电视。另外，通过观众对演员、情节、基调、类型等元数据的标签化，来了解受众偏好，从而进行分析观测，为后续的影视制作等内容开发做好准备。

（4）使用大数据平台提供基于全量数据的实时榜单。以时间（小时 / 天 / 周）、用户等维度，对点播节目、直播节目、节目类别、搜索关键词等进行排名分析、同比环比分析、趋势分析等。地区风向标主要以城市和时间等维度分析点播排行、剧集排行、分类排行、热搜排行及用户数量的变化。另外，从时间、频道、影片类型、剧集等维度，根据在看数量、新增数量、结束观看数量、完整看完等分析用户走向。

（5）新媒体指数分析。通过对用户行为分析获取很多的隐性指标，从侧面反映用户对业务的认可度、用户的使用行为习惯等。在此基础之上，大数据分析可帮助华数传媒构建规范的指标分析和衡量体系，为业务运营提供强有力的指导。

（6）智能推荐。运用星环科技大数据基础架构，通过对用户行为数据的采集分析，进行精准画像，使用智能推荐引擎，实现信息的个性化推荐（TV 屏、手机、PC）、个性化营销（个性化广告、丰富产品组合、市场分析）。

基于可持续扩展和优化智能推荐算法，以及大数据带来的实时数据交互能力，为每一个用户量身定做的推荐节目极大提高了产品的到达率，增强了用户忠诚度。

2. 大数据在全球最大超市 Wal-Mart 的应用

Wal-Mart 应用大数据技术分析顾客商品搜索行为，找出超越竞争对手的商机。

全球最大连锁超市 Wal-Mart 虽然十年前就投入在线电子商务，但在线销售的营收远远落后于 Amazon。后来，Wal-Mart 决定采用 Hadoop 来分析顾客搜寻商品的行为，以及用户通过搜索引擎寻找到 Wal-Mart 网站的关键词，利用这些关键词的分析结果发掘顾客需求，以规划下一季商品的促销策略，甚至打算分析顾客在 Facebook、Twitter 等社交网站上对商品的讨论，甚至 Wal-Mart 能比父亲更快知道女儿怀孕的消息，并且主动寄送相关商品的促销邮件，期望能比竞争对手提前一步发现顾客需求。

3. 大数据在全球最大拍卖网站 eBay 的应用

eBay 用 Hadoop 拆解非结构性巨量数据，降低数据仓储负载。

经营拍卖业务的 eBay 用 Hadoop 来分析买卖双方在网站上的行为。eBay 拥有全世界最大的数据仓储系统，每天增加的数据量有 50TB，光是储存就是一大挑战，更何况要分析这些数据，而且更困难的挑战是这些数据包括结构化的数据和非结构化的数据，如照片、影片、电子邮件、用户的网站浏览 Log 记录等。

eBay 是全球最大的拍卖网站，8 千万名用户每天产生的 50TB 数据量，相当于五天就增加了 1 座美国国会图书馆的数据量。

eBay 分析平台高级总监 Oliver Ratzesberger 也坦言，大数据分析最大的挑战就是要同时处理结构化以及非结构化的数据。eBay 正是用 Hadoop 来解决这一难题。

eBay 在 5 年多前就另外设置了一个软硬件整合的平台 Singularity，搭配压缩技术来解决结构化数据和半结构化数据分析问题，3 年前更在这个平台整合了 Hadoop 来处理非结构化数据，通过 Hadoop 来进行数据预处理，将大块结构化和非结构化数据拆解成小型数据，再放入数据仓储系统的数据模型中分析，来加快分析速度，也减轻对数据仓储系统的分析负载。

至此，在学习了以上相关知识后，任务 2 就可以完成了。

任务 3 Hadoop 环境搭建

关键步骤如下：

➢ 虚拟机安装。

- CentOS 安装。
- Hadoop 伪分布式环境搭建。

1.3.1　虚拟机安装

1. 虚拟机概述

虚拟软件可以使你在一台机器上同时运行两个或更多 Windows、Linux 等系统。它可以模拟一个标准 PC 环境，这个环境和真实的计算机一样，都有芯片组、CPU、内存、显卡、声卡、网卡、软驱、硬盘、光驱、串口、并口、USB 控制器等。

常用的虚拟软件：

（1）VMware Workstation（本书中采用该软件，软件版本可以任意选择，区别不大）

（2）VirtualBox

2. VMware 安装

（1）点击安装文件后启动界面，欢迎界面如图 1.2 所示。

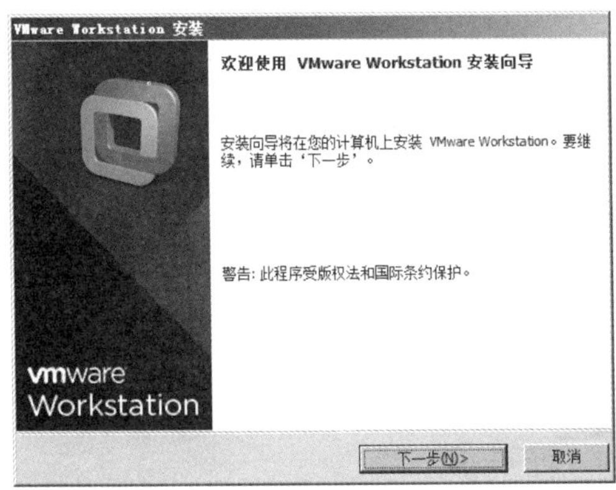

图 1.2　安装 VMware-欢迎界面

（2）点击“下一步”，界面如图 1.3 所示。

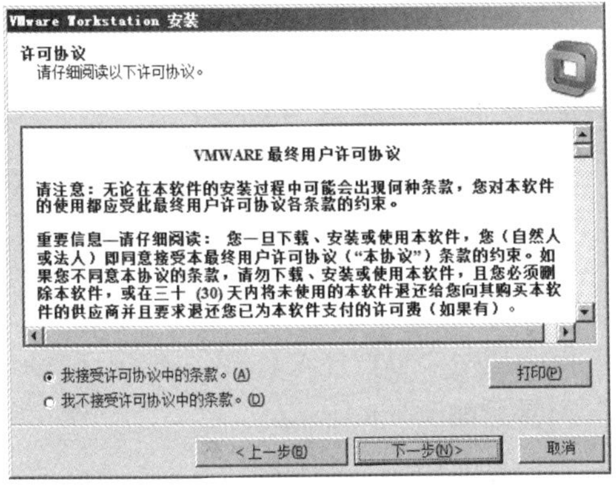

图 1.3　安装 VMware-接受安装许可

（3）选择“我接受许可协议中的条款”后点击“下一步”，点击“自定义”按钮，如图 1.4 所示。

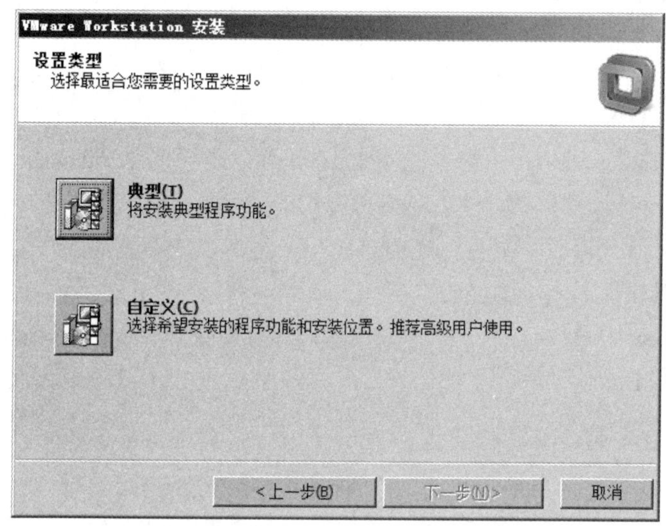

图 1.4　安装 VMware-自定义安装

（4）更改安装位置和选择安装的功能后如图 1.5 所示。

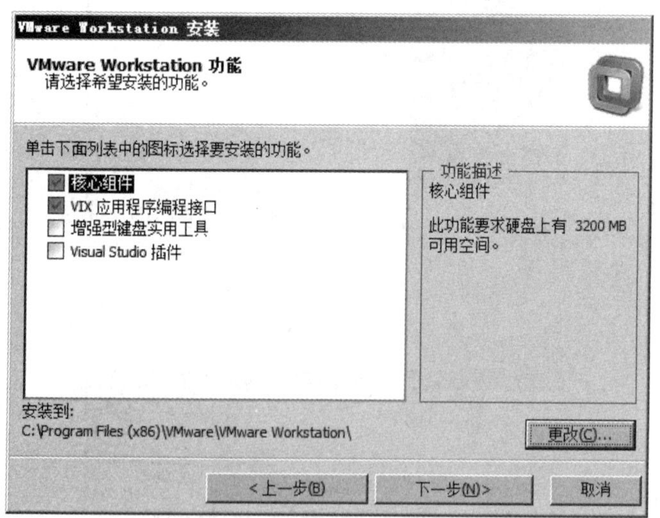

图 1.5　安装 VMware-选择安装目录

（5）点击“下一步”后如图 1.6 所示。

（6）勾选“桌面”和“开始菜单程序文件夹”后点击“下一步”，如图 1.7 所示。

（7）点击“继续”，界面如图 1.8 所示。

（8）“安装向导完成”界面如图 1.9 所示。

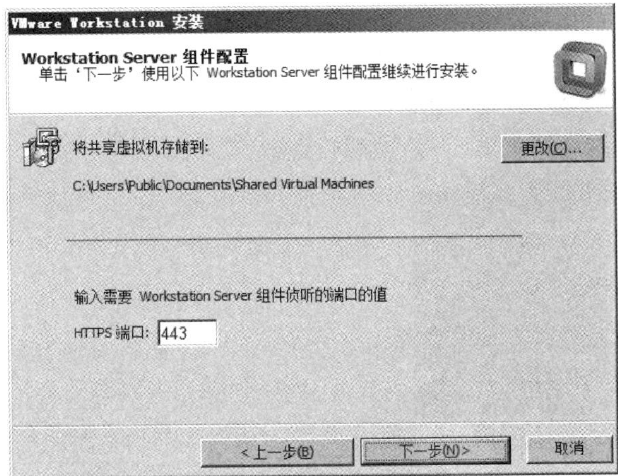

图 1.6　安装 VMware-安装组件

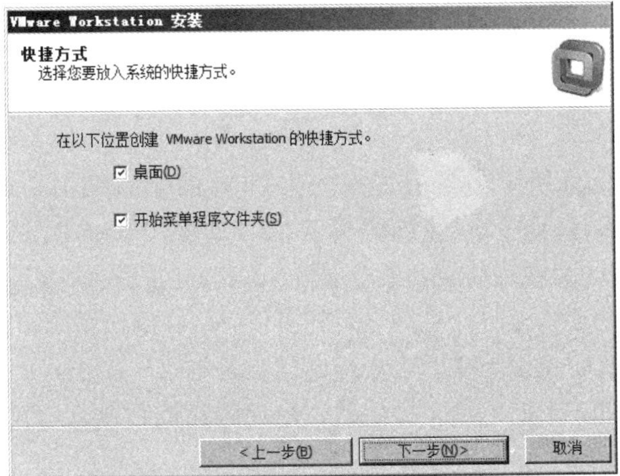

图 1.7　安装 VMware-选择创建快捷方式

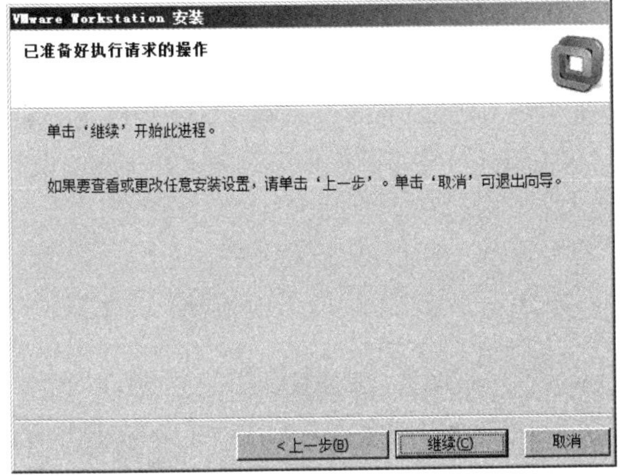

图 1.8　安装 VMware-继续安装

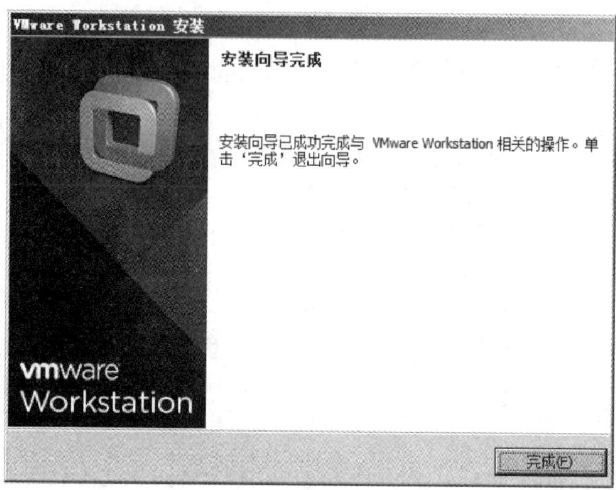

图 1.9　安装 VMware-安装完成

1.3.2　Linux 系统安装

1. Linux 概述

Linux 是一套免费使用和自由传播的类 Unix 操作系统，是一个基于 POSIX 和 UNIX 的多用户、多任务、支持多线程和多 CPU 的操作系统。它能运行主要的 UNIX 工具软件、应用程序和网络协议，它支持 32 位和 64 位硬件。Linux 继承了 UNIX 以网络为核心的设计思想，是一个性能稳定的多用户网络操作系统。

Linux 操作系统诞生于 1991 年 10 月 5 日（这是第一次正式向外公布的时间）。Linux 可安装在手机、平板电脑、路由器、视频游戏控制台、台式计算机、大型机和超级计算机等各种设备中。

严格来讲，Linux 这个词本身只表示 Linux 内核，但实际上人们已经习惯了用 Linux 来形容整个基于 Linux 内核，并且使用 GNU 工程各种工具和数据库的操作系统。

Linux 是一种自由和开放源码的系统，并有 GPL 授权，那么全世界的任何人都可以对其进行修改源代码然后进行发布使用，所以就会存在着许多不同的 Linux 版本，但它们都使用了 Linux 内核。所以 Linux 会有很多的变种以及版本：

（1）Ubuntu：2004 年 9 月发布，最为流行的桌面 Linux 发行版；个人应用的比较多，社区力量很庞大。

（2）Red Hat：使用最广，性能稳定；商业版。

（3）CentOS：2003 年底推出，rhel 的重新编译版，免费；服务器发行版；本书将采用该发布版本。

为什么选择 CentOS?

（1）主流：目前的 Linux 操作系统主要应用于生产环境，主流企业级 Linux 系统仍旧是 RedHat 或者 CentOS。

（2）免费：Red Hat 和 CentOS 差别不大，CentOS 是一个基于 Red Hat Linux 提

供的可自由使用源代码的企业级 Linux 发行版本。

（3）更新方便：CentOS 独有的 yum 命令支持在线升级，可以即时更新系统，不像 Red Hat 那样需要花钱购买支持服务！

2. CentOS 安装

（1）首先安装 VMware Workstation，安装过程常见 VMware 安装章节。

（2）点击【文件】/【新建虚拟机】或直接点击【创建新的虚拟机】图标，如图 1.10 所示。

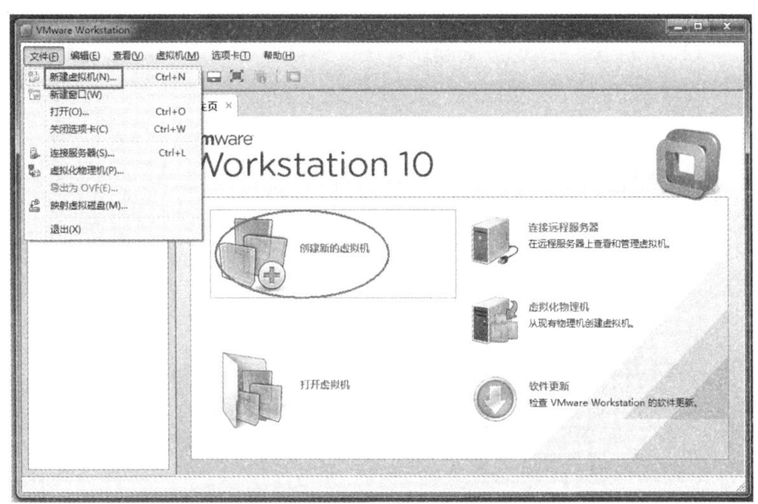

图 1.10　安装 CentOS-新建虚拟机

（3）在图 1.11 中选择“典型（推荐）”，点击“下一步”。

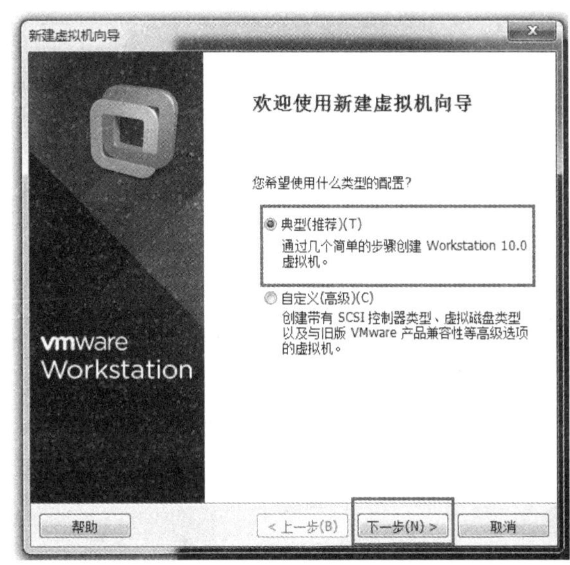

图 1.11　安装 CentOS-选择典型方式安装

（4）图 1.12 中选择“稍后安装操作系统”。

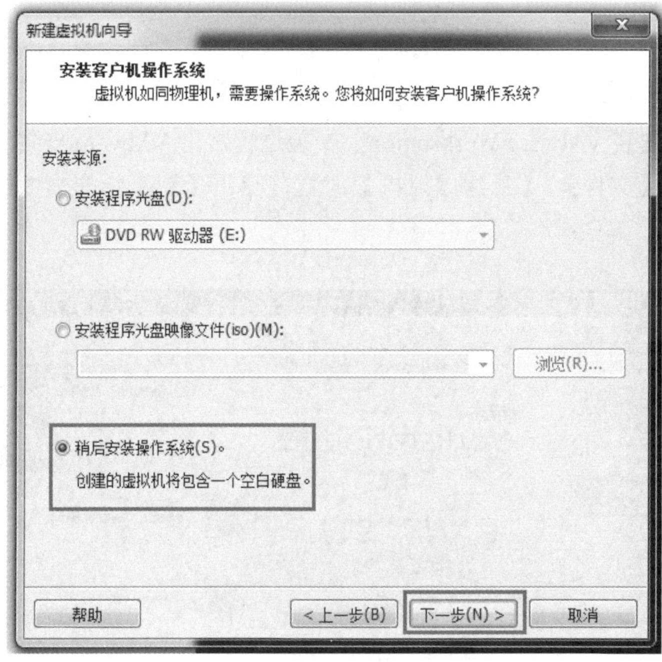

图 1.12　安装 CentOS-选择稍后安装操作系统

（5）在图 1.13 中选择操作系统和版本。

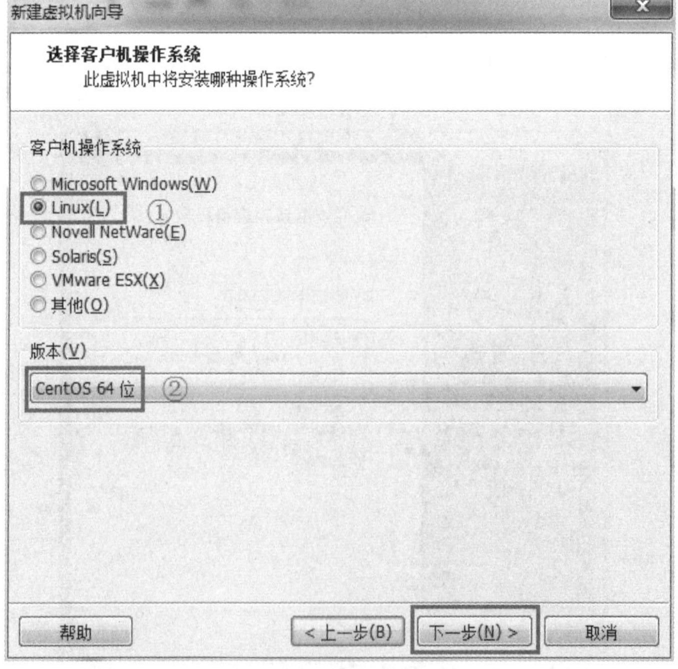

图 1.13　安装 CentOS-选择 Linux 以及 64 位系统

（6）在图 1.14 中输入虚拟机名称和安装路径。

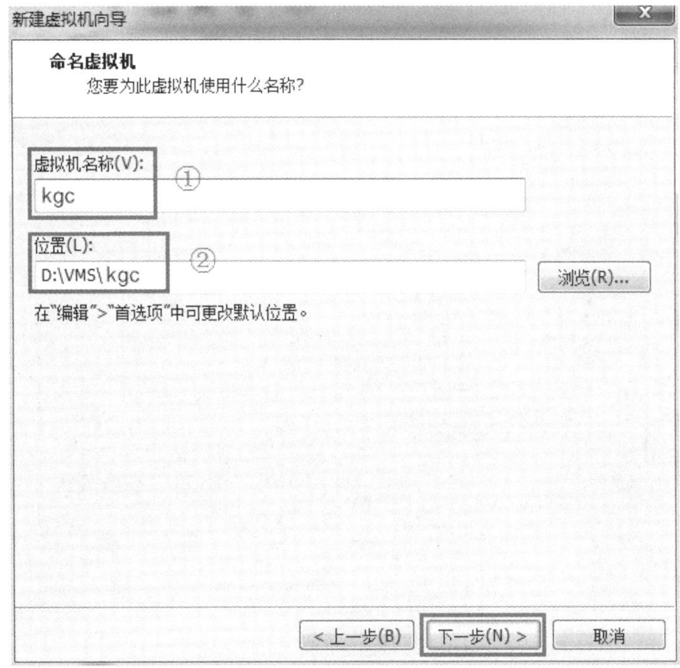

图 1.14　安装 CentOS-虚拟机名称和安装路径

（7）在图 1.15 中设置磁盘大小。

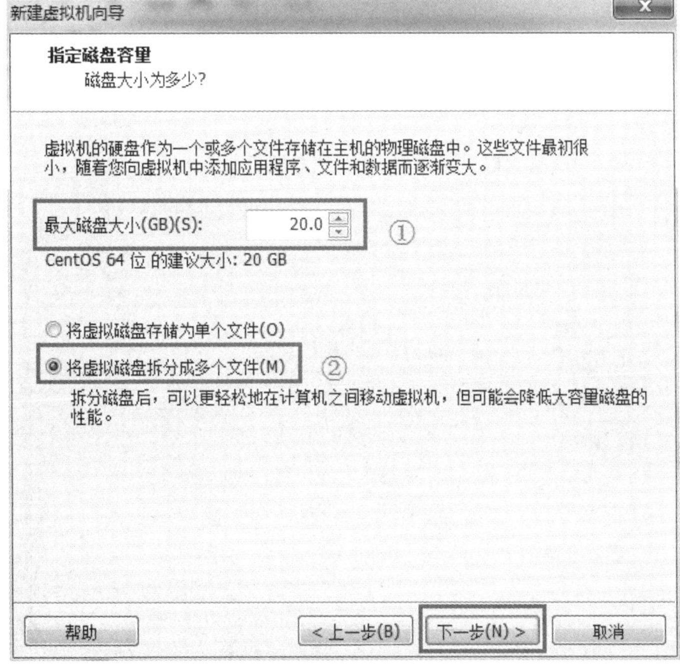

图 1.15　安装 CentOS-选择磁盘占用空间

（8）在图 1.16 中自定义硬件。

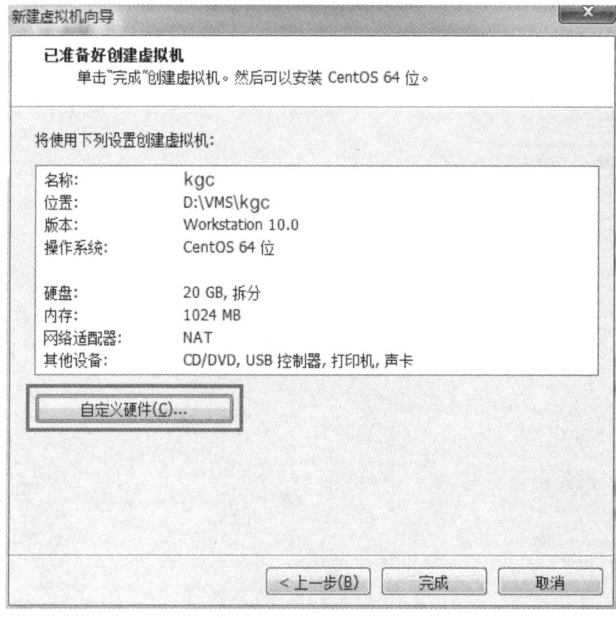

图 1.16　安装 CentOS- 自定义硬件

（9）在图 1.17 中选择 CentOS 安装镜像文件。

图 1.17　安装 CentOS- 选择 CentOS 的镜像文件

（10）在图 1.18 中点击“完成”。

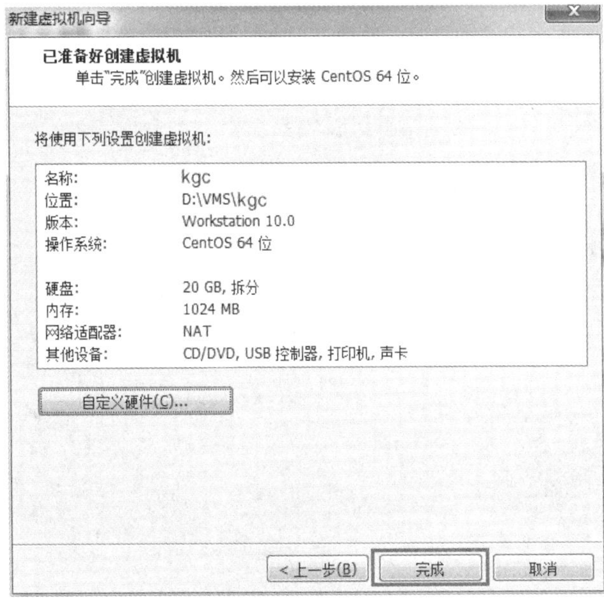

图 1.18　安装 CentOS-完成

（11）在图 1.19 中启动虚拟机。

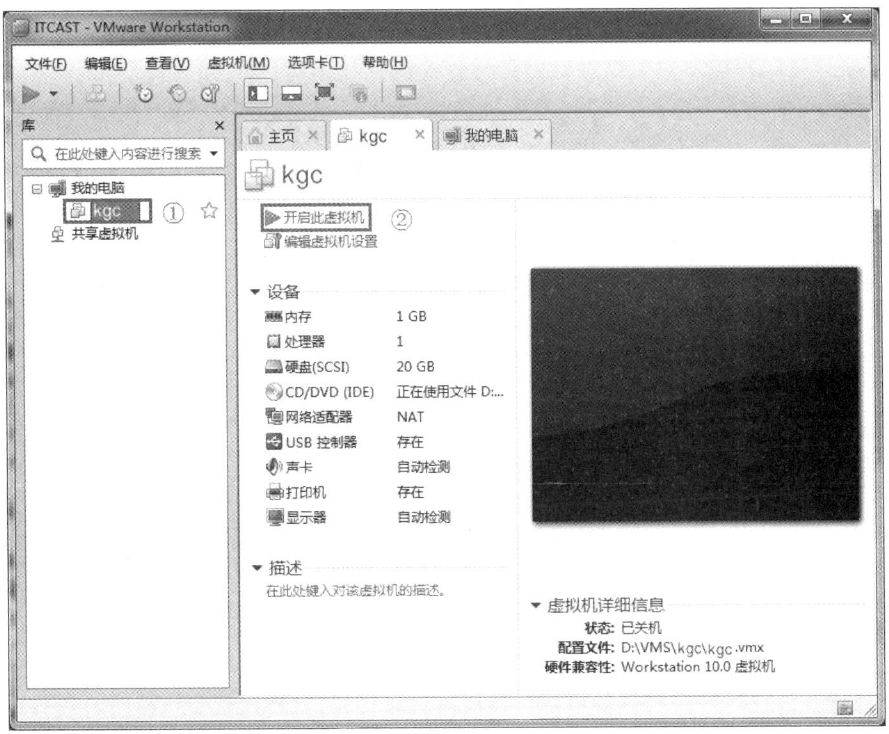

图 1.19　安装 CentOS-启动

（12）在图 1.20 中选择第一项，安装全新操作系统或升级现有操作系统。

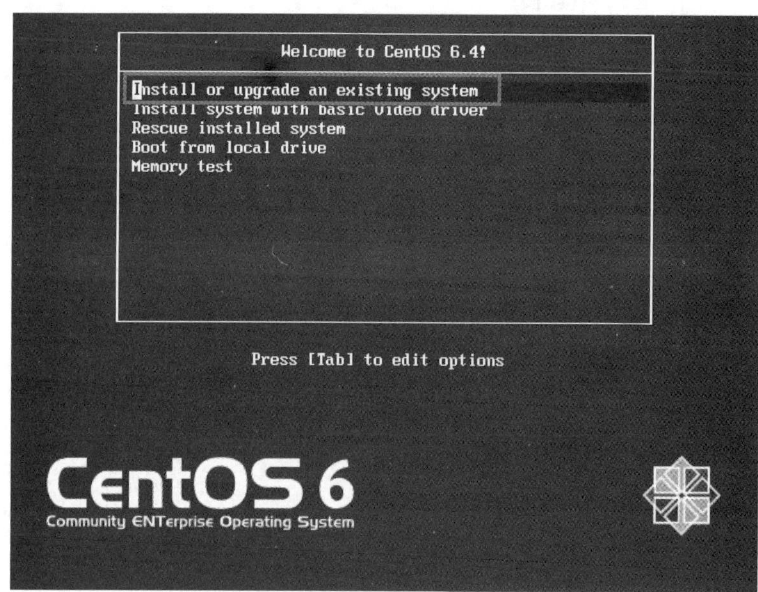

图 1.20　安装 CentOS-选择安装或者更新系统

（13）在图 1.21 中按 Tab 键进行选择，点击 Skip，退出检测。

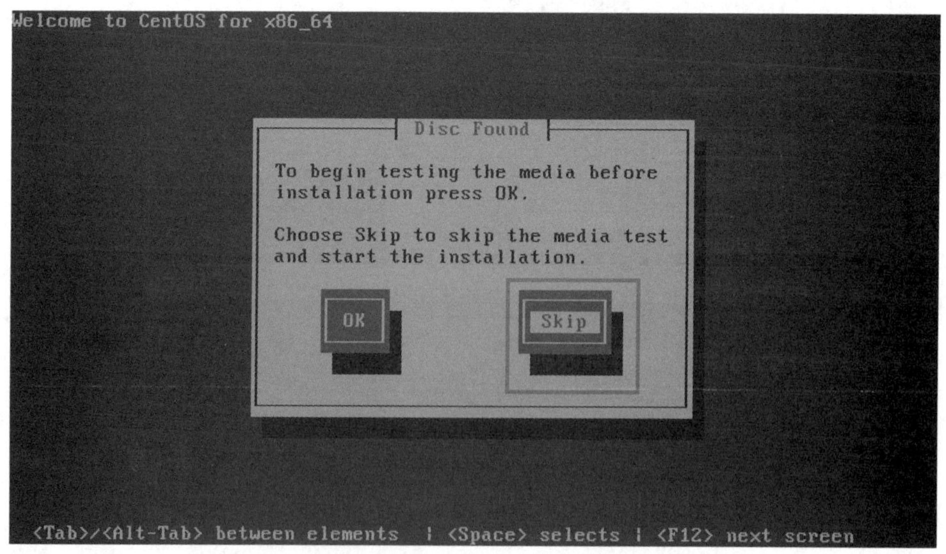

图 1.21　安装 CentOS-选择 Skip

（14）在图 1.22 中点击 Next。

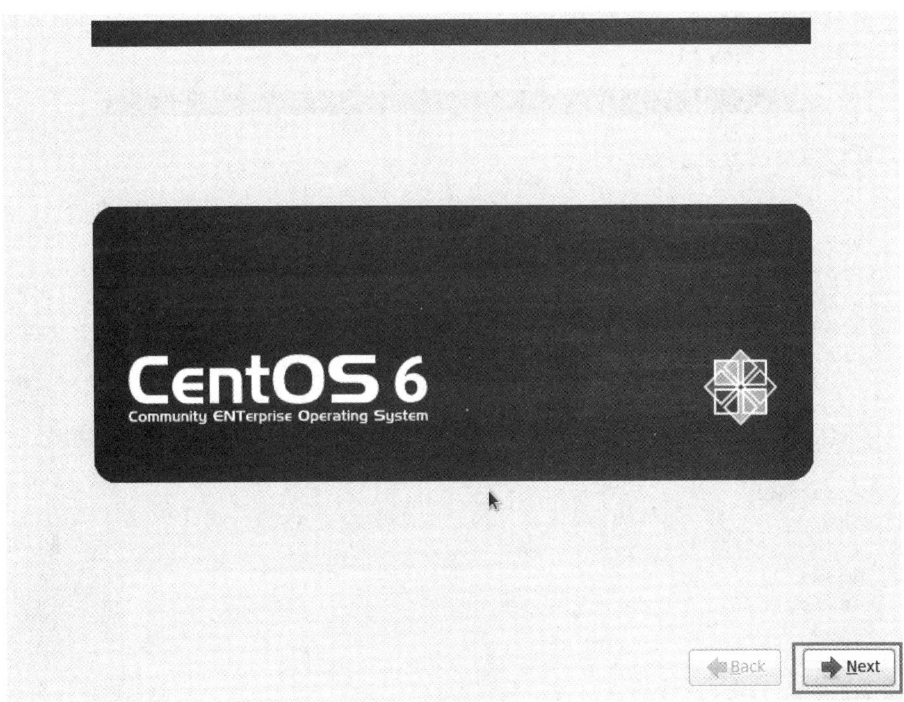

图 1.22　安装 CentOS- 下一步

（15）在图 1.23 中选择语言，这里选择的是中文简体。

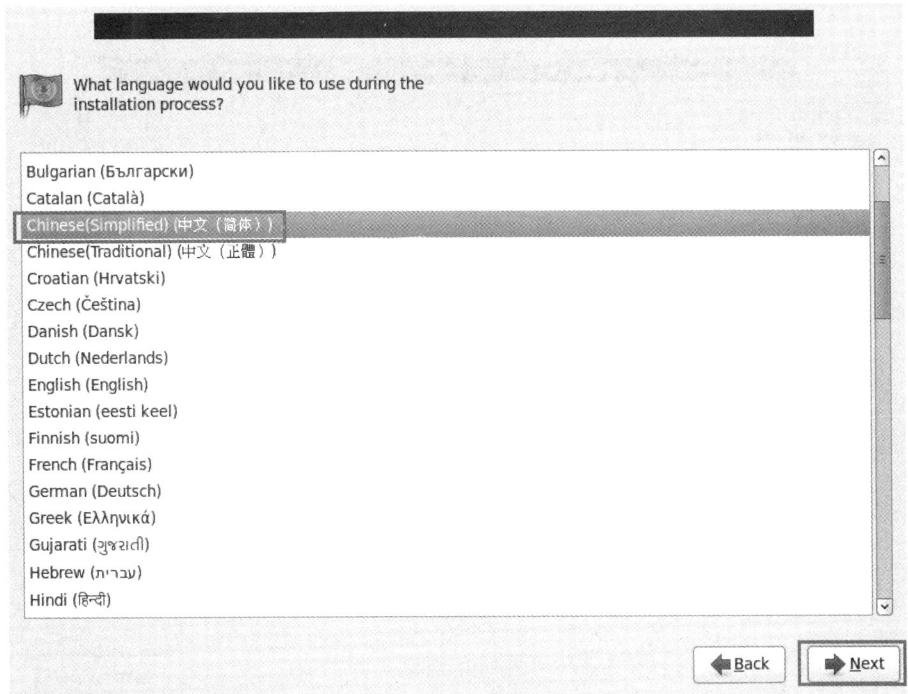

图 1.23　安装 CentOS- 选择语言

（16）在图 1.24 中选择键盘样式。

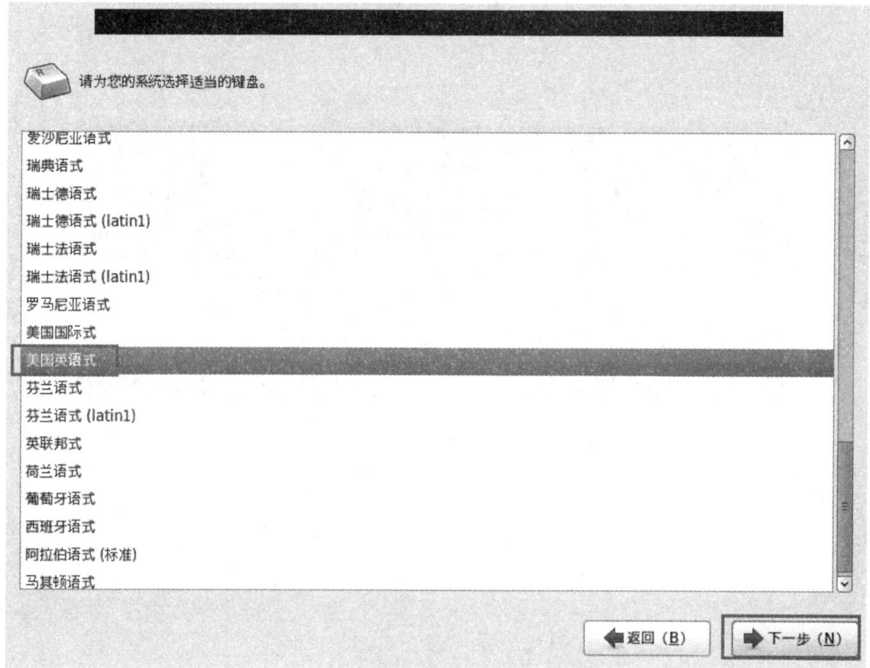

图 1.24　安装 CentOS-选择键盘样式

（17）在图 1.25 中选择存储设备。

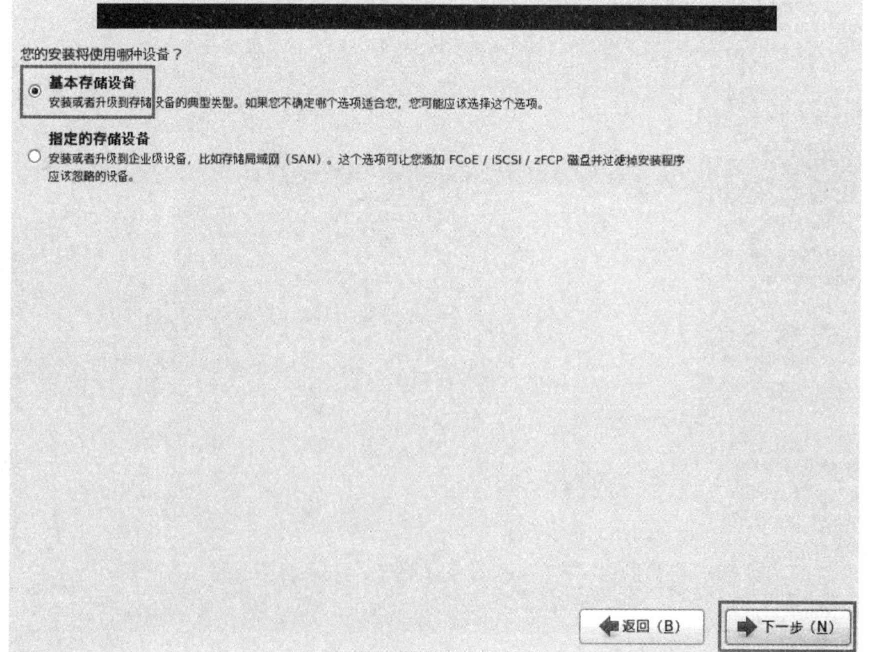

图 1.25　安装 CentOS-选择存储设备

如果以前安装过虚拟机，会出现图 1.26 所示这个警告，选择“是，忽略所有数据”。

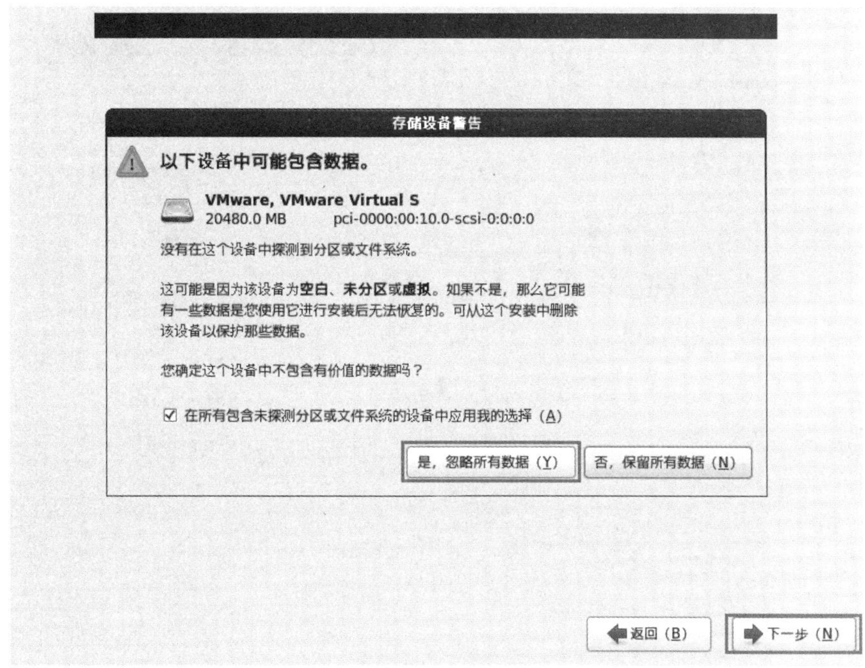

图 1.26　安装 CentOS-忽略所有数据继续下一步

（18）在图 1.27 中输入主机名。

图 1.27　安装 CentOS-输入主机名

（19）在图 1.28 中配置网络。

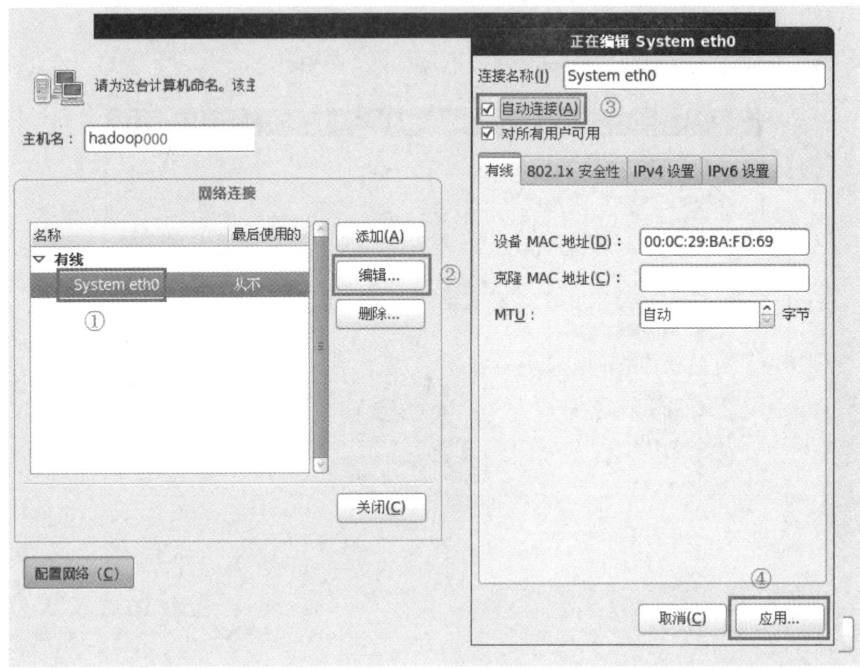

图 1.28　安装 CentOS-配置网络

（20）在图 1.29 中设置时区，勾选“系统时钟使用 UTC 时间”。

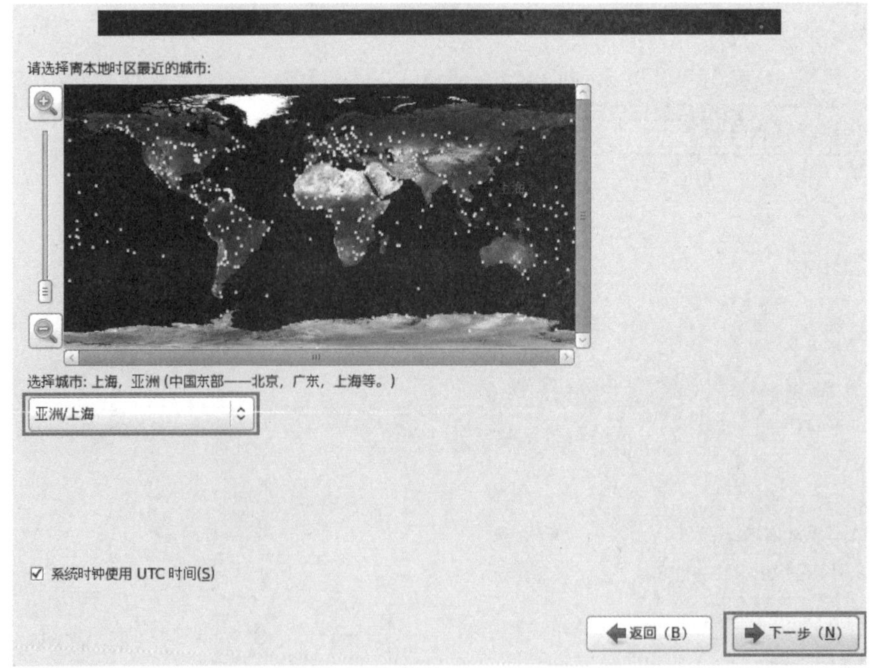

图 1.29　安装 CentOS-选择时区

（21）在图 1.30 中输入根用户（root）的密码。

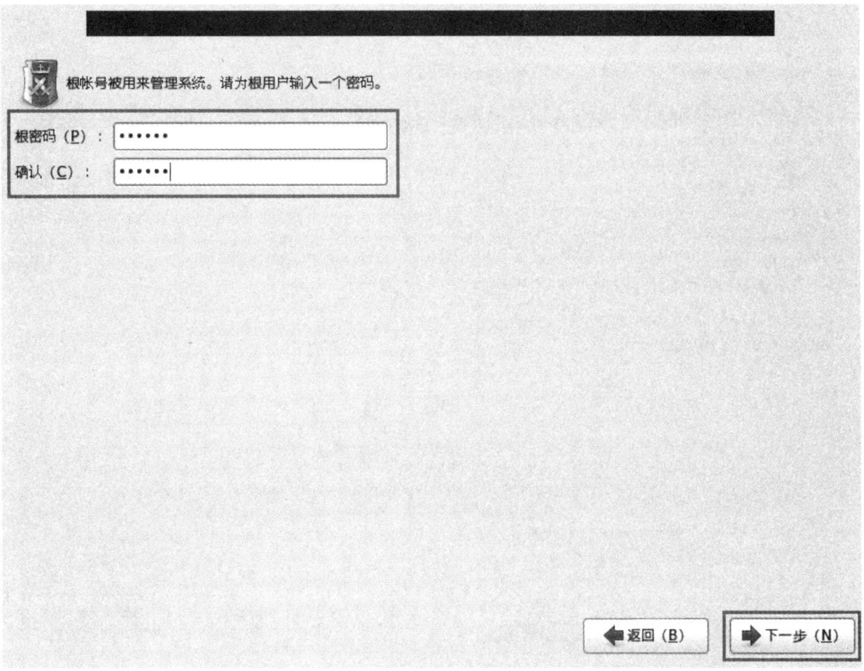

图 1.30　安装 CentOS- 为 root 用户输入密码

如果密码过于简单会出现提示，点击“无论如何都使用”，如图 1.31 所示。

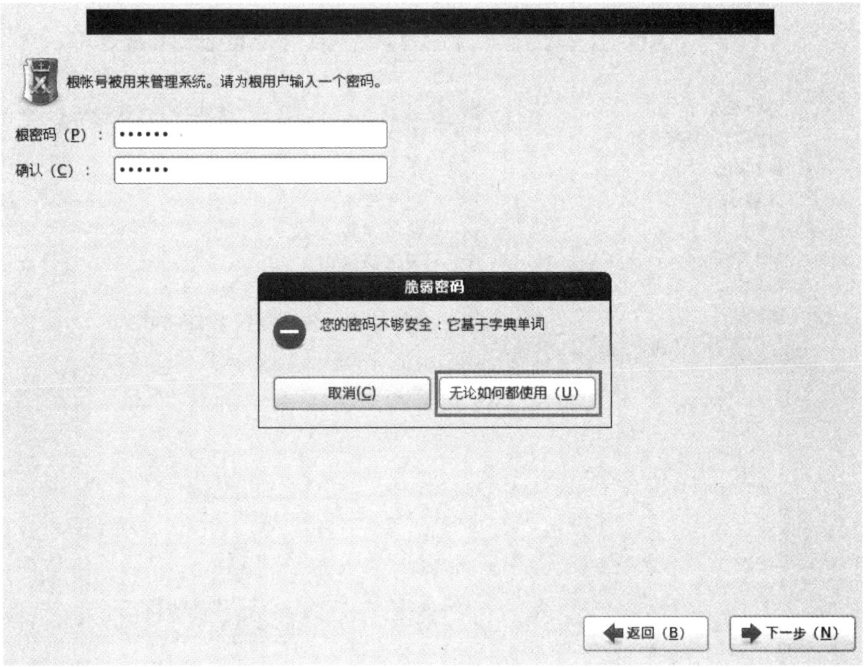

图 1.31　安装 CentOS- 密码过于简单的提醒

（22）在图 1.32 中根据此 Linux 具体功能，选择不同的方式。

图 1.32　安装 CentOS-是否安装桌面

（23）在图 1.32 中选择“现在自定义”，自定义安装需要的软件，如桌面配置，如图 1.33 所示。

图 1.33　安装 CentOS-安装自定义组件

可以根据具体的情况来配置，如图 1.34 中可安装 Eclipse。

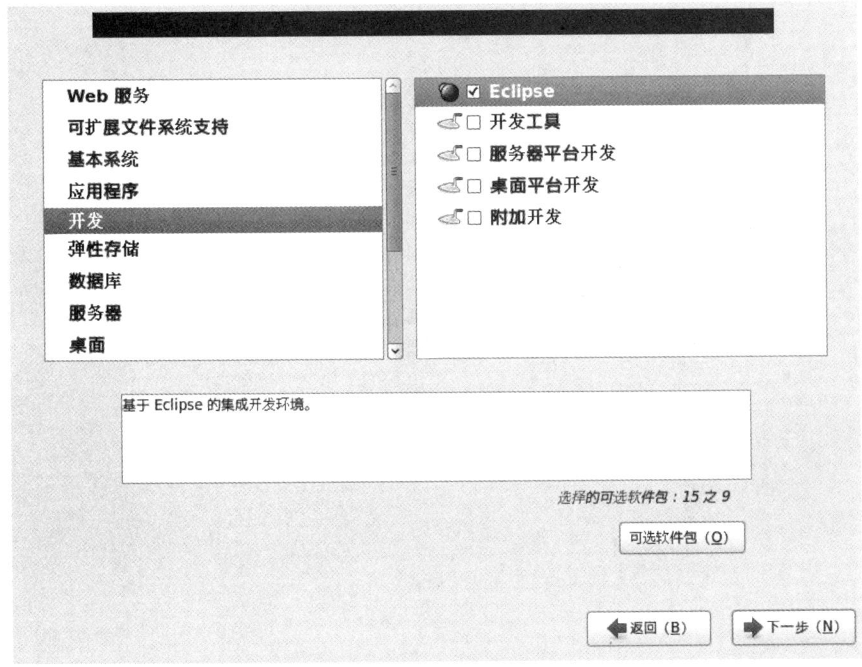

图 1.34　安装 CentOS-安装 Eclipse

还可以如图 1.35 所示安装 Java 平台、Perl 支持等。

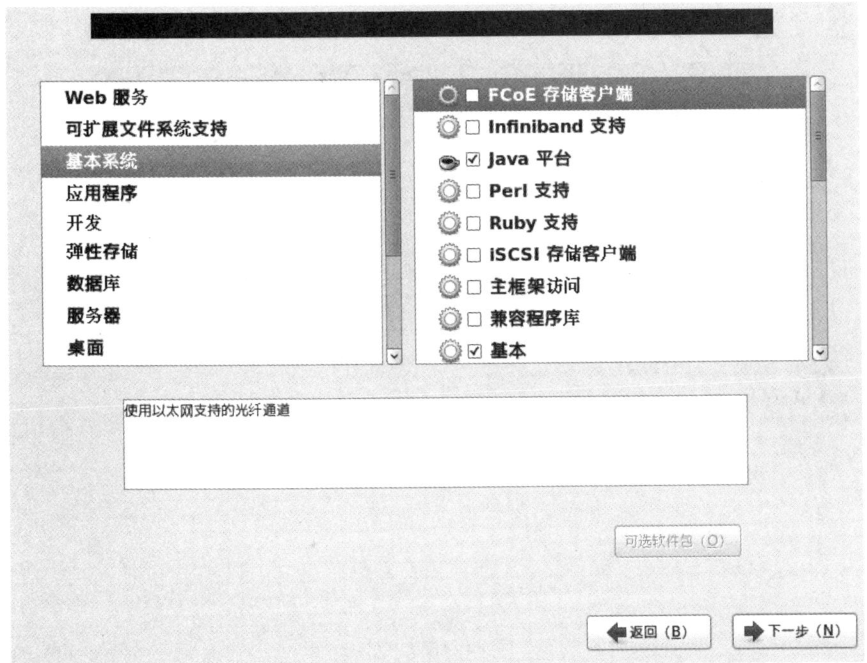

图 1.35　安装 CentOS-安装 Java 环境

在图 1.36 中选择语言支持。

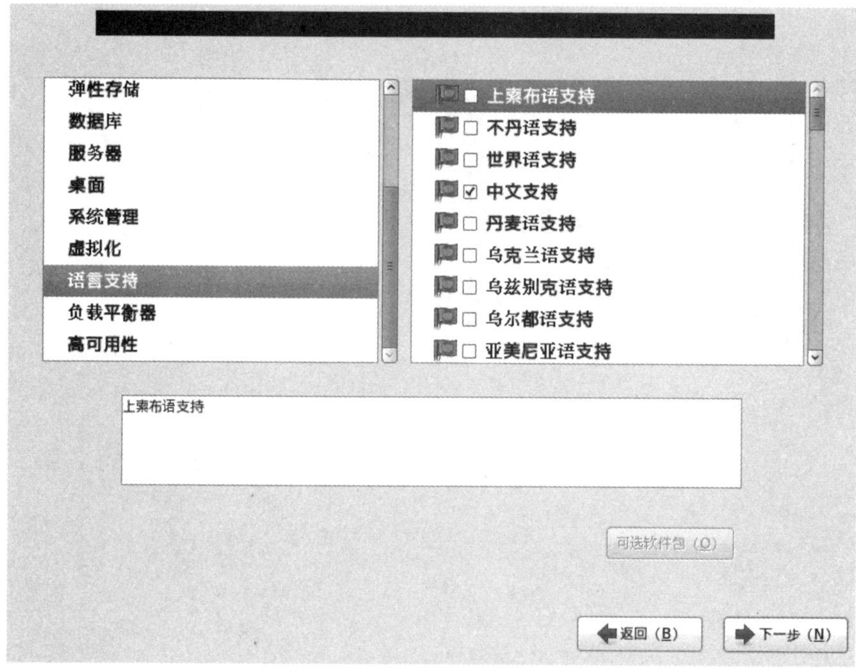

图 1.36　安装 CentOS- 选择语言支持

（24）在图 1.37 中点击“下一步”，开始安装。

图 1.37　安装 CentOS- 正在安装

（25）安装完成后，在图 1.38 所示界面点击“重新引导”。

图 1.38　安装 CentOS-重新引导

（26）点击“前进”按钮，如图 1.39 所示。

图 1.39　安装 CentOS-新建许可

（27）在图 1.40 中点击“是，我同意该许可证协议”，再点击“前进”按钮。

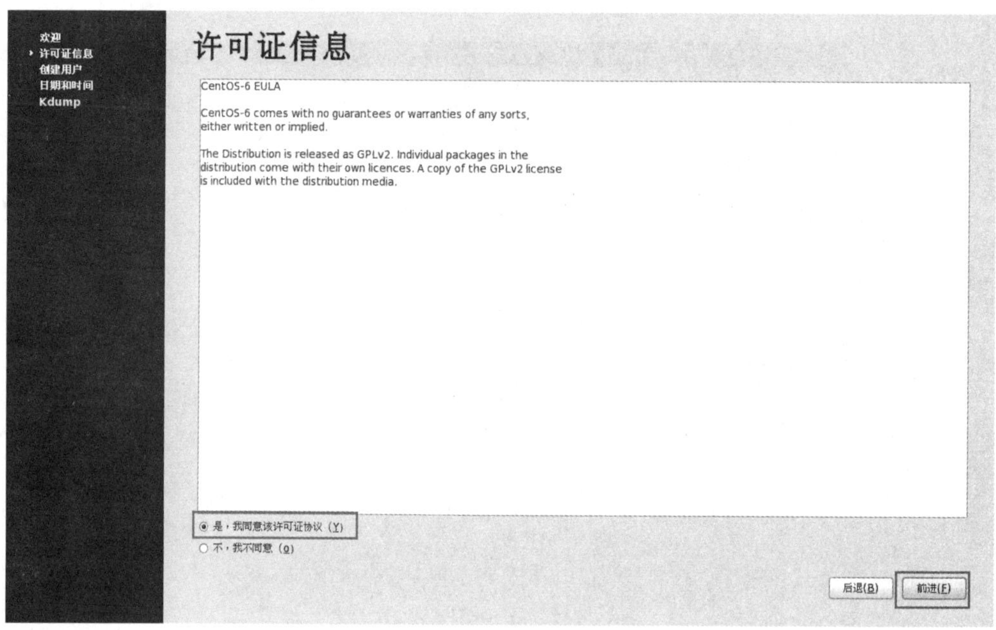

图 1.40　安装 CentOS-统一许可证协议

（28）创建用户，如图 1.41 所示。

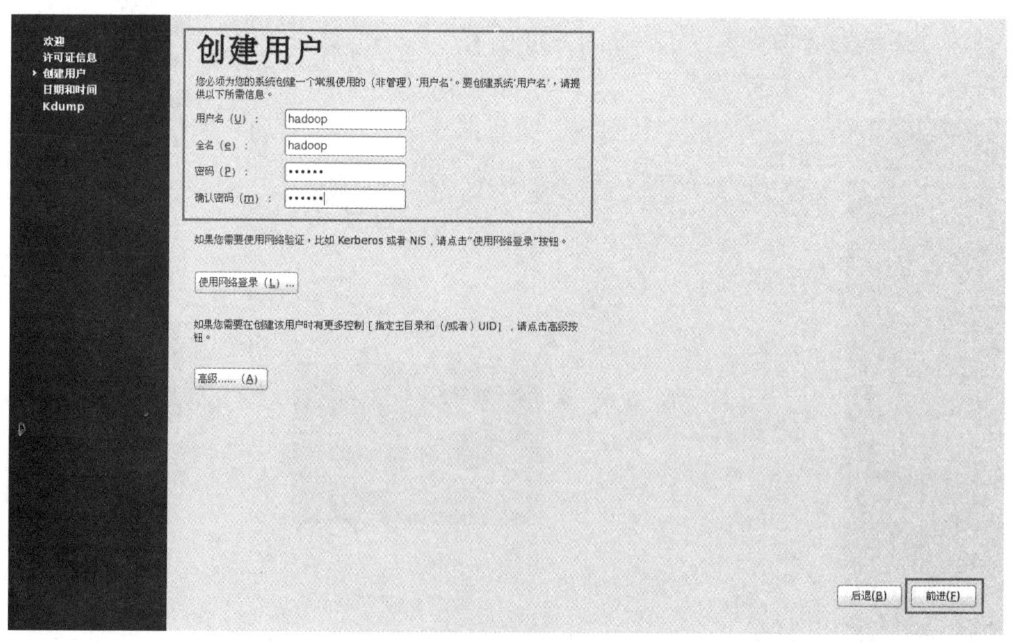

图 1.41　安装 CentOS-创建用户

（29）在图 1.42 中设置日期和时间，如果可以上网，勾选“在网络上同步日期和时间”。

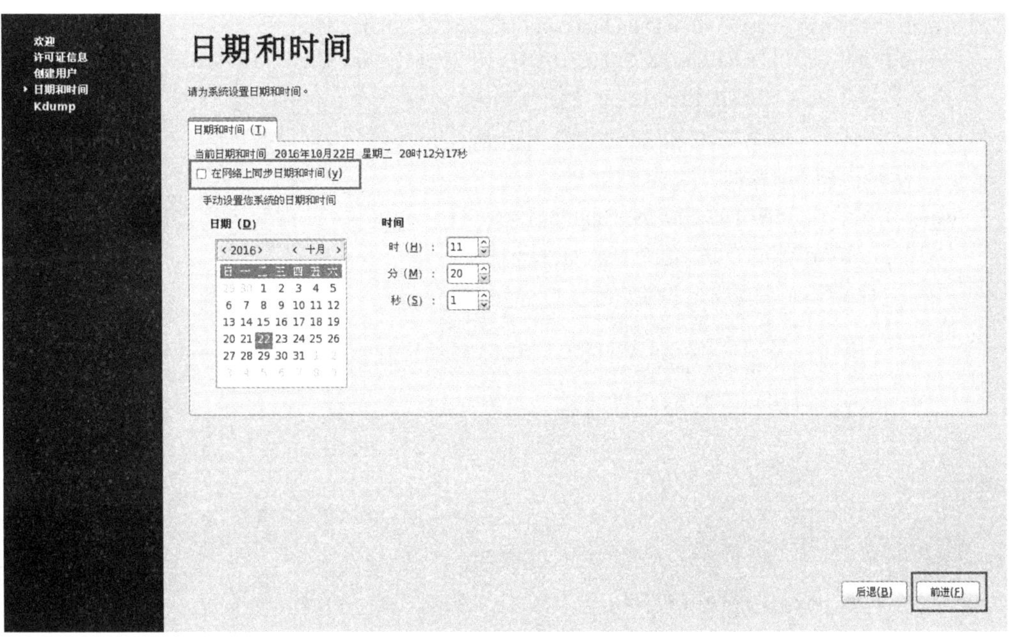

图 1.42　安装 CentOS- 设置日期和时间

（30）最后点击“前进”，完成安装！

1.3.3　Hadoop 伪分布式环境搭建

1. Hadoop 安装包下载

本书我们采用的是 CDH 版本的 hadoop-2.6.0-cdh5.7.0，Hadoop 相关的下载地址为：http://archive.cloudera.com/cdh5/cdh/5/；下载完存放的路径为：~/software/ 目录下，Hadoop 等相关的软件安装在：~/app 目录下。

2. Hadoop 安装包解压

将下载的 hadoop 安装包解压到 ~/app 目录下

```
tar -zxvf ~/software/hadoop-2.6.0-cdh5.7.0.tar.gz -C /app
```

3. Hadoop 伪分布式环境搭建

在进行伪分布式环境部署之前，我们先了解下伪分布式和分布式环境部署的区别：

（1）伪分布式：在一台机器上启动 Hadoop 所需要的所有进程进行工作。

（2）分布式：在多台机器上都部署 Hadoop，按照集群的规划在不同的机器上启动各自需要的 Haodop 进程进行相互协调工作。

环境搭建的步骤如下：

（1）将 Hadoop 安装目录添加到系统环境变量中 (~/.bash_profile)

```
vi ~/.bash_profile
export JAVA_HOME=/home/hadoop/app/jdk1.7.0_79
```

```
export HADOOP_HOME=/home/hadoop/app/hadoop-2.6.0-cdh5.7.0
export PATH=.:$HADOOP_HOME/bin:$HADOOP_HOME/sbin:$JAVA_HOME/bin:$PATH
```

执行：source ~/.bash_profile 命令使得环境变量生效。

（2）配置 Hadoop 环境的配置文件 hadoop-env.sh

```
// 设置 JDK 的安装路径
export JAVA_HOME=/home/hadoop/app/jdk1.7.0_79
```

（3）Hadoop 核心配置文件 core-site.xml

```
// 配置 NameNode 的主机名和端口号
<property>
  <name>fs.default.name</name>
  <value>hdfs://hadoop000:8020</value>
</property>
```

（4）HDFS 配置文件 hdfs-site.xml

注意：

各目录一定是非 /tmp 下的目录，否则默认是在 /tmp，如果在虚拟机环境操作的话，每次重启后会删除 /tmp 的文件；该文件在 Hadoop 启动的时候会自动创建。

```
// 设置 HDFS 元数据文件存放路径
<property>
  <name>dfs.namenode.name.dir</name>
  <value>/home/hadoop/tmp/dfs/name</value>
</property>

<property>
  <name>dfs.datanode.data.dir</name>
  <value>/home/hadoop/tmp/dfs/data</value>
</property>

// 设置 HDFS 文件副本数
<property>
  <name>dfs.replication</name>
  <value>1</value>
</property>

// 设置其他用户执行操作时会提醒没有权限的问题
<property>
  <name>dfs.permissions</name>
  <value>false</value>
</property>
```

（5）MapReduce 配置文件 mapred-site.xml

```
<property>
  <name>mapreduce.framework.name</name>
  <value>yarn</value>
</property>
```

（6）YARN 配置文件 yarn-site.xml

```
<property>
  <name>yarn.nodemanager.aux-services</name>
  <value>mapreduce.shuffle</value>
</property>
```

（7）从节点配置文件 slaves

```
hadoop000
```

4. 格式化 HDFS 系统

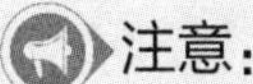

格式化 HDFS 操作只有第一次才使用，如果你对已有的集群再一次做格式化操作，那么已有集群上的数据会全部丢失。

```
hadoop namenode -format
```

5. 启动 HDFS

（1）常用的启动方式有两种：

启动方式一：一次启动所有进程

```
$HADOOP_HOME/sbin/start-dfs.sh
```

启动完成后可以通过 jps 命令检测是否启动成功，如果正常启动会有如下三个进程：

```
jps
SecondaryNameNode
NameNode
DataNode
```

启动方式二：单独启动每个进程

```
// 启动 namenode
hadoop-daemon.sh start namenode
//jps 检测会有 NameNode 进程

// 启动 datanode
hadoop-daemon.sh start datanode
//jps 检测会有 DataNode 进程

// 启动 secondarynamenode
hadoop-daemon.sh start secondarynamenode
//jps 检测会有 SecondaryNameNode 进程
```

（2）使用命令操作 HDFS 文件系统

详细的 HDFS 脚本命令，在第 2 章中详细讲解，本章只做一个简单的应用。

```
// 创建 HDFS 目录
hadoop fs -mkdir /helloworld

// 查看目录是否创建成功
hadoop fs -ls /
```

（3）HDFS 界面浏览器访问：http://hadoop000:50070

6. 启动 YARN

（1）常用的启动方式有两种：

启动方式一：一次启动所有进程

```
$HADOOP_HOME/sbin/start-yarn.sh
```

启动完成后可以通过 jps 命令检测是否启动成功，如果正常启动会有如下两个进程：

```
jps
NodeManager
ResourceManager
```

启动方式二：单独启动每个进程

```
// 启动 resourcemanager
yarn-daemon.sh start resourcemanager
//jps 检测会有 jps: ResourceManager 进程

// 启动 resourcemanager
yarn-daemon.sh start nodemanager
//jps 检测会有 jps: NodeManager 进程
```

（2）运行 wordcount 测试案例

Hadoop 安装包中自带了 wordcount 的应用程序，jar 包所处路径为：$HADOOP_HOME/share/hadoop/mapreduce/hadoop-mapreduce-examples-2.6.0-cdh5.7.0.jar。

```
//wordcount 要测试的数据文件：hello.txt，使用制表符进行分隔
hello	world	hello
hello	welcome world

// 将 hello.txt 文件上传到 HDFS 文件系统上去
Hadoop fs -put hello.txt /

// 提交 mapreduce 作业到 yarn 上运行
hadoop jar $HADOOP_HOME/share/hadoop/mapreduce/hadoop-mapreduce-examples-2.6.0-cdh5.7.0.jar wordcount /hello.txt /wc_out/

// 查看 wordcount 统计结果
hadoop fs -text /wc_out/part*
hello	3
welcome 1
world	2
```

（3）YARN 界面浏览器访问：http://hadoop000:8088

至此，在学习了以上相关知识后，任务 3 就可以完成了。

本章总结

本章学习了以下知识点：

- 大数据是什么，有哪些特点。
- Hadoop 的由来、核心组件。

- Hadoop 生态系统。
- 大数据技术在企业中的应用。
- 虚拟机的安装。
- CentOS 的安装。
- Hadoop 环境的搭建。

本章作业

Hadoop 伪分布式环境的搭建。

随手笔记

第 2 章

分布式文件系统 HDFS

本章重点

※ 使用 HDFS 存储大数据文件
※ HDFS 基本概念及体系结构
※ HDFS shell 操作 HDFS 文件
※ Java API 操作 HDFS 文件

本章目标

※ 掌握 HDFS 文件系统的访问方式
※ 掌握 HDFS 的体系结构
※ 掌握 HDFS 数据的读写流程
※ 了解 HDFS 的序列化使用

本章任务

学习本章，需要完成以下 4 个工作任务。请记录下来学习过程中所遇到的问题，可以通过自己的努力或访问 kgc.cn 解决。

任务 1：初识 HDFS

了解 HDFS 的产生背景、HDFS 文件系统是什么以及特点和设计目标，掌握 HDFS 文件系统的架构组成。

任务 2：HDFS 操作

掌握使用 HDFS shell 和 Java API 操作 HDFS 文件系统。

任务 3：HDFS 运行机制

掌握 HDFS 文件的读写流程、副本摆放策略、认知 HDFS 数据负载均衡和机架感知。

任务 4：HDFS 进阶

了解 Hadoop 的序列化操作，掌握 SquenceFile 和 MapFile 的常用操作。

任务 1　初识 HDFS

关键步骤如下：

- 认知文件系统以及 HDFS 文件系统。
- 了解 HDFS 文件系统存储的优缺点。
- 认识 HDFS 的基本概念。
- 掌握 HDFS 的体系架构。

2.1.1　HDFS 概述

1. HDFS 产生背景

我们在大数据概述章节中已经了解到当今产生的数据量越来越多，那么与之相对应的需要存储和处理的数据量也就越来越多。我们平时使用的操作系统的存储空间是有限的，存储不了那么多的数据，有小伙伴们想到是否能把多个操作系统综合成为一个大的操作系统呢？然后把数据存储在这个大的系统中，这种方法是可行的，但是却不方便管理和维护。因此，迫切需要一种系统来管理分散存储在多台机器上的文件，于是就产生了分布式文件管理系统，英文名称为 DFS（Distributed File System）。

那么到底什么是分布式文件系统？它是允许将一个文件通过网络在多台主机上以多副本（提高容错性）的方式进行存储。分布式文件系统实际上是通过网络来访问文件，用户和程序看起来就像是访问本地的磁盘一样。

2. HDFS 简介

HDFS（Hadoop Distributed File System）是 Hadoop 项目的核心子项目，用于分布式计算中的数据存储。Hadoop 官方给的描述是：HDFS 可以运行在廉价的服务器上，为存储海量数据提供了高容错、高可靠性、高可扩展性、高获得性、高吞吐率等特征。说到 HDFS，那就不得不提 Google 的 GFS，HDFS 就是基于它做的开源实现。

Hadoop 整合了众多的底层文件系统，比如本地文件系统、HDFS 文件系统、S3 文件系统，在 Hadoop 中提供了一个文件系统抽象类 org.apache.hadoop.fs.FileSystem，对应的具体实现类如表 2-1 所示。

表 2-1　Hadoop 的文件系统

文件系统	URI 方案	Java 实现	定义
Local	file	fs.LocalFileSystem	支持有客户端校验和本地文件系统。带有校验和的本地系统文件在 fs.RawLocalFileSystem 中实现
HDFS	hdfs	hdfs.DistributionFileSystem	Hadoop 的分布式文件系统
HFTP	hftp	hdfs.HftpFileSystem	支持通过 HTTP 方式以只读的方式访问 HDFS，distcp 经常用在不同的 HDFS 集群间复制数据
HSFTP	hsftp	hdfs.HsftpFileSystem	支持通过 HTTPS 方式以只读的方式访问 HDFS
HAR	har	fs.HarFileSystem	构建在 Hadoop 文件系统之上，对文件进行归档。Hadoop 归档文件主要用来减少 NameNode 的内存使用
FTP	ftp	fs.ftp.FtpFileSystem	由 FTP 服务器支持的文件系统
S3（本地）	s3a	fs.s3native.NativeS3FileSystcm	基于 Amazon S3 的文件系统
S3（基于块）	s3	fs.s3.NativeS3FileSystem	基于 Amazon S3 的文件系统，以块格式存储解决了 S3 的 5GB 文件大小的限制

Hadoop 提供了许多文件系统的接口，用户可以使用 URI 方案选取合适的文件系统来实现交互。

3. HDFS 的优点

（1）处理超大文件：这里的超大文件通常是指 MB 到 TB 级别的数据文件，Hadoop 中并不怕文件大，相反，如果 HDFS 文件系统中存在众多的小文件，那么对于集群的性能反而有所下降的。

（2）运行于廉价机器上：Hadoop 集群可以部署在普通的廉价的机器之上，无需部署在价格昂贵的小型机上，这可以降低公司的运营成本。那么有些小伙伴可能就会问了，要是运行在廉价的机器上，出现故障该怎么办？这就要求 HDFS 自身要做到高可用、高可靠。

（3）流式地访问数据：HDFS 提供一次写入，多次读取的服务。比如你在 HDFS 上存储了一个要处理的问题，后续可能会有多个作业都会使用到这份数据，那么只需要通过集群来读取前面已经存储好的数据即可。HDFS 设计之初是不支持对文件追加内容的，后来随着 Hadoop 社区的发展，现在已支持对已有文件进行内容的追加。

4. HDFS 的缺点

（1）不适合低延迟数据访问

HDFS 本身是为存储大数据而设计的，如果你在工作中遇到的需求是要求时间低延时的应用请求，那么 HDFS 不适合。实时性、低延迟的查询使用 HBase 会是更好的选择，但是 HBase 中的 rowkey 设计的是否合适也会决定你的查询性能的高低。

（2）无法高效存储大量小文件

在 HDFS 文件系统中的元数据（元数据信息包括：文件和目录自身的属性信息，例如文件名、目录名、父目录信息、文件大小、创建时间、修改时间等；记录文件内容存储相关信息，例如文件块情况、副本个数、每个副本存放在哪等）是存放在 NameNode 的内存中，所以文件系统所能容纳的文件数目是由 NameNode 的内存大小来决定。一旦集群中的小文件过多，会导致 NameNode 的压力陡增，进而影响到集群的性能。我们可以采用 SequenceFile 等方式对小文件进行合并，或者是使用 NameNode Federation 的方式来改善。

5. HDFS 的设计目标

HDFS 的设计目标详细描述可以参考 Hadoop 的官方文档的描述：http://hadoop.apache.org/docs/current/hadoop-project-dist/hadoop-hdfs/HdfsDesign.html#Introduction。本节我们就挑选几个重要的设计目标进行讲解。

（1）硬件错误

硬件错误是常态而不是异常。HDFS 可能由成百上千的服务器所构成，每个服务器上存储着文件系统的部分数据。事实上构成系统的组件数目是巨大的，而且任一组件都有可能失效，这意味着总是有一部分 HDFS 的组件是不工作的。因此错误检测和快速、自动的恢复是 HDFS 最核心的架构目标。

（2）大规模数据集

运行在 HDFS 上的应用具有很大的数据集。HDFS 上的一个典型文件，大小一般都在 GB 至 TB。因此，需要调节 HDFS 以支持大文件存储。HDFS 应该能提供整体较高的数据传输带宽，能在一个集群里扩展到数百个节点。一个单一的 HDFS 实例应该能支撑千万计的文件。

（3）移动计算代价比移动数据代价低

一个作业的计算，离它操作的数据越近就越高效，在数据达到海量级别的时候更是如此。因为这样能降低网络阻塞的影响，提高系统数据的吞吐量。将计算移动到数据附近，比将数据移动到应用所在显然更好。HDFS 为应用提供了将计算移动到数据附近的接口。

（4）其他

请参考 Hadoop 的官方文档描述。

2.1.2　HDFS 基本概念

1. 数据块（Block）

HDFS 默认的最基本的存储单位是数据块（Block），默认的块大小（Block Size）是 64M（有些发布版本为 128M）。HDFS 中的文件是被分成以 Block Size 为大小的数据块存储的。HDFS 中，如果一个文件小于一个数据块的大小，并不占用整个数据块存储空间，文件大小是多大就占用多少存储空间。HDFS 与 Block 的关系如图 2.1 所示。

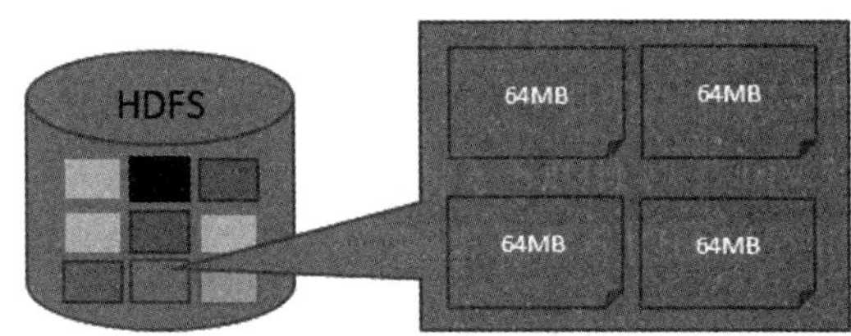

图 2.1　HDFS 与 Block 的关系

2. 元数据节点（NameNode）

NameNode 的职责是管理文件系统的命名空间，它将所有的文件和文件夹的元数据保存在一个文件系统树中，至于一个文件包括哪些数据块，分布在哪些数据节点上，这些信息都存储下来。

NameNode 目录结构如下所示：

```
${dfs.name.dir}/current/VERSION
                       /edits
                       /fsimage
                       /fstime
```

目录结构描述：

（1）VERSION 文件是存放版本的文件，保存了 HDFS 的版本号。

（2）edits：当文件系统客户端进行写操作时，首先把它记录在修改日志中，元数据节点在内存中保存了文件系统的元数据信息。在记录了修改日志后，元数据节点则修改内存中的数据结构。每次的写操作成功之前，修改日志都会同步到文件系统。

（3）fsimage 文件即命名空间文件。

3. 数据节点（DataNode）

DataNode 是文件系统中真正存储数据的地方，一个文件被拆分成多个 Block 后，会将这些 Block 存储在对应的数据节点上。客户端向 NameNode 发起请求然后到对应的数据节点上写入或者读出对应的数据 Block。

DataNode 目录结构如下所示：

```
${dfs.name.dir}/current/VERSION
                    /blk_<id_1>
                    /blk_<id_1>.meta
                    /blk_<id_2>
                    /blk_<id_2>.meta
                    /...
                    /blk_<id_64>
                    /blk_<id_64>.meta
                    /subdir0/
                    /subdir1/
                    /...
                    /subdir63/
```

目录结构描述：

（1）blk_<id> 保存的是 HDFS 的数据块，其中保存了具体的二进制数据。

（2）blk_<id>.meta 保存的是数据块的属性信息：版本信息、类型信息和校验和。

（3）subdirxx: 当一个目录中的数据块到达一定数量的时候，则创建子文件夹来保存数据块及数据块属性信息。

4. 从元数据节点（Secondary NameNode）

Secondary NameNode 并不是 NameNode 节点出现问题时的备用节点，它和元数据节点负责不同的功能。其主要功能就是周期性将 NameNode 的 namespace image 和 edit log 合并，以防日志文件过大。合并过后的 namespace image 也在元数据节点保存了一份，以防在 NameNode 失败的时候进行恢复。

Secondary NameNode 目录结构如下所示：

```
${dfs.name.dir}/current/VERSION
                    /edits
                    /fsimage
                    /fstime
             /previous.checkpoint/VERSION
                    /edits
                    /fsimage
                    /fstime
```

Secondary NameNode 用来帮助 NameNode 将内存中的元数据信息 checkpoint 到硬盘上。

2.1.3 HDFS 体系结构

1. 体系架构概述

HDFS 体系架构详细描述参见：http://hadoop.apache.org/docs/current/hadoop-project-dist/hadoop-hdfs/HdfsDesign.html#NameNode_and_DataNodes。

HDFS 采用 master/slave 的架构。一个 HDFS 集群是由一个 NameNode 和一定数量的 DataNodes 组成。NameNode 是一个中心服务器，负责管理文件系统的名字空间（namespace）以及客户端对文件的访问。集群中的 DataNode 一般是一个节点对应一个，负责管理它所在节点上的存储数据。HDFS 暴露了文件系统的名字空间，用户能够以文件的形式在上面存储数据。从内部看，一个文件其实被分成一个或多个数据块，这些块存储在一组 DataNode 上。NameNode 执行文件系统的名字空间操作，比如打开、关闭、重命名文件或目录，它也负责确定数据块到具体 DataNode 节点的映射。DataNode 负责处理文件系统客户端的读写请求。在 NameNode 的统一调度下进行数据块的创建、删除和复制。HDFS 架构如图 2.2 所示：

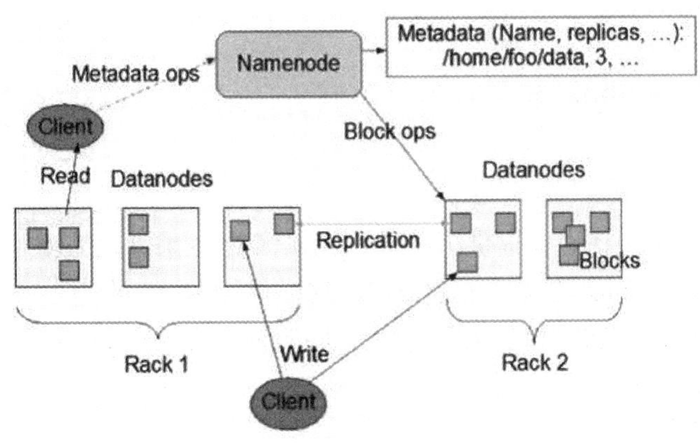

图 2.2　HDFS 体系结构

2. 架构组件功能

NameNode 和 DataNode 被设计成可以在普通的商用机器上运行。这些机器一般运行着 GNU/Linux 操作系统（OS）。由于采用了可移植性极强的 Java 语言，使得 HDFS 可以部署到多种类型的机器上，任何支持 Java 的机器都可以部署 NameNode 或 DataNode。一个典型的部署场景是一台机器上只运行一个 NameNode 实例，而集群中的其他机器分别运行一个 DataNode 实例。这种架构并不排斥在一台机器上运行多个 DataNode，只不过这样的情况比较少见。

文件系统的名字空间（namespace）：HDFS 支持传统的层次型文件组织结构。用户或者应用程序可以创建目录，然后将文件保存在这些目录里。文件系统名字空间的层次结构和大多数现有的文件系统类似，用户可以创建、删除、移动或重命名文件。当前，HDFS 不支持用户磁盘配额和访问权限控制，也不支持硬链接和软链接。但是 HDFS 架构并不妨碍实现这些特性。

NameNode 负责维护文件系统的名字空间，任何对文件系统名字空间或属性的修改都将被 NameNode 记录下来。应用程序可以设置 HDFS 保存的文件的副本数目，文件副本的数目称为文件的副本系数，这个信息也是由 NameNode 保存的。

其他的功能可以查看 Hadoop 官方文档。至此，在学习了以上相关知识后，任务 1 就可以完成了。

任务 2 HDFS 操作

关键步骤如下：

- 掌握使用 shell 访问 HDFS 文件系统。
- 掌握使用 Java API 访问 HDFS 文件系统。
- 掌握 DataFrame 的常用操作。
- 掌握 RDD 和 DataFrame 互操作。

2.2.1 HDFS shell 访问

1. 概述

HDFS 文件系统为使用者提供了基于 shell 操作命令来管理 HDFS 上的数据。这些 shell 命令设计的和 Linux 的命令十分类似，这样设计的好处是让已经熟悉 Linux 的用户可以更加快速的对 HDFS 文件系统的数据进行操作，减少学习所需要的时间。

注意：

使用 HDFS shell 之前需要先启动 Hadoop。

HDFS 的基本命令格式为：

```
bin/hdfs dfs -cmd <args>
```

注意：

cmd 就是具体的命令，cmd 前面的“-”千万不要省略。

2. 列出文件目录

命令：hadoop fs -ls 目录路径

示例：查看 HDFS 根目录下的文件：hdfs dfs -ls / 如下所示：

```
[hadoop@hadoop000 ~]$ hadoop fs -ls /
Found 4 items
-rw-r--r--   1 hadoop supergroup        159 2017-01-15 05:11 /README.html
drwxr-xr-x   - hadoop supergroup          0 2017-01-15 05:15 /data
drwxr-xr-x   - hadoop supergroup          0 2017-01-15 05:31 /datas
-rw-r--r--   1 hadoop supergroup         40 2017-01-15 05:13 /text.log
```

如果想递归查看文件，使用 -ls -R 命令，即该命令不仅会打印出目录路径下的文件，而且还会打印出其子目录和子目录的文件。例如我想查看 /data 下的所有文件：hadoop fs -ls -R /data 如下所示：

```
[hadoop@hadoop000 ~]$ hadoop fs -ls -R /data
drwxr-xr-x   - hadoop supergroup          0 2017-01-15 05:12 /data/input
-rw-r--r--   1 hadoop supergroup   21102856 2017-01-15 05:12 /data/input/src.zip
-rw-r--r--   1 hadoop supergroup         40 2017-01-15 05:15 /data/text.log
```

3. 在 HDFS 中创建文件夹

命令：hadoop fs -mkdir 文件夹名称

示例：在 HDFS 的根目录下创建名为 datatest 的文件夹：hadoop fs -mkdir /datatest

```
[hadoop@hadoop000 ~]$ hadoop fs -mkdir /datatest
[hadoop@hadoop000 ~]$ hadoop fs -ls /
Found 5 items
-rw-r--r--   1 hadoop supergroup        159 2017-01-15 05:11 /README.html
drwxr-xr-x   - hadoop supergroup          0 2017-01-15 05:15 /data
drwxr-xr-x   - hadoop supergroup          0 2017-01-15 05:31 /datas
drwxr-xr-x   - hadoop supergroup          0 2017-01-17 03:39 /datatest
-rw-r--r--   1 hadoop supergroup         40 2017-01-15 05:13 /text.log
```

如果我们想级联创建一个文件夹，需要在 -mkdir 命令后指定 -p 参数。例如，我们想在 HDFS 上创建这样一个目录：/datatest/mr/input，而 mr 目录在之前是不存在的，所以如果想一次性创建成功，必须加上 -p 参数，否则会报错，命令为：hadoop fs -mkdir -p /datatest /mr/input。

```
[hadoop@hadoop000 ~]$ hadoop fs -mkdir -p /datatest/mr/input
[hadoop@hadoop000 ~]$ hadoop fs -ls /datatest
Found 1 items
drwxr-xr-x   - hadoop supergroup  0 2017-01-17 03:41 /datatest/mr

[hadoop@hadoop000 ~]$ hadoop fs -ls /datatest/mr
Found 1 items
drwxr-xr-x   - hadoop supergroup  0 2017-01-17 03:41 /datatest/mr/input
```

4. 上传文件至 HDFS

命令：hadoop fs -put 源路径 目标存放路径

示例：将本地 Linux 文件系统目录下 /home/hadoop/data/ 的 input.txt 文件上传至 HDFS 文件目录 /datatest 下

```
[hadoop@hadoop000 ~]$ hdfs dfs -put /home/hadoop/data/input.txt /datatest

[hadoop@hadoop000 ~]$ hdfs dfs -ls /datatest
Found 2 items
-rw-r--r--   1 hadoop supergroup        343 2017-01-17 03:44 /datatest/input.txt
drwxr-xr-x   - hadoop supergroup          0 2017-01-17 03:41 /datatest/mr
```

5. 从 HDFS 上下载文件

命令：hdfs dfs -get HDFS 文件路径 本地存放路径

示例：将刚刚上传的 input.txt 文件下载到本地用户的目录下

```
[hadoop@hadoop000~]$ hdfs dfs -get /datatest/input.txt /home/hadoop/app
[hadoop@hadoop000~]$ ll
-rw-r--r--. 1 hadoop hadoop  343 Jan 17 03:48 input.txt
```

6. 查看 HDFS 上某个文件的内容

命令：hadoop fs -text(cat) HDFS 上的文件存放路径

示例：查看刚刚上传的 input.txt 文件

```
[hadoop@hadoop000~]$ hdfs dfs -text /datatest/input.txt
spark hadoop spark hadoop hive
hadoop kafka Hbase spark Hadoop
spark hive cisco ES hadoop flume
```

注意，text 命令和 cat 命令都可以用来查看文件内容，这里只演示了 text 命令，cat 命令请读者自己动手操作。

7. 统计目录下各文件的大小

命令：hdfs dfs -du 目录路径

示例：查看 /datas/mr/input/ 目录下各个文件的大小

```
[hadoop@hadoop000 ~]$ hdfs dfs -du /datatest/
96  96  /datatest/input.txt
0   0   /datatest/mr
```

注意：

统计目录下文件大小的单位是字节。

8. 删除 HDFS 上的某个文件或者文件夹

命令：hdfs dfs -rm(r) 文件存放路径

示例：删除刚刚上传的 input.txt 文件

```
[hadoop@hadoop000 ~]$ hdfs dfs -rm /datatest/input.txt
Deleted /datatest/input.txt

[hadoop@hadoop000 ~]$ hdfs dfs -ls /datatest/
Found 1 items
drwxr-xr-x   - hadoop supergroup          0 2017-01-17 03:41 /datatest/mr
```

在 HDFS 中删除文件与删除目录所使用命令的区别，一个是 -rm，表示删除指定的文件或者空目录；一个是 -rmr，表示递归删除指定目录下的所有子目录和文件。如下面的命令是删除 output 下的所有子目录和文件。

```
hdfs dfs -rmr /test/output
```

注意：

在生产环境中要慎用 -rmr，容易引起误删除操作。

9. 使用 help 命令寻求帮助

命令：hdfs dfs -help 命令

示例：查看 rm 命令的帮助

```
[hadoop@hadoop000 ~]$ hdfs dfs -help rm
-rm [-f] [-r|-R] [-skipTrash] <src> ... :
  Delete all files that match the specified file pattern. Equivalent to the Unix
  command "rm <src>"

  -skipTrash  option bypasses trash, if enabled, and immediately deletes <src>
  -f          If the file does not exist, do not display a diagnostic message or
              modify the exit status to reflect an error.
  -[rR]       Recursively deletes directories
```

如上列出来的命令是我们在工作中使用频次较高的，所以大家务必要熟练掌握。如果还想学习其他 shell 命令操作，可以访问官网（http://hadoop.apache.org/docs/current/hadoop-project-dist/hadoop-common/FileSystemShell.html）、使用 help 帮助、或者在网络上搜寻，在此不再赘述。

2.2.2　Java API 访问

1. 概述

我们除使用 HDFS shell 的方式来访问 HDFS 上的数据，Hadoop 还提供以 Java API 的方式来操作 HDFS 上的数据，在生产上我们开发的大数据应用都是以代码的方式提交的，所以在代码中使用 API 的方式来操作 HDFS 数据也必须要掌握。下面介绍如何使用 Java API 对 HDFS 中的文件进行操作。

2. 搭建开发环境

我们使用 Mavcn 来构建 Java 应用程序，所以需要添加 maven 的依赖包如下。

代码 2.1　Maven pom 文件

```
<properties>
  <project.build.sourceEncoding>UTF-8</project.build.sourceEncoding>
  <hadoop.version>2.6.0-cdh5.7.0</hadoop.version>
</properties>


<dependencies>
  <dependency>
    <groupId>org.apache.hadoop</groupId>
    <artifactId>hadoop-common</artifactId>
    <version>${hadoop.version}</version>
  </dependency>

  <dependency>
```

```
        <groupId>org.apache.hadoop</groupId>
        <artifactId>hadoop-hdfs</artifactId>
        <version>${hadoop.version}</version>
    </dependency>

    <dependency>
        <groupId>junit</groupId>
        <artifactId>junit</artifactId>
        <version>4.10</version>
    </dependency>
</dependencies>
```

注意：

在执行单元测试之前，需要在 $HADOOP_HOME/etc/hadoop/hdfs-site.xml 中添加如下配置，并重启 HDFS 集群。

```
<property>
    <name>dfs.permissions</name>
    <value>false</value>
</property>
```

3. 单元测试的 setUp 和 tearDown 方法

在单元测试中，一般将初始化的操作放在 setUp 方法中完成，将关闭资源的操作一般放在 tearDown 方法中完成。那么我们在测试 HDFS 文件系统时，打开文件系统的操作就可以放在 setUp 中，而关闭文件系统的操作就可以放在 tearDown 中。

代码 2.2　单元测试 setup 和 teardown 方法

```
package com.kgc.bigdata.hadoop.hdfs.api;

import org.apache.hadoop.conf.Configuration;
import org.apache.hadoop.fs.*;
import org.junit.After;
import org.junit.Before;
import org.junit.Test;
import java.net.URI;

/**
 * HDFS Java API 操作
 */
public class HDFSApp {

    public static final String HDFS_PATH = "hdfs://hadoop000:8020";

    Configuration configuration = null;
    FileSystem fileSystem = null;
```

```
  @Before
  public void setUp() throws Exception{
    System.out.println("HDFSApp.setUp()");
    configuration = new Configuration();
    fileSystem = FileSystem.get(new URI(HDFS_PATH), configuration);
  }

  @After
  public void tearDown() throws Exception{
    fileSystem = null;
    configuration = null;
    System.out.println("HDFSApp.tearDown()");
  }
}
```

4. 使用 Java API 操作 HDFS 的常用操作

代码 2.3　Java API 操作 HDFS 文件

```
/**
 * 创建目录
 */
@Test
public void mkdir() throws Exception {
  fileSystem.mkdirs(new Path("/hdfsapi/test"));
}

/**
 * 创建文件
 */
@Test
public void create() throws Exception {
  FSDataOutputStream output = fileSystem.create(new Path("/hdfsapi/test/a.txt"));
  output.write("hello world".getBytes());
  output.flush();
  output.close();
}

/**
 * 重命名
 */
@Test
public void rename() throws Exception {
  Path oldPath = new Path("/hdfsapi/test/a.txt");
  Path newPath = new Path("/hdfsapi/test/b.txt");
  System.out.println(fileSystem.rename(oldPath, newPath));
}
```

```
/**
 * 上传本地文件到 HDFS
 */
@Test
public void copyFromLocalFile() throws Exception {
    Path src = new Path("/home/hadoop/data/hello.txt");
    Path dist = new Path("/hdfsapi/test/");
    fileSystem.copyFromLocalFile(src, dist);
}

/**
 * 查看某个目录下的所有文件
 */
@Test
public void listFiles() throws Exception {
    FileStatus[] listStatus = fileSystem.listStatus(new Path("/hdfsapi/test"));
    for (FileStatus fileStatus : listStatus) {
        String isDir = fileStatus.isDirectory() ? " 文件夹 " : " 文件 "; // 文件 / 文件夹
        String permission = fileStatus.getPermission().toString(); // 权限
        short replication = fileStatus.getReplication(); // 副本系数
        long len = fileStatus.getLen(); // 长度
        String path = fileStatus.getPath().toString(); // 路径
        System.out.println(isDir + "\t" + permission + "\t" + replication + "\t" + len + "\t" + path);
    }
}

/**
 * 查看文件块信息
 */
@Test
public void getFileBlockLocations() throws Exception {
    FileStatus fileStatus = fileSystem.getFileStatus(new Path("/hdfsapi/test/b.txt"));
    BlockLocation[] blocks = fileSystem.getFileBlockLocations(fileStatus, 0, fileStatus.getLen());
    for (BlockLocation block : blocks) {
        for (String host : block.getHosts()) {
            System.out.println(host);
        }
    }
}
```

至此，在学习了以上相关知识后，任务 2 就可以完成了。

任务 3　HDFS 运行机制

关键步骤如下：

➢ 掌握 HDFS 文件读写流程。

➢ 认知 HDFS 的副本机制。
➢ 了解 HDFS 文件数据的负载均衡和机架感知。

2.3.1　HDFS 文件读写流程

1. HDFS 文件读流程

客户端读取数据过程如下：

（1）客户端通过调用 FileSystem 的 open 方法获取所需要读取的数据文件，对于 HDFS 来说该 FileSystem 就是 DistributeFileSystem；

（2）DistributeFileSystem 通过 RPC 来调用 NameNode，获取到要读取的数据文件对应的 Block 存储在哪些 DataNode 之上；

（3）客户端调用 DFSInputStream 的 read 方法，先到最佳位置（距离最近）的 DataNode，通过对数据反复调用 read 方法，可以将数据从 DataNode 传递到客户端；

（4）当读取完所有的数据之后，DFSInputStream 会关闭与 DataNode 的连接，然后寻找下一块的最佳位置，客户端只需要读取连续的流；

（5）一旦客户端完成读取操作后，就对 DFSInputStream 调用 close 方法来完成资源的关闭操作。

过程如图 2.3 所示。

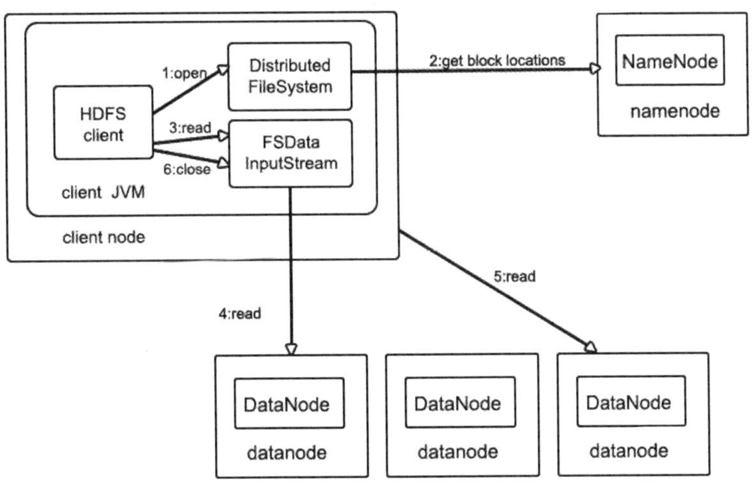

图 2.3　HDFS 数据读流程

2. HDFS 文件写流程

客户端写数据过程如下：

（1）客户端通过调用 DistributeFileSystem 的 create 方法来创建一个文件；

（2）DistributeFileSystem 会对 NameNode 发起 RPC 请求，在文件系统的命名空间中创建一个新的文件，此时会进行各种检查，比如我们要创建的文件是否已经存在，如果该文件不存在，NameNode 就会为该文件创建一条元数据记录；

（3）客户端调用 FSDataOutputStream 的 write 方法将数据写到一个内部队列中。假设副本系数为 3，那么将队列中的数据写到各个副本对应存储的 DataNode 上；

（4）FSDataOutputStream 内部维护着一个确认队列，当接收到所有 DataNode 确认写完的消息后，该数据才会从确认队列中删除；

（5）当客户端完成数据的写入后，会对数据流调用 close 方法来关闭相关资源。

过程如图 2.4 所示。

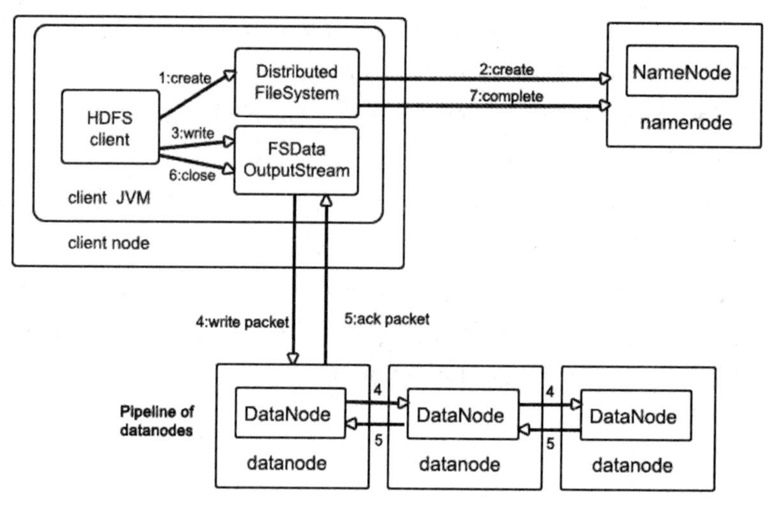

图 2.4　HDFS 数据写流程

2.3.2　HDFS 副本机制

HDFS 上的文件对应的 Block 保存多个副本，且提供容错机制，副本丢失或宕机自动恢复。默认存 3 份副本。HDFS 副本摆放机制如图 2.5 所示。

1. 副本摆放策略

第一副本：放置在上传文件的 DataNode 上；如果是集群外提交，则随机挑选一台磁盘不太慢、CPU 不太忙的节点。

第二副本：放置在与第一个副本不同的机架的节点上。

第三副本：与第二个副本相同机架的不同节点上。

如果还有更多的副本：随机放在节点中。

2. 副本系数

（1）对于上传文件到 HDFS 时，当时 Hadoop 的副本系数是几，那么这个文件的块副本数就有几份，无论以后怎么更改系统副本系数，这个文件的副本数都不会改变。也就是说上传到 HDFS 系统的文件副本数是由当时的系统副本数决定的，不会受副本系数修改影响。

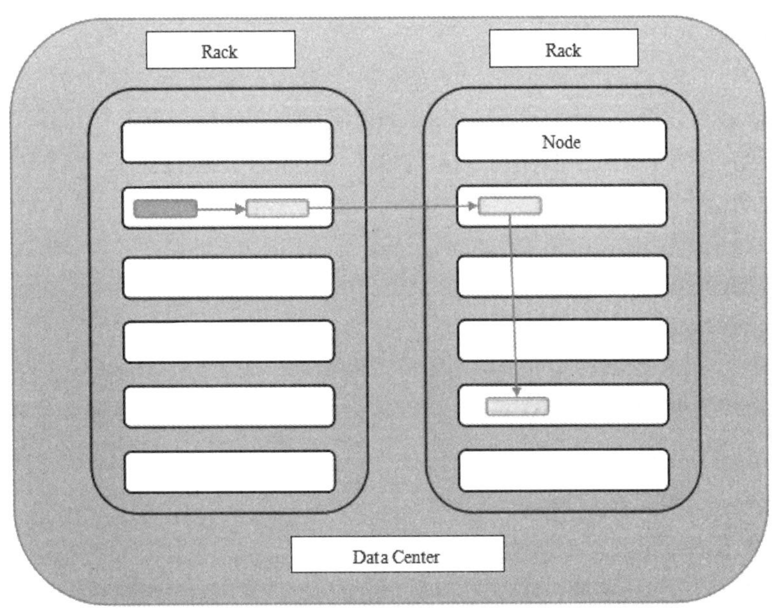

图 2.5　HDFS 副本摆放机制

（2）在上传文件时可以指定副本系数，dfs.replication 是客户端属性，不指定具体的 replication 时采用默认副本数；文件上传后，备份数已经确定，修改 dfs.replication 不会影响以前的文件，也不会影响后面指定备份数的文件，只会影响后面采用默认备份数的文件。

（3）replication 默认是由客户端决定的，如果客户端未设置才会去配置文件中读取。

（4）如果在 hdfs-site.xml 中设置了 dfs.replication=1，这也并不一定就是块的备份数是 1，因为可能没把 hdfs-site.xml 加入到工程的 classpath 里，那么我们的程序运行时取的 dfs.replication 可能是 hdfs-default.xml 中 dfs.replication 的默认值 3；可能这就是造成为什么 dfs.replication 总是 3 的原因。

```
hadoop fs setrep 3 test/test.txt
hadoop fs -ls test/test.txt
```

此时 test.txt 的副本系数就是 3 了，但是重新 put 一个到 hdfs 系统中，备份块数还是 1（假设默认 dfs.replication 的值为 1）。

2.3.3　数据负载均衡

HDFS 的架构支持数据均衡策略。如果某个 DataNode 节点上的空闲空间低于特定的临界点，按照均衡策略系统就会自动地将数据从这个 DataNode 移动到其他空闲的 DataNode。当对某个文件的请求突然增加，那么也可能启动一个计划创建该文件新的副本，并且同时重新平衡集群中的其他数据。当 HDFS 负载不均衡时，需要对 HDFS 进行数据的负载均衡调整，即对各节点机器上数据的存储分布进行调整，从而让数据均匀的分布在各个 DataNode 上，以均衡 IO 性能、平衡 IO、平均数据、平衡集群，防止热点的发生；

在 Hadoop 中，包含一个 start-balancer.sh 脚本，通过运行这个工具，启动 HDFS 数据均衡服务。$HADOOP_HOME/bin 目录下的 start-balancer.sh 脚本就是该任务的启动脚本。启动命令为：

```
$HADOOP_HOME$HADOOP_HOME/bin/start-balancer.sh –threshold
```

影响 Balancer 的几个参数：

（1）-threshold

默认设置：10，参数取值范围：0-100

参数含义：判断集群是否平衡的阈值。理论上，该参数值越小整个集群就越平衡

（2）dfs.balance.bandwidthPerSec

默认设置：1048576（1M/S）

参数含义：Balancer 运行时允许占用的带宽

示例如下：

```
# 启动数据均衡，默认阈值为 10%
$HADOOP_HOME/bin/start-balancer.sh

# 启动数据均衡，阈值 5%
$HADOOP_HOME/bin/start-balancer.sh –threshold 5

# 停止数据均衡
$HADOOP_HOME/bin/stop-balancer.sh
```

在 hdfs-site.xml 文件中可以设置数据均衡占用的网络带宽限制

```
<property>
  <name>dfs.balance.bandwidthPerSec</name>
  <value>1048576</value>
   <description> Specifies the maximum bandwidth that each datanode can utilize for the balancing purpose in term of the number of bytes per second. </description>
</property>
```

2.3.4 机架感知

通常大型 Hadoop 集群是以机架的形式来组织的，同一个机架上的不同节点间的网络状况比不同机架之间的更为理想，NameNode 设法将数据块副本保存在不同的机架上以提高容错性。

HDFS 不能够自动判断集群中各个 DataNode 的网络拓扑情况，Hadoop 允许集群的管理员通过配置 dfs.network.script 参数来确定节点所处的机架，配置文件提供了 ip 到 rackid 的翻译。NameNode 通过这个配置知道集群中各个 DataNode 机器的 rackid。如果 topology.script.file.name 没有设定，则每个 ip 都会被翻译成 /default-rack。机架感知如图 2.6 所示。

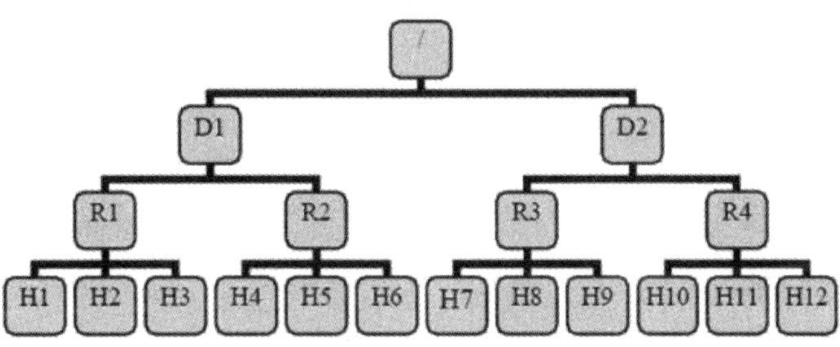

图 2.6　机架感知

图中 D 和 R 是交换机，H 是 DataNode。则 H1 的 rackid=/D1/R1/H1，有了 rackid 信息（这些 rackid 信息可以通过 topology.script.file.name 配置）就可以计算出任意两台 DataNode 之间的距离。

distance(/D1/R1/H1,/D1/R1/H1) = 0 相同的 DataNode
distance(/D1/R1/H1,/D1/R1/H2) = 2 同 rack 下的不同 DataNode
distance(/D1/R1/H1,/D1/R1/H4) = 4 同 IDC 下的不同 DataNode
distance(/D1/R1/H1,/D1/R1/H7) = 6 不同 IDC 下的 DataNode

说明：

（1）当没有配置机架信息时，所有的机器 Hadoop 都在同一个默认的机架下，名为“/default-rack”，这种情况的任何一台 DataNode 机器，不管物理上是否属于同一个机架，都会被认为是在同一个机架下。

（2）一旦配置 topology.script.file.name，就按照网络拓扑结构来寻找 DataNode；topology.script.file.name 这个配置选项的 value 指定为一个可执行程序，通常为一个脚本。

至此，在学习了以上相关知识后，任务 3 就可以完成了。

任务 4　HDFS 进阶

关键步骤如下：

- Hadoop 的序列化机制。
- SequeceFile 的使用。
- MapFile 的使用。

2.4.1　Hadoop 序列化

1．什么是序列化和反序列化

序列化：将对象转化为字节流，以便在网络上传输或者写在磁盘上进行永久存储。

反序列化：将字节流转回成对象。

序列化在分布式数据处理的两个领域经常出现：进程间通信和永久存储。

Hadoop 中多个节点进程间通信通过远程过程调用（Remote Procedure Call，RPC）实现。

2. Hadoop 的序列化

Hadoop 的序列化不采用 Java 的序列化，而是实现了自己的序列化机制。在 Hadoop 的序列化机制中，用户可以复用对象，这就减少了 Java 对象的分配和回收，提高了应用效率。

Hadoop 通过 Writable 接口实现序列化机制，但没有提供比较功能，所以和 Java 中的 Comparable 接口合并，提供一个接口 WritableComparable。

```
public interface Writable {
  void write(DataOutput out) throws IOException;      // 状态写入到 DataOutput 二进制流
  void readFields(DataInput in) throws IOException;  // 从 DataInput 二进制流中读取状态
}

public interface WritableComparable<T> extends Writable, Comparable<T> {
}
```

3. Hadoop 的序列化案例

功能需求：序列化 Person 对象，并将序列化的对象反序列化出来。

实现步骤：

（1）序列化对象类 implements WritableComparable

（2）属性：既可以采用 Hadoop 的类型，也可以采用 Java 的类型

（3）实现 write 方法接口：将对象转换为字节流并写入到输出流 out 中

（a）如果属性是 Hadoop 类型的：name.write(out)。

（b）如果属性是 Java 类型的：out.write(name)。

（4）实现 readFields 接口：从输入流 in 中读取字节流并反序列化对象

（a）如果属性是 Hadoop 类型的：name.readFields(in)。

（b）如果属性是 Java 类型的： in.readFields(name)。

（5）实现 compare To 方法接口

（6）setter 方法：采用 Java 类型的属性，方便客户端操作

（7）构造方法

（8）实现 toString/hashCode/equals 方法

实现代码：

代码 2.4 Hadoop 序列化操作

```
package com.kgc.bigdata.hadoop.hdfs.io;

import org.apache.hadoop.io.IntWritable;
import org.apache.hadoop.io.Text;
import org.apache.hadoop.io.WritableComparable;
```

```
import java.io.DataInput;
import java.io.DataOutput;
import java.io.IOException;

/**
 * 序列化实体类
 */
public class Person implements WritableComparable<Person> {

    private Text name = new Text();
    private IntWritable age = new IntWritable();
    private Text sex = new Text();

    public Person(String name, int age, String sex){
        this.name.set(name);
        this.age.set(age);
        this.sex.set(sex);
    }

    public Person(Text name, IntWritable age, Text sex) {
        this.name = name;
        this.age = age;
        this.sex = sex;
    }

    public Person() {
    }

    public void set(String name, int age, String sex){
        this.name.set(name);
        this.age.set(age);
        this.sex.set(sex);
    }

    @Override
    public void write(DataOutput out) throws IOException {
        name.write(out);
        age.write(out);
        sex.write(out);
    }

    @Override
    public void readFields(DataInput in) throws IOException {
        name.readFields(in);
        age.readFields(in);
        sex.readFields(in);
```

```
    }

    // 比较规则：姓名相同比年龄，年龄相同比性别
    @Override
    public int compareTo(Person o) {
        int result = 0;

        int comp1 = name.compareTo(o.name);
        if (comp1 != 0) {
            return comp1;
        }

        int comp2 = age.compareTo(o.age);
        if (comp2 != 0) {
            return comp2;
        }

        int comp3 = sex.compareTo(o.sex);
        if (comp3 != 0) {
            return comp3;
        }
        return result;
    }

    @Override
    public int hashCode() {
        final int prime = 31;
        int result = 1;
        result = prime * result + ((age == null) ? 0 : age.hashCode());
        result = prime * result + ((name == null) ? 0 : name.hashCode());
        result = prime * result + ((sex == null) ? 0 : sex.hashCode());
        return result;
    }

    @Override
    public boolean equals(Object obj) {
        if (this == obj)
            return true;
        if (obj == null)
            return false;
        if (getClass() != obj.getClass())
            return false;
        Person other = (Person) obj;
        if (age == null) {
            if (other.age != null)
                return false;
```

```
        } else if (!age.equals(other.age))
            return false;
        if (name == null) {
            if (other.name != null)
                return false;
        } else if (!name.equals(other.name))
            return false;
        if (sex == null) {
            if (other.sex != null)
                return false;
        } else if (!sex.equals(other.sex))
            return false;
        return true;
    }

    @Override
    public String toString() {
        return "Person [name=" + name + ", age=" + age + ", sex=" + sex + "]";
    }
}
```

序列化工具类：

```
package com.kgc.bigdata.hadoop.hdfs.io;

import org.apache.hadoop.io.Writable;

import java.io.*;

/**
 * 序列化操作
 */
public class HadoopSerializationUtil {

    public static byte[] serialize(Writable writable) throws IOException {
        ByteArrayOutputStream out = new ByteArrayOutputStream();
        DataOutputStream dataout = new DataOutputStream(out);
        writable.write(dataout);
        dataout.close();
        return out.toByteArray();
    }

    public static void deserialize(Writable writable, byte[] bytes)
            throws Exception {
        ByteArrayInputStream in = new ByteArrayInputStream(bytes);
        DataInputStream datain = new DataInputStream(in);
        writable.readFields(datain);
```

```
        datain.close();
    }

}
```

测试类：

```
package com.kgc.bigdata.hadoop.hdfs.io;

public class Test {
    public static void main(String[] args) throws Exception {
        // 测试序列化
        Person person = new Person("zhangsan", 27, "man");
        byte[] values = HadoopSerializationUtil.serialize(person);

        // 测试反序列化
        Person p = new Person();
        HadoopSerializationUtil.deserialize(p, values);
        System.out.println(p);
    }
}
```

输出：

```
Person [name= zhangsan, age=27, sex=man]
```

2.4.2 基于文件的数据结构 SequenceFile

1. SequenceFile 概述

SequenceFile 是 Hadoop 提供的一种对二进制文件的支持。二进制文件直接将 <Key, Value> 对序列化到文件中。HDFS 文件系统是适合存储大文件的，很小的文件如果很多的话对于 NameNode 的压力会非常大，因为每个文件都会有一条元数据信息存储在 NameNode 上，当小文件非常多也就意味着在 NameNode 上存储的元数据信息就非常多。Hadoop 是适合存储大数据的，所以我们可以通过 SequenceFile 将小文件合并起来，可以获得更高效率的存储和计算。SequenceFile 中的 key 和 value 可以是任意类型的 Writable 或者自定义 Writable 类型。

> **注意：**
>
> 对于一定大小的数据，比如说 100GB，如果采用 SequenceFile 进行存储的话占用的空间是大于 100GB 的，因为 SequenceFile 的存储中为了查找方便添加了一些额外的信息。

2. SequenceFile 特点

（1）支持压缩：可定制为基于 Record（记录）和 Block（块）压缩。

无压缩类型：如果没有启动压缩（默认设置），那么每个记录就由它的记录长度（字节数）、键的长度，键和值组成，长度字段为 4 字节。SequenceFile 内部结构如图 2.7 所示。

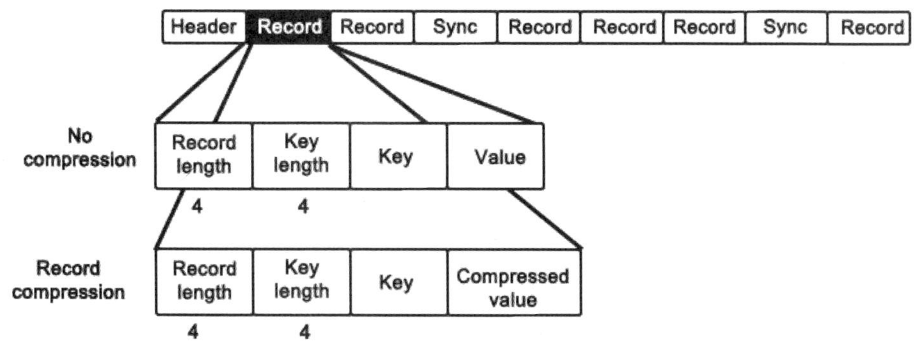

图 2.7　SequenceFile 内部结构

Record 针对行压缩，只压缩 Value 部分不压缩 Key；Block 对 Key 和 Value 都压缩。

（2）本地化任务支持：因为文件可以被切分，因此在运行 MapReduce 任务时数据的本地化情况应该是非常好的；尽可能多地发起 Map Task 来进行并行处理进而提高作业的执行效率。

（3）难度低：因为是 Hadoop 框架提供的 API，业务逻辑侧的修改比较简单。

3. SequenceFile 写操作

实现步骤：

（1）设置 Configuration

（2）获取 FileSystem

（3）设置文件输出路径

（4）SequenceFile.createWriter() 创建 SequenceFile.Write 写入

（5）调用 SequenceFile.Write.append 追加写入

（6）关闭流

代码实现：

代码 2.5　SequenceFile 文件写操作

```
package com.kgc.bigdata.hadoop.hdfs.sequence;

import org.apache.hadoop.conf.Configuration;
import org.apache.hadoop.fs.FileSystem;
import org.apache.hadoop.fs.Path;
import org.apache.hadoop.io.IOUtils;
import org.apache.hadoop.io.IntWritable;
import org.apache.hadoop.io.SequenceFile;
import org.apache.hadoop.io.Text;
```

```
import java.net.URI;

/**
 * SequenceFile 写操作
 */
public class SequenceFileWriter {
   private static Configuration configuration = new Configuration();
   private static String url = "hdfs://hadoop000:8020";

   private static String[] data ={"a,b,c,d,e,f,g","e,f,g,h,i,j,k","l,m,n,o,p,q,r,s","t,u,v,w,x,y,z"};

   public static void main(String[] args) throws Exception{
      FileSystem fs = FileSystem.get(URI.create(url), configuration);
      Path outputPath = new Path("MySequenceFile.seq");

      IntWritable key = new IntWritable();
      Text value = new Text();

      SequenceFile.Writer writer = SequenceFile.createWriter(fs, configuration, outputPath, IntWritable.
class, Text.class);

      for (int i = 0; i < 10; i++) {
         key.set(10-i);
         value.set(data[i%data.length]);
         writer.append(key, value);
      }

      IOUtils.closeStream(writer);
   }
}
```

文件的默认 HDFS 写出路径为：/user/<user>/

4. SequenceFile 读操作

实现步骤：

（1）设置 Configuration

（2）获取 FileSystem

（3）设置文件输出路径

（4）调用 SequenceFile.Reader() 创建读取类 SequenceFile.Reader

（5）拿到 key 和 value 的 class

（6）读取

（7）关闭流

代码实现：

代码 2.6　SequenceFile 文件读操作

```
package com.kgc.bigdata.hadoop.hdfs.sequence;

import org.apache.hadoop.conf.Configuration;
```

```
import org.apache.hadoop.fs.FileSystem;
import org.apache.hadoop.fs.Path;
import org.apache.hadoop.io.IOUtils;
import org.apache.hadoop.io.SequenceFile;
import org.apache.hadoop.io.Writable;
import org.apache.hadoop.util.ReflectionUtils;

import java.net.URI;

/**
 * SequenceFile 读操作
 */
public class SequenceFileReader {

  static Configuration configuration = new Configuration();
  private static String url = "hdfs://hadoop000:8020";

  public static void main(String[] args) throws Exception{
    FileSystem fs = FileSystem.get(URI.create(url), configuration);
    Path inputPath = new Path("MySequenceFile.seq");

    SequenceFile.Reader reader = new SequenceFile.Reader(fs,inputPath,configuration);

    Writable keyClass = (Writable) ReflectionUtils.newInstance(reader.getKeyClass(), configuration);
      Writable valueClass = (Writable) ReflectionUtils.newInstance(reader.getValueClass(),
configuration);
    while(reader.next(keyClass, valueClass)){
      System.out.println("key : " + keyClass);
      System.out.println("value : " + valueClass);
      System.out.println("position : " + reader.getPosition());
    }

    IOUtils.closeStream(reader);
  }
}
```

5. SequenceFile 写操作使用压缩

SequenceFile 写操作的压缩支持 Record 和 Block 两种，在读取时能够自动解压。

代码实现：

代码 2.7　SequenceFile 文件使用压缩写操作

```
package com.kgc.bigdata.hadoop.hdfs.sequence;


import org.apache.hadoop.conf.Configuration;
import org.apache.hadoop.fs.FileSystem;
import org.apache.hadoop.fs.Path;
```

```
import org.apache.hadoop.io.*;
import org.apache.hadoop.io.compress.BZip2Codec;
import org.apache.hadoop.util.ReflectionUtils;

import java.net.URI;

/**
 * SequenceFile 压缩方式写操作
 */
public class SequenceFileCompression {

  static Configuration configuration = null;
  private static String url = "hdfs://hadoop000:8020";

  static {
    configuration = new Configuration();
  }

  private static String[] data = {"a,b,c,d,e,f,g", "e,f,g,h,i,j,k",
      "l,m,n,o,p,q,r,s", "t,u,v,w,x,y,z"};

  public static void main(String[] args) throws Exception {
    FileSystem fs = FileSystem.get(URI.create(url), configuration);
    Path outputPath = new Path("MySequenceFileCompression.seq");

    IntWritable key = new IntWritable();
    Text value = new Text();

    SequenceFile.Writer writer = SequenceFile.createWriter(fs,
        configuration, outputPath, IntWritable.class, Text.class,
        SequenceFile.CompressionType.RECORD, new BZip2Codec());

    for (int i = 0; i < 10; i++) {
      key.set(10 - i);
      value.set(data[i % data.length]);
      writer.append(key, value);
    }

    IOUtils.closeStream(writer);


    Path inputPath = new Path("MySequenceFileCompression.seq");
    SequenceFile.Reader reader = new SequenceFile.Reader(fs,inputPath,configuration);

    Writable keyClass = (Writable) ReflectionUtils.newInstance(reader.getKeyClass(), configuration);
      Writable valueClass = (Writable) ReflectionUtils.newInstance(reader.getValueClass(),
configuration);
    while(reader.next(keyClass, valueClass)){
```

```
            System.out.println("key : " + keyClass);
            System.out.println("value : " + valueClass);
            System.out.println("position : " + reader.getPosition());
        }

        IOUtils.closeStream(reader);
    }
}
```

2.4.3　基于文件的数据结构 MapFile

1. MapFile 概述

MapFile 是排序过后的 SequenceFile，由两部分构成，分别是 data 和 index。index 作为文件的数据索引，主要记录了每个 Record 的 key 值，以及该 Record 在文件中的偏移位置。在 MapFile 被访问的时候，索引文件会先被加载到内存，通过 index 映射关系可迅速定位到指定 Record 所在文件位置，因此，相对 SequenceFile 而言，MapFile 的检索效率更高，缺点是会消耗一部分内存来存储 index 数据。

2. MapFile 写操作

实现步骤：

（1）设置 Configuration

（2）获取 FileSystem

（3）设置文件输出路径

（4）MapFile. Writer() 创建 MapFile.Write 写入

（5）调用 MapFile.Write.append 追加写入

（6）关闭流

代码实现：

代码 2.8　MapFile 写操作

```
package com.kgc.bigdata.hadoop.hdfs.mapfile;

import org.apache.hadoop.conf.Configuration;
import org.apache.hadoop.fs.FileSystem;
import org.apache.hadoop.fs.Path;
import org.apache.hadoop.io.IOUtils;
import org.apache.hadoop.io.MapFile;
import org.apache.hadoop.io.Text;

import java.net.URI;

/**
 * MapFile 写文件
```

```
 */
public class MapFileWriter {

    static Configuration configuration = new Configuration();
    private static String url = "hdfs://hadoop000:8020";

    public static void main(String[] args) throws Exception {

        FileSystem fs = FileSystem.get(URI.create(url), configuration);
        Path outPath = new Path("MyMapFile.map");

        Text key = new Text();
        key.set("mymapkey");
        Text value = new Text();
        value.set("mymapvalue");

        MapFile.Writer writer = new MapFile.Writer(configuration, fs,
                outPath.toString(), Text.class, Text.class);

        writer.append(key, value);
        IOUtils.closeStream(writer);
    }
}
```

3. MapFile 读操作

实现步骤：

（1）设置 Configuration

（2）获取 FileSystem

（3）设置文件输出路径

（4）MapFile. Reader() 创建 MapFile.Reader 写入

（5）拿到 Key 与 Value 的 class

（6）读取

（7）关闭流

代码实现：

代码 2.9　MapFile 读操作

```
package com.kgc.bigdata.hadoop.hdfs.mapfile;

import org.apache.hadoop.conf.Configuration;
import org.apache.hadoop.fs.FileSystem;
import org.apache.hadoop.fs.Path;
import org.apache.hadoop.io.IOUtils;
import org.apache.hadoop.io.MapFile;
```

```
import org.apache.hadoop.io.Writable;
import org.apache.hadoop.io.WritableComparable;
import org.apache.hadoop.util.ReflectionUtils;

import java.net.URI;

/**
 * MapFile 读文件
 */
public class MapFileReader {

    static Configuration configuration = new Configuration();
    private static String url = "hdfs://hadoop000:8020";

    public static void main(String[] args) throws Exception {

        FileSystem fs = FileSystem.get(URI.create(url), configuration);
        Path inPath = new Path("MyMapFile.map");

        MapFile.Reader reader = new MapFile.Reader(fs, inPath.toString(),
              configuration);

        Writable keyclass = (Writable) ReflectionUtils.newInstance(
              reader.getKeyClass(), configuration);
        Writable valueclass = (Writable) ReflectionUtils.newInstance(
              reader.getValueClass(), configuration);

        while (reader.next((WritableComparable) keyclass, valueclass)) {
            System.out.println(keyclass);
            System.out.println(valueclass);
        }
        IOUtils.closeStream(reader);
    }
}
```

至此，在学习了以上相关知识后，任务 4 就可以完成了。

本章总结

本章学习了以下知识点：

- HDFS 文件产生背景、设计目标及特点。
- HDFS 的基本概念。
- HDFS 的体系结构及各组件功能。
- 使用 HDFS shell 以及 Java API 操作 HDFS 文件系统。

- HDFS 文件数据读写流程。
- HDFS 副本机制、数据负载均衡以及机架感知。
- HDFS 序列化。
- SequenceFile 以及 MapFile 的读写操作。

本章作业

在生产环境中，输入数据往往是由许多小文件组成，这里的小文件指小于 HDFS 系统块大小的文件，然而每一个存储在 HDFS 中的文件、目录和块都映射为一个对象，存储在 NameNode 服务器内存中，通常占用 150 个字节。如果有 1 千万个文件，就需要消耗大约 3G 的内存空间，如果是 10 亿个文件呢，简直不可想象。所以在项目开始前，我们选择一种适合的方案来解决小文件问题。请开发一个应用程序来对小文件进行合并。

第3章 分布式计算框架 MapReduce

本章重点

※ MapReduce 编程模型
※ 使用 MapReduce 开发常用的功能

本章目标

※ 了解 MapReduce 是什么
※ 掌握 MapReduce 编程模型
※ 掌握 MapReduce 中常见核心 API 的编程
※ 掌握使用 MapReduce 开发常用的功能

本章任务

学习本章，需要完成以下 3 个工作任务。请记录下学习过程中所遇到的问题，可以通过自己的努力或访问 kgc.cn 解决。

任务 1：MapReduce 编程模型

理解并掌握 MapReduce 的编程模型，进一步加深对大数据并行计算模型的理解与认识。

任务 2：MapReduce 进阶

通过学习 MapReduce 各个组件的概念和原理，加深对 MapReduce 底层原理和计算模型的掌握。

任务 3：MapReduce 高级编程

掌握 MapReduce 开发常用的应用，例如 Join、排序、二次排序、合并小文件等。

任务 1 MapReduce 编程模型

关键步骤如下：

- MapReduce 是什么，适合做什么，不适合做什么。
- MapReduce 中 map 和 reduce 方法的功能。
- 开发 MapReduce 版本的 WordCount 程序并提交到集群运行。

3.1.1 MapReduce 概述

1. MapReduce 是什么

MapReduce 是 Google 开源的一项重要技术，它是一个编程模型，用以进行大数据量的计算。对于大数据量的计算，通常采用的处理方式就是并行计算。但对许多开发者来说，自己完完全全实现一个并行计算程序难度太大，而 MapReduce 就是一种简化并行计算的编程模型，它使得那些没有多少并行计算经验的开发人员也可以开发并行应用程序。这也是 MapReduce 的价值所在，通过简化编程模型，降低了开发并行应用程序的入门门槛。

2. MapReduce 设计目标

MapReduce 的设计目标是方便编程人员在不熟悉分布式并行编程的情况下，将自己的程序运行在分布式系统上。MapReduce 采用的是“分而治之”的思想，把对大规模数据集的操作，分发给一个主节点管理下的各个子节点共同完成，然后整合各个子节点的中间结果，得到最终的计算结果。简而言之，MapReduce 就是“分散任务，汇总结果”。

3. MapReduce 特点

（1）易于编程。它简单的实现一些接口，就可以完成一个分布式程序，这个分布式程序可以分布到大量廉价的 PC 机器运行。也就是说你写一个分布式程序，跟写一个简单的串行程序是一模一样的。就是因为这个特点，使得 MapReduce 编程变得非常流行。

（2）良好的扩展性。当你的计算资源不能得到满足的时候，你可以通过简单的增加机器来扩展它的计算能力。

（3）高容错性。MapReduce 设计的初衷就是使程序能够部署在廉价的 PC 机器上，这就要求它具有很高的容错性。比如其中一台机器挂了，它可以把上面的计算任务转移到另外一个节点上运行，不至于使这个任务运行失败，而且这个过程不需要人工干预，完全是由 Hadoop 内部完成的。

（4）能对 PB 级以上海量数据进行离线处理。适合离线处理而不适合实时处理，比如要求毫秒级别的返回一个结果，MapReduce 很难做到。

4. MapReduce 不擅长的场景

易于编程的 MapReduce 虽然具有很多的优势，但是它也有不擅长的地方。这里的不擅长不代表它不能做，而是在有些场景下实现的效果差，并不适合 MapReduce 来处理，主要表现在以下几个方面。

（1）实时计算：MapReduce 无法像 MySQL 一样，在毫秒或者秒级内返回结果。

（2）流式计算：流式计算的输入数据是动态的，而 MapReduce 的输入数据集是静态的，不能动态变化。这是因为 MapReduce 自身的设计特点决定了数据源必须是静态的。

（3）DAG（有向图）计算：多个应用程序存在依赖关系，后一个应用程序的输入为前一个的输出。在这种情况下，MapReduce 并不是不能做，而是使用后，每个 MapReduce 作业的输出结果都会写入到磁盘，会造成大量的磁盘 IO，降低使用性能。

3.1.2　MapReduce 编程模型

1. 编程模型概述

从 MapReduce 自身的命名特点可以看出，MapReduce 由两个阶段组成：Map 和 Reduce。用户只需编写 map() 和 reduce() 两个函数，即可完成简单的分布式程序的设计。

map() 函数以 key/value 对作为输入，产生另外一系列 key/value 对作为中间输出写入本地磁盘。MapReduce 框架会自动将这些中间数据按照 key 值进行聚集，且 key 值相同（用户可设定聚集策略，默认情况下是对 key 值进行哈希取模）的数据被统一交给 reduce() 函数处理。

reduce() 函数以 key 及对应的 value 列表作为输入，经合并 key 相同的 value 值后，产生另外一系列 key/value 对作为最终输出写入 HDFS。

MapReduce 将作业（一个 MapReduce 应用程序）的整个运行过程分为 Map 阶段和 Reduce 阶段，编程模型如图 3.1 所示。

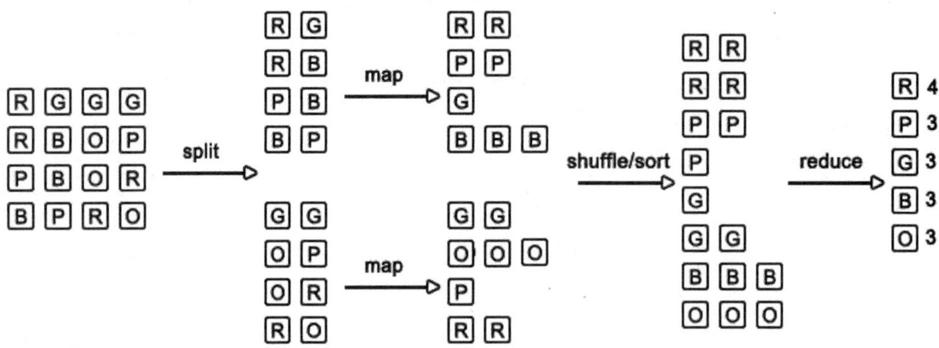

图 3.1　MapReduce 编程模型

（1）Map 阶段由一定数量的 Map Task 组成

- 输入数据格式解析：InputFormat（把输入文件进行分片）
- 输入数据处理：Mapper
- 数据分组：Partitioner

（2）Reduce 阶段由一定数量的 Reduce Task 组成

- 数据远程拷贝（从 Map Task 的输出拷贝部分数据）
- 数据按照 key 排序和分组（key 相同的都挨在一起，按照 key 进行分组操作，每一组交由 reducer 进行处理）
- 处理处理：Reducer

数据输出格式：OutputFormat（输出文件格式，分隔符等的设置）

2. 编程模型三步曲

（1）Input：一系列 k1/v1 对

（2）Map 和 Reduce：Map：(k1,v1) --> list(k2,v2)，Reduce：(k2, list(v2)) --> list(k3,v3)

其中：k2/v2 是中间结果对

（3）Output：一系列 (k3,v3) 对

3.1.3　MapReduce WordCount 编程实例

通过上一节的学习，我们已经理解了 MapReduce 的基本编程模型，为了加深对 MapReduce 的理解，本节将以一个 WordCount 程序来详细解释 MapReduce 模型。一个

最简单的 MapReduce 应用程序至少包含 3 个部分：一个 Map 函数、一个 Reduce 函数和一个 main 函数。在运行一个 MapReduce 计算任务时候，任务过程被分为 map 阶段和 reduce 阶段，每个阶段都是用键值对（key/value）作为输入（input）和输出（output），main 函数将作业控制和文件输入 / 输出结合起来。

我们一起来看看 WordCount 程序的需求：现在有大量的文件，每个文件又有大量的单词，要求统计每个单词出现的词频。

1. WordCount 实现设计分析

（1）Map 过程：并行读取文本，对读取的单词进行 map 操作，每个词都以 <key,value> 形式生成。

读取第一行 Hello World Bye World，分割单词形成 Map。

<Hello,1> <World,1> <Bye,1> <World,1>

读取第二行 Hello Hadoop Bye Hadoop，分割单词形成 Map。

<Hello,1> <Hadoop,1> <Bye,1> <Hadoop,1>

读取第三行 Bye Hadoop Hello Hadoop，分割单词形成 Map。

<Bye,1> <Hadoop,1> <Hello,1> <Hadoop,1>

（2）Reduce 操作是对 map 的结果进行排序、合并，最后得出词频。

reduce 将形成的 Map 根据相同的 key 组合成 value 数组。<Bye,1,1,1> <Hadoop,1,1,1,1> <Hello,1,1,1> <World,1,1>。循环执行 Reduce(K,V[])，分别统计每个单词出现的次数，<Bye,3> <Hadoop,4> <Hello,3> <World,2>。

2. WordCount 代码开发

在前面我们已经详细描述了 MapReduce 的编程模型，接下来请跟我一起使用 Maven 来完成相关程序的开发，至于开发工具，大家可以根据自己的爱好选择，Eclipse 或者 IDEA 均可。为了方便大家理解，重要程序处标注了相关解释！

（1）新建工程，添加 Maven 依赖

```
<dependency>
  <groupId>org.apache.hadoop</groupId>
  <artifactId>hadoop-common</artifactId>
  <version>${hadoop.version}</version>
</dependency>

<dependency>
  <groupId>org.apache.hadoop</groupId>
  <artifactId>hadoop-hdfs</artifactId>
  <version>${hadoop.version}</version>
</dependency>

<dependency>
  <groupId>org.apache.hadoop</groupId>
```

```
    <artifactId>hadoop-mapreduce-client-core</artifactId>
    <version>${hadoop.version}</version>
</dependency>
```

（2）完整的 WordCount 程序代码

代码 3.1　WordCount 代码实现

```
package com.kgc.bigdata.hadoop.mapreduce.wordcount;


import com.kgc.bigdata.hadoop.mapreduce.partitioner.PartitionerApp;
import org.apache.hadoop.conf.Configuration;
import org.apache.hadoop.fs.FileSystem;
import org.apache.hadoop.fs.Path;
import org.apache.hadoop.io.IntWritable;
import org.apache.hadoop.io.LongWritable;
import org.apache.hadoop.io.Text;
import org.apache.hadoop.mapreduce.Job;
import org.apache.hadoop.mapreduce.Mapper;
import org.apache.hadoop.mapreduce.Partitioner;
import org.apache.hadoop.mapreduce.Reducer;
import org.apache.hadoop.mapreduce.lib.input.FileInputFormat;
import org.apache.hadoop.mapreduce.lib.input.TextInputFormat;
import org.apache.hadoop.mapreduce.lib.output.FileOutputFormat;
import org.apache.hadoop.mapreduce.lib.output.TextOutputFormat;

import java.io.IOException;
import java.net.URI;
import java.util.StringTokenizer;


/**
 * WordCount 的 MapReduce 实现
 */
public class WordCountApp {
    public static class MyMapper
            extends Mapper<Object, Text, Text, IntWritable> {

        private final static IntWritable one = new IntWritable(1);
        private Text word = new Text();

        public void map(Object key, Text value, Context context
        ) throws IOException, InterruptedException {
            StringTokenizer itr = new StringTokenizer(value.toString());
            while (itr.hasMoreTokens()) {
                word.set(itr.nextToken());
                context.write(word, one);
            }
```

```
    }
}

public static class MyReducer
        extends Reducer<Text, IntWritable, Text, IntWritable> {
    private IntWritable result = new IntWritable();

    public void reduce(Text key, Iterable<IntWritable> values,
                    Context context) throws IOException, InterruptedException {
        int sum = 0;
        for (IntWritable val : values) {
            sum += val.get();
        }
        result.set(sum);
        context.write(key, result);
    }
}

public static void main(String[] args) throws Exception {
    String INPUT_PATH = "hdfs://hadoop000:8020/wc";
    String OUTPUT_PATH = "hdfs://hadoop000:8020/outputwc";

    Configuration conf = new Configuration();
    final FileSystem fileSystem = FileSystem.get(new URI(INPUT_PATH), conf);
    if (fileSystem.exists(new Path(OUTPUT_PATH))) {
        fileSystem.delete(new Path(OUTPUT_PATH), true);
    }

    Job job = Job.getInstance(conf, "WordCountApp");

    // run jar class
    job.setJarByClass(WordCountApp.class);

    // 设置 map
    job.setMapperClass(MyMapper.class);
    job.setMapOutputKeyClass(Text.class);
    job.setMapOutputValueClass(IntWritable.class);

    // 设置 reduce
    job.setReducerClass(MyReducer.class);
    job.setOutputKeyClass(Text.class);
    job.setOutputValueClass(IntWritable.class);

    // 设置 input format
    job.setInputFormatClass(TextInputFormat.class);
    Path inputPath = new Path(INPUT_PATH);
```

```
        FileInputFormat.addInputPath(job, inputPath);

        // 设置 output format
        job.setOutputFormatClass(TextOutputFormat.class);
        Path outputPath = new Path(OUTPUT_PATH);
        FileOutputFormat.setOutputPath(job, outputPath);

        // 提交 job
        System.exit(job.waitForCompletion(true) ? 0 : 1);
    }
}
```

3. WordCount 代码说明

（1）对于 map 函数的方法

```
public void map(Object key, Text value, Context context)
```

继承 Mapper 类，实现 map 方法，这里有三个参数，前面两个 Object key, Text value 就是输入的 key 和 value，第三个参数 Context context 记录的是整个上下文，比如我们可以通过 context 将数据写出去。

（2）对于 reduce 函数的方法

```
public void reduce(Text key, Iterable<IntWritable> values, Context context)
```

继承 Reducer 类，实现 reduce 方法，reduce 函数的输入也是一个 key/value 的形式，不过它的 value 是一个迭代器的形式 Iterable<IntWritable> values，也就是说 reduce 的输入是一个 key 对应一组的值的 value，reduce 也有 context，和 map 的 context 作用一致。

（3）对于 main 函数的调用

创建 Configuration 类：

```
Configuration conf = new Configuration();
```

运行 MapReduce 程序前都要初始化 Configuration，该类主要是读取 MapReduce 系统配置信息。

创建 Job 类：

```
Job job = Job.getInstance(conf, "word count");
job.setJarByClass(WordCount.class);
job.setMapperClass(TokenizerMapper.class);
job.setReducerClass(IntSumReducer.class);
```

第一行就是在构建一个 job，有两个参数，一个是 conf，另外一个是这个 job 的名称。第二行就是设置我们自己开发的 MapReduce 类。第三行和第四行就是设置 map 函数和 reduce 函数实现类。

设置输出的 key/value 的类型：

```
job.setOutputKeyClass(Text.class);
job.setOutputValueClass(IntWritable.class);
```

这个是定义输出的 key/value 的类型，也就是最终存储在 HDFS 上结果文件的 key/value 的类型。

设置 Job 的输入输出路径并提交到集群运行：

```
FileInputFormat.addInputPath(job, new Path(args[0]));
FileOutputFormat.setOutputPath(job, new Path(args[1]));
System.exit(job.waitForCompletion(true) ? 0 : 1);
```

第一行就是构建输入的数据文件，第二行是构建输出的数据文件，最后一行如果 job 运行成功了，我们的程序就会正常退出。

4. WordCount 提交到集群运行

在这里我们第一次接触 MapReduce，因此先以伪分布式集群的方式运行 WordCount 程序！感兴趣的朋友也可以在完全分布式集群中运行，具体过程笔者在此不再讨论（其实是一模一样的）。操作步骤如下：

（1）使用 mvn clean package -DskipTests 打成 hadoop-1.0-SNAPSHOT.jar，然后上传到 /home/hadoop/lib 目录下面。

（2）将测试数据上传到 HDFS 目录中。

```
hadoop fs -mkdir /wc
hadoop fs -put hello.txt /wc
```

（3）提交 MapReduce 作业到集群运行。

```
hadoop jar /home/hadoop/lib/hadoop-1.0-SNAPSHOT.jar  com.kgc.bigdata.hadoop.mapreduce.
wordcount.WordCountApp
```

（4）查看作业输出结果。

```
hadoop fs -text /outputwc/part-*
hello   3
welcome 1
world   2
```

至此，在学习了以上相关知识后，任务 1 就可以完成了。

任务 2　MapReduce 进阶

关键步骤如下：

- MapReduce 类型。
- MapReduce 输入格式。
- MapReduce 输出格式。
- MapReduce 中 Combiner、Partitioner、RecordReader 的使用。

3.2.1　MapReduce 类型

1. MapReduce 类型概述

使用 Hadoop 中的 MapReduce 编程模型处理过程非常简单，只需要定义好 map 和

reduce 函数的输入和输出 key/value 对的类型即可，那么我们来看看各种数据类型是如何在 MapReduce 中使用的。

MapReduce 中的 map 和 reduce 函数需要遵循如下的格式：

```
map: (K1,V1) -> list(K2,V2)
reduce: (K2, list(V2)) -> list(K3,V3)
```

从这个需要遵循的格式我们可以看出：reduce 函数的输入类型必须与 map 函数的输出类型一致。

2. MapReduce 中常用的设置

（1）输入数据类型由输入格式（InputFormat）设置。比如：TextInputFormat 的 Key 的类型就是 LongWritable，Value 的类型是 Text。

（2）map 的输出的 Key 的类型通过 setMapOutputKeyClass 设置，Value 的类型通过 setMapOutputValueClass 设置。

（3）reduce 的输出的 Key 的类型通过 setOutputKeyClass 设置，Value 的类型通过 setOutputValueClass 设置。

3.2.2 MapReduce 输入格式

MapReduce 处理的数据文件，一般情况下输入文件是存储在 HDFS 上。这些文件的格式可以是任意的：我们可以使用基于行的日志文件，也可以使用二进制格式、多行输入记录或者其他一些格式。这些文件一般会很大，达到数十 GB，甚至更大。那么 MapReduce 是如何读取这些数据的呢？

1. InputFormat 接口

InputFormat 接口决定了输入文件如何被 Hadoop 分块。InputFormat 能够从一个 job 中得到一个 split 集合（InputSplit[]），然后再为这个 split 集合配上一个合适的 RecordReader（getRecordReader）来读取每个 split 中的数据。下面我们来看一下 InputFormat 接口由哪些抽象方法组成。

```
public interface InputFormat<K, V> {
  InputSplit[] getSplits(JobConf job, int numSplits) throws IOException;

  RecordReader<K, V> getRecordReader(InputSplit split,
    JobConf job, Reporter reporter) throws IOException;
}
```

方法说明：

（1）getSplits(JobContext context) 方法负责将一个大数据逻辑分成许多片。比如数据库表有 100 条数据，按照主键 ID 升序存储。假设每 20 条分成一片，这个 List 的大小就是 5，然后每个 InputSplit 记录两个参数，第一个为这个分片的起始 ID，第二个为这个分片数据的大小，这里是 20。很明显 InputSplit 并没有真正存储数据，只是提供了一个如何将数据分片的方法。

（2）createRecordReader(InputSplit split,TaskAttemptContext context) 方法，根据 InputSplit 定义的方法，返回一个能够读取分片记录的 RecordReader。getSplit 用来获取由输入文件计算出来的 InputSplit，后面将看到计算 InputSplit 时，会考虑输入文件是否可分割、文件存储时分块的大小和文件大小等因素；而 createRecordReader() 提供了前面说的 RecordReader 的实现，将 Key-Value 对从 InputSplit 中正确读出来，比如 LineRecordReader，它是以偏移值为 Key，每行的数据为 Value，这使所有 createRecordReader() 返回 LineRecordReader 的 InputFormat 都是以偏移值为 Key、每行数据为 Value 的形式读取输入分片的。

2. InputFormat 接口实现类

InputFormat 接口实现类有很多，其层次结构如图 3.2 所示。

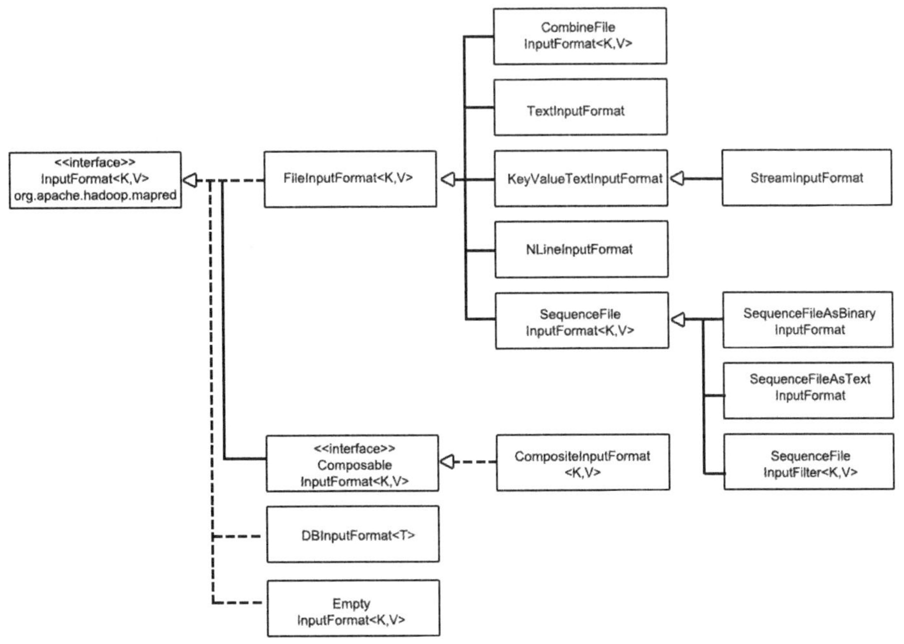

图 3.2　InputFormat 实现类

常用的 InputFormat 实现类介绍：

（1）FileInputFormat

FileInputFormat 是所有使用文件作为其数据源的 InputFormat 实现的基类，它的主要作用是指出作业的输入文件位置。因为作业的输入被设定为一组路径，这对指定作业输入提供了很强的灵活性。FileInputFormat 提供了四种静态方法来设定作业的输入路径：

```
public static void addInputPath(Job job,Path path);

public static void addInputPaths(Job job,String commaSeparatedPaths);
```

```
public static void setInputPaths(Job job,Path... inputPaths);

public static void setInputPaths(Job job,String commaSeparatedPaths);
```

（2）KeyValueTextInputFormat

每一行均为一条记录，被分隔符（缺省是 tab）分割为 key（Text），value（Text）。可以通过 mapreduce.input.keyvaluelinerecordreader.key.value,separator 属性（或者旧版本 API 中的 key.value.separator.in.input.line）来设定分隔符。

3.2.3 MapReduce 输出格式

针对前面介绍的输入格式，Hadoop 都有相应的输出格式。默认情况下只有一个 Reduce，输出只有一个文件，默认文件名为 part-r-00000。输出文件的个数与 Reduce 的个数一致，如果有两个 Reduce，输出结果就有两个文件，第一个为 part-r-00000，第二个为 part-r-00001，依次类推。

1. OutputFormat 接口

OutputFormat 主要用于描述输出数据的格式，它能够将用户提供的 key/value 对写入特定格式的文件中。通过 OutputFormat 接口，实现具体的输出格式，过程有些复杂也没有这个必要。Hadoop 自带了很多 OutputFormat 实现，它们与 InputFormat 实现相对应，足够满足我们的业务需要。

2. OutputFormat 接口实现类

OutputFormat 接口实现类有很多，其层次结构如图 3.3 所示。

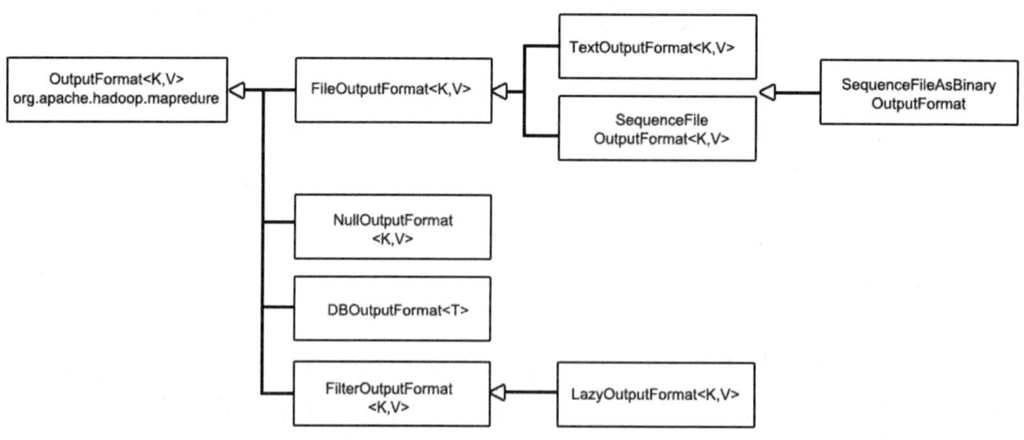

图 3.3 OutputFormat 实现类

OutputFormat 是 MapReduce 输出的基类，所有 MapReduce 输出都实现了 OutputFormat 接口。

常用的 OutputFormat 实现类介绍：

（1）文本输出

默认的输出格式是 TextOutputFormat，它把每条记录写为文本行。它的键和值可以实现 Writable 的任意类型，因为 TextOutputFormat 调用 toString() 方法把它们转换为字符串。每个 key/value 对由制表符进行分割，当然也可以设定 mapreduce.output.textoutputformat.separator 属性（旧版本 API 中的 mapred.textoutputformat.separator）改变默认的分隔符。与 FileOutputFormat 对应的输入格式是 KeyValueTextInputFormat，它通过可配置的分隔符将 key/value 对文本分割。

可以使用 NullWritable 来省略输出的 key 或 value（或两者都省略，相当于 NullOutputFormat 输出格式，后者什么也不输出），这也会导致无分隔符输出，以使输出适合用 TextInputFormat 读取。

（2）二进制输出

SequenceFileOutputFormat 将它的输出写为一个顺序文件。如果输出需要作为后续 MapReduce 任务的输入，这便是一种好的输出格式，因为它的格式紧凑，很容易被压缩。

3.2.4　Combiner

1. Combiner 概述

通过上面章节的学习我们知道，Hadoop 框架使用 Mapper 将数据处理成一个 <key,value> 键值对，然后在网络节点间对其进行整理（shuffle），然后使用 Reducer 处理数据并进行最终输出。试想如果存在这样一个实际场景：

如果有 10 亿个数据，Mapper 会生成 10 亿个 key/value 在网络间进行传输，但如果我们只是对数据求最大值，那么很明显的 Mapper 只需要输出它所知道的最大值即可。这样做不仅可以减轻网络压力，同样也可以大幅度提高程序效率。

在 MapReducer 框架中，Combiner 就是为了避免 map 任务和 reduce 任务之间的数据传输而设置的，Hadoop 允许用户针对 map task 的输出指定一个合并函数。即为了减少传输到 Reduce 中的数据量。它主要是为了削减 Mapper 的输出数量，从而减少网络带宽和 Reducer 上的负载。

我们可以把 Combiner 操作看成是一个在每个单独的节点上先做一次 Reducer 操作，其输入及输出的参数和 Reduce 是一样的。以 WordCount 为例，Combiner 的执行过程如图 3.4 所示：

注意：

我们可以使用 Combiner 求和、求最值，但是求平均数是不能使用 Combiner 的。

2. Combiner 在 WordCount 中的使用

我们可以在 Map 输出之后添加一步 Combiner 的操作，先进行一次聚合，再由

Reduce 来处理，进而使得传输数据减少，提高执行效率。

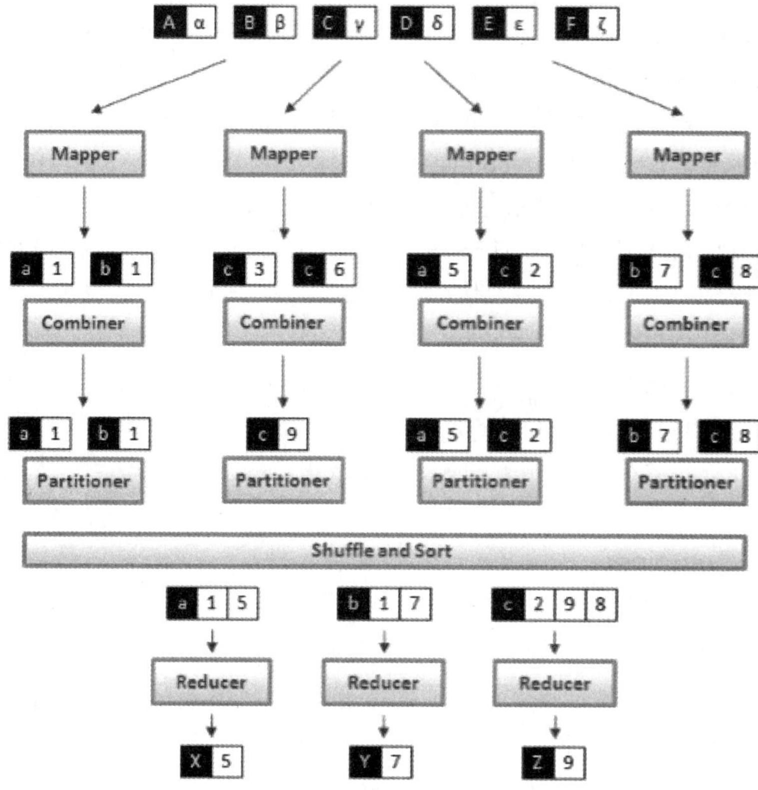

图 3.4 Combiner 执行流程

代码 3.2 Combiner 操作

```
package com.kgc.bigdata.hadoop.mapreduce.combiner;

import org.apache.hadoop.conf.Configuration;
import org.apache.hadoop.fs.Path;
import org.apache.hadoop.io.IntWritable;
import org.apache.hadoop.io.Text;
import org.apache.hadoop.mapreduce.Job;
import org.apache.hadoop.mapreduce.Mapper;
import org.apache.hadoop.mapreduce.Reducer;
import org.apache.hadoop.mapreduce.lib.input.FileInputFormat;
import org.apache.hadoop.mapreduce.lib.output.FileOutputFormat;

import java.io.IOException;
import java.util.StringTokenizer;

/**
 * WordCount 中使用 Combiner
 */
```

```
public class WordCountCombinerApp {
  public static class TokenizerMapper
       extends Mapper<Object, Text, Text, IntWritable>{

    private final static IntWritable one = new IntWritable(1);
    private Text word = new Text();

    public void map(Object key, Text value, Mapper.Context context
    ) throws IOException, InterruptedException {
      StringTokenizer itr = new StringTokenizer(value.toString());
      while (itr.hasMoreTokens()) {
        word.set(itr.nextToken());
        context.write(word, one);
      }
    }
  }

  public static class IntSumReducer
       extends Reducer<Text,IntWritable,Text,IntWritable> {
    private IntWritable result = new IntWritable();

    public void reduce(Text key, Iterable<IntWritable> values,
                  Context context
    ) throws IOException, InterruptedException {
      int sum = 0;
      for (IntWritable val : values) {
        sum += val.get();
      }
      result.set(sum);
      context.write(key, result);
    }
  }

  public static void main(String[] args) throws Exception {
    Configuration conf = new Configuration();
    Job job = Job.getInstance(conf, "word count");
    job.setJarByClass(WordCountCombinerApp.class);
    job.setMapperClass(TokenizerMapper.class);

    // 通过 job 设置 Combiner 处理类，其逻辑是可以直接使用 Reducer
    job.setCombinerClass(IntSumReducer.class);

    job.setReducerClass(IntSumReducer.class);
    job.setOutputKeyClass(Text.class);
    job.setOutputValueClass(IntWritable.class);
    FileInputFormat.addInputPath(job, new Path(args[0]));
```

```
        FileOutputFormat.setOutputPath(job, new Path(args[1]));
        System.exit(job.waitForCompletion(true) ? 0 : 1);
    }
}
```

3.2.5 Partitioner

1. Partitioner 概述

在进行 MapReduce 计算时，有时候需要把最终的输出数据分到不同的文件中，比如按照省份划分的情况，需要把同一省份的数据放到一个文件中；按照性别划分的情况，需要把同一性别的数据放到一个文件中。我们知道最终的输出数据是来自于 Reducer 任务，如果要得到多个文件，意味着有同样数量的 Reducer 任务在运行。Reducer 任务的数据来自于 Mapper 任务，也就说 Mapper 任务要划分数据，对于不同的数据分配给不同的 Reducer 任务运行。Mapper 任务划分数据的过程称作 Partition，负责实现划分数据的类称作 Partitioner。

MapReduce 默认的 Partitioner 是 HashPartitioner。默认情况下，Partitioner 先计算 key 的散列值（通常为 md5 值）。然后通过 Reducer 个数执行取模运算：key.hashCode%（reducer 个数）。这种方式不仅能够随机地将整个 key 空间平均分发给每个 Reducer，同时也能确保不同 Mapper 产生的相同 key 能被分发到同一个 Reducer。

2. Partitioner 案例

（1）需求：分别统计每种类型手机的销售情况，每种类型手机统计数据单独存放在一个结果中。

（2）代码实现：

代码 3.3　Partitioner 操作

```
package com.kgc.bigdata.hadoop.mapreduce.partitioner;

import org.apache.hadoop.conf.Configuration;
import org.apache.hadoop.fs.FileSystem;
import org.apache.hadoop.fs.Path;
import org.apache.hadoop.io.IntWritable;
import org.apache.hadoop.io.LongWritable;
import org.apache.hadoop.io.Text;
import org.apache.hadoop.mapreduce.Job;
import org.apache.hadoop.mapreduce.Mapper;
import org.apache.hadoop.mapreduce.Partitioner;
import org.apache.hadoop.mapreduce.Reducer;
import org.apache.hadoop.mapreduce.lib.input.FileInputFormat;
import org.apache.hadoop.mapreduce.lib.input.TextInputFormat;
import org.apache.hadoop.mapreduce.lib.output.FileOutputFormat;
import org.apache.hadoop.mapreduce.lib.output.TextOutputFormat;
```

```
import java.io.IOException;
import java.net.URI;

/**
 * 自定义 Partitoner 在 MapReduce 中的应用
 */
public class PartitionerApp {

  private static class MyMapper extends Mapper<LongWritable, Text, Text, IntWritable> {
    @Override
    protected void map(LongWritable key, Text value, Context context)
        throws IOException, InterruptedException {
      String[] s = value.toString().split("\t");
      context.write(new Text(s[0]), new IntWritable(Integer.parseInt(s[1])));
    }

  }

  private static class MyReducer extends Reducer<Text, IntWritable, Text, IntWritable> {

    @Override
    protected void reduce(Text key, Iterable<IntWritable> value, Context context)
        throws IOException, InterruptedException {
      int sum = 0;
      for (IntWritable val : value) {
        sum += val.get();
      }
      context.write(key, new IntWritable(sum));
    }

  }

  public static class MyPartitioner extends Partitioner<Text, IntWritable> {

    // 转发给 4 个不同的 reducer
    @Override
    public int getPartition(Text key, IntWritable value, int numPartitons) {
      if (key.toString().equals("xiaomi"))
        return 0;
      if (key.toString().equals("huawei"))
        return 1;
      if (key.toString().equals("iphone7"))
        return 2;
      return 3;
    }
  }
```

```
    // driver
    public static void main(String[] args) throws Exception {

        String INPUT_PATH = "hdfs://hadoop000:8020/partitioner";
        String OUTPUT_PATH = "hdfs://hadoop000:8020/outputpartitioner";

        Configuration conf = new Configuration();
        final FileSystem fileSystem = FileSystem.get(new URI(INPUT_PATH), conf);
        if (fileSystem.exists(new Path(OUTPUT_PATH))) {
            fileSystem.delete(new Path(OUTPUT_PATH), true);
        }

        Job job = Job.getInstance(conf, "PartitionerApp");

        // run jar class
        job.setJarByClass(PartitionerApp.class);

        // 设置 map
        job.setMapperClass(MyMapper.class);
        job.setMapOutputKeyClass(Text.class);
        job.setMapOutputValueClass(IntWritable.class);

        // 设置 reduce
        job.setReducerClass(MyReducer.class);
        job.setOutputKeyClass(Text.class);
        job.setOutputValueClass(IntWritable.class);

        // 设置 Partitioner
        job.setPartitionerClass(MyPartitioner.class);
        // 设置 4 个 reducer，每个分区一个
        job.setNumReduceTasks(4);


        // input formart
        job.setInputFormatClass(TextInputFormat.class);
        Path inputPath = new Path(INPUT_PATH);
        FileInputFormat.addInputPath(job, inputPath);

        // output format
        job.setOutputFormatClass(TextOutputFormat.class);
        Path outputPath = new Path(OUTPUT_PATH);
        FileOutputFormat.setOutputPath(job, outputPath);

        // 提交 job
        System.exit(job.waitForCompletion(true) ? 0 : 1);
    }
}
```

3. 提交作业到集群运行

（1）使用 mvn clean package -DskipTests 打成 hadoop-1.0-SNAPSHOT.jar，然后上

传到 /home/hadoop/lib 目录下面。

（2）将测试数据上传到 HDFS 目录中。

```
hadoop fs -mkdir /partitioner
hadoop fs -put part_1.txt part_2.txt /partitioner
```

（3）提交 MapReduce 作业到集群运行。

```
hadoop jar /home/hadoop/lib/hadoop-1.0-SNAPSHOT.jar  com.kgc.bigdata.hadoop.mapreduce.
partitioner.PartitionerApp
```

（4）查看作业输出结果。

```
hadoop fs -ls /outputpartitioner
Found 5 items
-rw-r--r--   1 hadoop supergroup    0 2017-02-19 13:40 /outputpartitioner/_SUCCESS
-rw-r--r--   1 hadoop supergroup   51 2017-02-19 13:40 /outputpartitioner/part-r-00000
-rw-r--r--   1 hadoop supergroup   51 2017-02-19 13:40 /outputpartitioner/part-r-00001
-rw-r--r--   1 hadoop supergroup   52 2017-02-19 13:40 /outputpartitioner/part-r-00002
-rw-r--r--   1 hadoop supergroup   52 2017-02-19 13:40 /outputpartitioner/part-r-00003

hadoop fs -text /outputpartitioner/part-r-00000
xiaomi  35

hadoop fs -text /outputpartitioner/part-r-00001
huawei  11

hadoop fs -text /outputpartitioner/part-r-00002
iphone7 120

hadoop fs -text /outputpartitioner/part-r-00003
iphone7p        120
```

3.2.6　RecordReader

1．RecordReader 概述

RecordReader 表示以怎样的方式从分片中读取一条记录，每读取一条记录都会调用 RecordReader 类，系统默认的 RecordReader 是 LineRecordReader，它是 TextInputFormat 对应的 RecordReader；而 SequenceFileInputFormat 对应的 RecordReader 是 SequenceFileRecordReader。LineRecordReader 以每行的偏移量作为读入 Map 的 Key，每行的内容作为读入 Map 的 Value。很多时候 Hadoop 内置的 RecordReader 并不能满足我们的需求，比如我们在读取记录的时候，希望 Map 读入的 Key 值不是偏移量而是行号或者是文件名，这时候就需要我们自定义 RecordReader。

自定义 RecordReader 的实现步骤：

（1）继承抽象类 RecordReader，实现 RecordReader 的一个实例。

（2）实现自定义 InputFormat 类，重写 InputFormat 中的 CreateRecordReader() 方法，

返回值是自定义的 RecordReader 实例。

（3）配置 job.setInputFormatClass() 为自定义的 InputFormat 实例。

2. RecordReader 案例

（1）需求：分别统计 data 文件中奇数行和偶数行的和。

（2）代码实现：

代码 3.4 RecordReader 操作

```
package com.kgc.bigdata.hadoop.mapreduce.recordreader;

import org.apache.hadoop.fs.FileSystem;
import org.apache.hadoop.fs.Path;
import org.apache.hadoop.io.LongWritable;
import org.apache.hadoop.io.Text;
import org.apache.hadoop.mapreduce.InputSplit;
import org.apache.hadoop.mapreduce.RecordReader;
import org.apache.hadoop.mapreduce.TaskAttemptContext;
import org.apache.hadoop.mapreduce.lib.input.FileInputFormat;

import java.io.IOException;

/**
 * 自定义 InputFormat
 */
public class MyInputFormat extends FileInputFormat<LongWritable, Text> {

  @Override
  public RecordReader<LongWritable, Text> createRecordReader(InputSplit split,
          TaskAttemptContext context) throws IOException, InterruptedException {
    // 返回自定义的 RecordReader
    return new RecordReaderApp.MyRecordReader();
  }

  /**
   * 为了使切分数据的时候行号不发生错乱，这里设置为不进行切分
   */
  protected boolean isSplitable(FileSystem fs, Path filename) {
    return false;
  }
}

package com.kgc.bigdata.hadoop.mapreduce.recordreader;

import org.apache.hadoop.io.LongWritable;
import org.apache.hadoop.io.Text;
import org.apache.hadoop.mapreduce.Partitioner;
```

```
/**
 * 自定义 Partitioner
 */
public class MyPartitioner extends Partitioner<LongWritable, Text> {

    @Override
    public int getPartition(LongWritable key, Text value, int numPartitions) {
        // 偶数放到第二个分区进行计算
        if (key.get() % 2 == 0) {
            // 将输入到 reduce 中的 key 设置为 1
            key.set(1);
            return 1;
        } else {// 奇数放在第一个分区进行计算
            // 将输入到 reduce 中的 key 设置为 0
            key.set(0);
            return 0;
        }
    }
}

package com.kgc.bigdata.hadoop.mapreduce.recordreader;

import org.apache.hadoop.conf.Configuration;
import org.apache.hadoop.fs.FSDataInputStream;
import org.apache.hadoop.fs.FileSystem;
import org.apache.hadoop.fs.Path;
import org.apache.hadoop.io.LongWritable;
import org.apache.hadoop.io.Text;
import org.apache.hadoop.mapreduce.*;
import org.apache.hadoop.mapreduce.lib.input.FileInputFormat;
import org.apache.hadoop.mapreduce.lib.input.FileSplit;
import org.apache.hadoop.mapreducc.lib.output.FileOutputFormat;
import org.apache.hadoop.mapreduce.lib.output.TextOutputFormat;
import org.apache.hadoop.util.LineReader;

import java.io.IOException;
import java.net.URI;

/**
 * 自定义 RecordReader 在 MapReduce 中的使用
 */
public class RecordReaderApp {
    public static class MyRecordReader extends RecordReader<LongWritable, Text> {

        // 起始位置（相对整个分片而言）
        private long start;
```

```
// 结束位置（相对整个分片而言）
private long end;

// 当前位置
private long pos;

// 文件输入流
private FSDataInputStream fin = null;
//key、value
private LongWritable key = null;
private Text value = null;
// 定义行阅读器（hadoop.util 包下的类）
private LineReader reader = null;

@Override
public void initialize(InputSplit split, TaskAttemptContext context) throws IOException {

  // 获取分片
  FileSplit fileSplit = (FileSplit) split;
  // 获取起始位置
  start = fileSplit.getStart();
  // 获取结束位置
  end = start + fileSplit.getLength();
  // 创建配置
  Configuration conf = context.getConfiguration();
  // 获取文件路径
  Path path = fileSplit.getPath();
  // 根据路径获取文件系统
  FileSystem fileSystem = path.getFileSystem(conf);
  // 打开文件输入流
  fin = fileSystem.open(path);
  // 找到开始位置开始读取
  fin.seek(start);
  // 创建阅读器
  reader = new LineReader(fin);
  // 将当期位置设置为 1
  pos = 1;

}

@Override
public boolean nextKeyValue() throws IOException, InterruptedException {
  if (key == null) {
    key = new LongWritable();
  }
  key.set(pos);
```

```
        if (value == null) {
            value = new Text();
        }
        if (reader.readLine(value) == 0) {
            return false;
        }
        pos++;

        return true;

    }

    @Override
    public LongWritable getCurrentKey() throws IOException, InterruptedException {
        return key;
    }

    @Override
    public Text getCurrentValue() throws IOException, InterruptedException {
        return value;
    }

    @Override
    public float getProgress() throws IOException, InterruptedException {

        return 0;
    }

    @Override
    public void close() throws IOException {
        fin.close();

    }
}

public static class MyMapper extends Mapper<LongWritable, Text, LongWritable, Text> {
    @Override
      protected void map(LongWritable key, Text value, Mapper<LongWritable, Text, LongWritable,
Text>.Context context) throws IOException,
            InterruptedException {
        // 直接将读取的记录写出去
        context.write(key, value);
    }
}

public static class MyReducer extends Reducer<LongWritable, Text, Text, LongWritable> {
```

```
    // 创建写出去的 key 和 value
    private Text outKey = new Text();
    private LongWritable outValue = new LongWritable();

    protected void reduce(LongWritable key, Iterable<Text> values, Reducer<LongWritable, Text,
Text, LongWritable>.Context context) throws IOException,
            InterruptedException {

        System.out.println(" 奇数行还是偶数行：" + key);

        // 定义求和的变量
        long sum = 0;
        // 遍历 value 求和
        for (Text val : values) {
            // 累加
            sum += Long.parseLong(val.toString());
        }

        // 判断奇偶数
        if (key.get() == 0) {
            outKey.set(" 奇数之和为：");
        } else {
            outKey.set(" 偶数之和为：");

        }
        // 设置 value
        outValue.set(sum);

        // 把结果写出去
        context.write(outKey, outValue);
    }
}

// driver
public static void main(String[] args) throws Exception {

    String INPUT_PATH = "hdfs://hadoop000:8020/recordreader";
    String OUTPUT_PATH = "hdfs://hadoop000:8020/outputrecordreader";

    Configuration conf = new Configuration();
    final FileSystem fileSystem = FileSystem.get(new URI(INPUT_PATH), conf);
    if (fileSystem.exists(new Path(OUTPUT_PATH))) {
        fileSystem.delete(new Path(OUTPUT_PATH), true);
    }

    Job job = Job.getInstance(conf, "RecordReaderApp");
```

```
        // run jar class
        job.setJarByClass(RecordReaderApp.class);

        // 设置输入目录和输入数据格式化的类
        FileInputFormat.setInputPaths(job, INPUT_PATH);
        job.setInputFormatClass(MyInputFormat.class);

        // 设置自定义 Mapper 类和 map 函数输出数据的 key 和 value 的类型
        job.setMapperClass(MyMapper.class);
        job.setMapOutputKeyClass(LongWritable.class);
        job.setMapOutputValueClass(Text.class);

        // 设置分区和 reduce 数量（reduce 的数量和分区的数量对应，因为分区为一个，所以 reduce
    的数量也是一个）
        job.setPartitionerClass(MyPartitioner.class);
        job.setNumReduceTasks(2);

        // Shuffle 把数据从 Map 端拷贝到 Reduce 端
        // 指定 Reducer 类和输出 key 和 value 的类型
        job.setReducerClass(MyReducer.class);
        job.setOutputKeyClass(Text.class);
        job.setOutputValueClass(LongWritable.class);

        // 指定输出的路径和设置输出的格式化类
        FileOutputFormat.setOutputPath(job, new Path(OUTPUT_PATH));
        job.setOutputFormatClass(TextOutputFormat.class);

        // 提交作业
        System.exit(job.waitForCompletion(true) ? 0 : 1);
    }
}
```

3. 提交作业到集群运行

（1）使用 mvn clean package -DskipTests 打成 hadoop-1.0-SNAPSHOT.jar，然后上传到 /home/hadoop/lib 目录下面。

（2）将测试数据上传到 HDFS 目录中。

```
hadoop fs -mkdir /recordreader
hadoop fs -put recordreader.txt /recordreader
```

（3）提交 MapReduce 作业到集群运行。

```
hadoop jar /home/hadoop/lib/hadoop-1.0-SNAPSHOT.jar  com.kgc.bigdata.hadoop.mapreduce.
recordreader.RecordReaderApp
```

（4）查看作业输出结果。

```
hadoop fs -ls /outputrecordreader
Found 3 items
-rw-r--r--   1 hadoop supergroup    0 2017-02-19 14:03 /outputrecordreader/_SUCCESS
```

```
-rw-r--r--   1 hadoop supergroup   69 2017-02-19 14:03 /outputrecordreader/part-r-00000
-rw-r--r--   1 hadoop supergroup   67 2017-02-19 14:03 /outputrecordreader/part-r-00001

hadoop fs -text /outputrecordreader/part-r-00000
奇数之和为：   25

hadoop fs -text /outputrecordreader/part-r-00001
偶数之和为：   30
```

至此，在学习了以上相关知识后，任务 2 就可以完成了。

任务 3　MapReduce 高级编程

关键步骤如下：

- 使用 MapReduce 完成 join 操作。
- 使用 MapReduce 完成排序操作。
- 使用 MapReduce 完成二次排序操作。
- 使用 MapReduce 完成小文件合并操作。

3.3.1　Join 的 MapReduce 实现

1. 概述

熟悉 SQL 的读者都知道，使用 SQL 语法实现 join 是非常简单的，只需要一条 SQL 语句即可，但是在大数据场景下使用 MapReduce 编程模型实现 join 还是比较繁琐的。在实际生产中我们可以借助 Hive、Spark SQL 等框架来实现 join，但是对于 join 的实现原理还是需要掌握的，这对于理解 join 的底层实现是很有帮助的，所以本节我们将学习如何使用 MapReduce API 来实现 join。

2. 需求

实现如下 SQL 的功能：

```
select e.empno,e.ename,d.deptno,d.dname from emp e join dept d on e.deptno=d.deptno;

// 测试数据 emp.txt
7369   SMITH   CLERK        7902   1980-12-17   800.00           20
7499   ALLEN   SALESMAN     7698   1981-2-20    1600.00 300.00   30
7521   WARD    SALESMAN     7698   1981-2-22    1250.00 500.00   30
7566   JONES   MANAGER      7839   1981-4-2     2975.00          20
….

// 测试数据 dept.txt
10    ACCOUNTING    NEW YORK
```

```
20    RESEARCH      DALLAS
30    SALES         CHICAGO
40    OPERATIONS    BOSTON
```

3. MapReduce Map 端 join 的实现原理

（1）Map 端读取所有的文件，并在输出的内容里加上标示，代表数据是从哪个文件里来的。

（2）在 reduce 处理函数中，按照标识对数据进行处理。

（3）然后根据 key 用 join 来求出结果直接输出。

4. MapReduce Map 端 join 的代码实现

（1）员工类定义

代码 3.5　ReduceJoin 实现

```
package com.kgc.bigdata.hadoop.mapreduce.reducejoin;

import java.io.DataInput;
import java.io.DataOutput;
import java.io.IOException;

import org.apache.hadoop.io.WritableComparable;

/**
 * 员工对象
 */
public class Emplyee implements WritableComparable {

    private String empNo = "";
    private String empName = "";
    private String deptNo = "";
    private String deptName = "";
    private int flag = 0;
    // 区分是员工还是部门

    public Emplyee() {
    }

    public Emplyee(String empNo, String empName, String deptNo, String deptName, int flag) {
        this.empNo = empNo;
        this.empName = empName;
        this.deptNo = deptNo;
        this.deptName = deptName;
        this.flag = flag;
    }

    public Emplyee(Emplyee e) {
```

```
        this.empNo = e.empNo;
        this.empName = e.empName;
        this.deptNo = e.deptNo;
        this.deptName = e.deptName;
        this.flag = e.flag;
    }

    public String getEmpNo() {
        return empNo;
    }

    public void setEmpNo(String empNo) {
        this.empNo = empNo;
    }

    public String getEmpName() {
        return empName;
    }

    public void setEmpName(String empName) {
        this.empName = empName;
    }

    public String getDeptNo() {
        return deptNo;
    }

    public void setDeptNo(String deptNo) {
        this.deptNo = deptNo;
    }

    public String getDeptName() {
        return deptName;
    }

    public void setDeptName(String deptName) {
        this.deptName = deptName;
    }

    public int getFlag() {
        return flag;
    }

    public void setFlag(int flag) {
        this.flag = flag;
    }
```

```
    @Override
    public void readFields(DataInput input) throws IOException {
        this.empNo = input.readUTF();
        this.empName = input.readUTF();
        this.deptNo = input.readUTF();
        this.deptName = input.readUTF();
        this.flag = input.readInt();
    }

    @Override
    public void write(DataOutput output) throws IOException {
        output.writeUTF(this.empNo);
        output.writeUTF(this.empName);
        output.writeUTF(this.deptNo);
        output.writeUTF(this.deptName);
        output.writeInt(this.flag);

    }

    // 不做排序
    @Override
    public int compareTo(Object o) {
        return 0;
    }

    @Override
    public String toString() {
        return this.empNo + "," + this.empName + "," + this.deptNo + "," + this.deptName;
    }
}
```

（2）自定义 Mapper 类开发

```
package com.kgc.bigdata.hadoop.mapreduce.reducejoin;

import org.apache.hadoop.io.LongWritable;
import org.apache.hadoop.io.Text;
import org.apache.hadoop.mapreduce.Mapper;

import java.io.IOException;

public class MyMapper extends Mapper<LongWritable, Text, LongWritable, Emplyee> {

    @Override
    protected void map(LongWritable key, Text value,
                Context context)
            throws IOException, InterruptedException {
        String val = value.toString();
```

```
        String[] arr = val.split("\t");

        System.out.println("arr.length=" + arr.length + "   arr[0]=" + arr[0]);

        if (arr.length <= 3) {//dept
            Emplyee e = new Emplyee();
            e.setDeptNo(arr[0]);
            e.setDeptName(arr[1]);
            e.setFlag(1);

            context.write(new LongWritable(Long.valueOf(e.getDeptNo())), e);

        } else {//emp
            Emplyee e = new Emplyee();
            e.setEmpNo(arr[0]);
            e.setEmpName(arr[1]);
            e.setDeptNo(arr[7]);
            e.setFlag(0);

            context.write(new LongWritable(Long.valueOf(e.getDeptNo())), e);
        }
    }
}
```

（3）自定义 Reducer 类开发

```
package com.kgc.bigdata.hadoop.mapreduce.reducejoin;

import org.apache.hadoop.io.LongWritable;
import org.apache.hadoop.io.NullWritable;
import org.apache.hadoop.io.Text;
import org.apache.hadoop.mapreduce.Reducer;

import java.io.IOException;
import java.util.ArrayList;
import java.util.List;

public class MyReducer extends
        Reducer<LongWritable, Emplyee, NullWritable, Text> {

    @Override
    protected void reduce(LongWritable key, Iterable<Emplyee> iter,
                    Context context)
            throws IOException, InterruptedException {

        Emplyee dept = null;
        List<Emplyee> list = new ArrayList<Emplyee>();
```

```
        for (Emplyee tmp : iter) {
            if (tmp.getFlag() == 0) {//emp
                Emplyee emplyee = new Emplyee(tmp);
                list.add(emplyee);
            } else {
                dept = new Emplyee(tmp);
            }
        }

        if (dept != null) {
            for (Emplyee emp : list) {
                emp.setDeptName(dept.getDeptName());
                context.write(NullWritable.get(), new Text(emp.toString()));
            }
        }
    }
}
```

（4）驱动类开发

```
package com.kgc.bigdata.hadoop.mapreduce.reducejoin;

import org.apache.hadoop.conf.Configuration;
import org.apache.hadoop.fs.FileSystem;
import org.apache.hadoop.fs.Path;
import org.apache.hadoop.io.LongWritable;
import org.apache.hadoop.io.NullWritable;
import org.apache.hadoop.mapreduce.Job;
import org.apache.hadoop.mapreduce.lib.input.FileInputFormat;
import org.apache.hadoop.mapreduce.lib.output.FileOutputFormat;

import java.net.URI;

/**
 * 使用 MapReduce API 完成 Reduce Join 的功能
 */
public class EmpJoinApp {


    public static void main(String[] args) throws Exception {
        String INPUT_PATH = "hdfs://hadoop000:8020/inputjoin";
        String OUTPUT_PATH = "hdfs://hadoop000:8020/outputmapjoin";

        Configuration conf = new Configuration();
        final FileSystem fileSystem = FileSystem.get(new URI(INPUT_PATH), conf);
        if (fileSystem.exists(new Path(OUTPUT_PATH))) {
            fileSystem.delete(new Path(OUTPUT_PATH), true);
        }
```

```
        Job job = Job.getInstance(conf, "Reduce Join");

        // 设置主类
        job.setJarByClass(EmpJoinApp.class);

        // 设置 Map 和 Reduce 处理类
        job.setMapperClass(MyMapper.class);
        job.setReducerClass(MyReducer.class);

        // 设置 Map 输出类型
        job.setMapOutputKeyClass(LongWritable.class);
        job.setMapOutputValueClass(Emplyee.class);

        // 设置 Reduce 输出类型
        job.setOutputKeyClass(NullWritable.class);
        job.setOutputValueClass(Emplyee.class);

        // 设置输入和输出目录
        FileInputFormat.addInputPath(job, new Path(INPUT_PATH));
        FileOutputFormat.setOutputPath(job, new Path(OUTPUT_PATH));

        System.exit(job.waitForCompletion(true) ? 0 : 1);
    }
}
```

5. 提交作业到集群运行

（1）使用 mvn clean package -DskipTests 打成 hadoop-1.0-SNAPSHOT.jar，然后上传到 /home/hadoop/lib 目录下面。

（2）将测试数据上传到 HDFS 目录中。

```
hadoop fs -mkdir /inputjoin
hadoop fs -put emp.txt dept.txt /inputjoin
```

（3）提交 MapReduce 作业到集群运行。

```
hadoop jar /home/hadoop/lib/hadoop-1.0-SNAPSHOT.jar  com.kgc.bigdata.hadoop.mapreduce.reducejoin.EmpJoinApp
```

（4）查看作业输出结果。

```
hadoop fs -text /outputmapjoin/part*

7934,MILLER,10,ACCOUNTING
7839,KING,10,ACCOUNTING
7782,CLARK,10,ACCOUNTING
7876,ADAMS,20,RESEARCH
7788,SCOTT,20,RESEARCH
7369,SMITH,20,RESEARCH
7566,JONES,20,RESEARCH
7902,FORD,20,RESEARCH
```

```
7844,TURNER,30,SALES
7499,ALLEN,30,SALES
7698,BLAKE,30,SALES
7654,MARTIN,30,SALES
7521,WARD,30,SALES
7900,JAMES,30,SALES
```

3.3.2　排序的 MapReduce 实现

1. 需求

对输入文件中数据进行排序。输入文件中的每行内容均为一个数字，即一个数据。要求在输出中每行有两个间隔的数字，其中，第一个代表原始数据在原始数据集中的位次，第二个代表原始数据。

2. MapReduce 排序的实现原理

在 MapReduce 中默认可以进行排序，如果 key 为封装为 int 的 IntWritable 类型，那么 MapReduce 按照数字大小对 key 排序；如果 key 为封装为 String 的 Text 类型，那么 MapReduce 按照字典顺序对字符串排序。我们能否使用内置的排序来完成这个功能呢？答案是肯定的。

在使用之前首先需要了解它的默认排序规则：按照 key 值进行排序的。所以我们就应该使用封装 int 的 IntWritable 型数据结构了，也就是在 map 中将读入的数据转化成 IntWritable 型，然后作为 key 值输出（value 任意）。reduce 拿到 <key,value-list> 之后，将输入的 key 作为 value 输出，并根据 value-list 中元素的个数决定输出的次数。输出的 key 是一个全局变量，它统计当前 key 的位次。

3. MapReduce 排序的代码实现

代码 3.6　排序实现

```
package com.kgc.bigdata.hadoop.mapreduce.sort;

import org.apache.hadoop.conf.Configuration;
import org.apache.hadoop.fs.FileSystem;
import org.apache.hadoop.fs.Path;
import org.apache.hadoop.io.IntWritable;
import org.apache.hadoop.io.LongWritable;
import org.apache.hadoop.io.Text;
import org.apache.hadoop.mapreduce.Job;
import org.apache.hadoop.mapreduce.Mapper;
import org.apache.hadoop.mapreduce.Reducer;
import org.apache.hadoop.mapreduce.lib.input.FileInputFormat;
import org.apache.hadoop.mapreduce.lib.output.FileOutputFormat;

import java.io.IOException;
```

```
import java.net.URI;

/**
 * 使用 MapReduce API 实现排序
 */
public class SortApp {
   public static class MyMapper extends
         Mapper<LongWritable, Text, IntWritable, IntWritable> {
      private static IntWritable data = new IntWritable();

      public void map(LongWritable key, Text value, Context context)
            throws IOException, InterruptedException {
         String line = value.toString();
         data.set(Integer.parseInt(line));
         context.write(data, new IntWritable(1));
      }

   }

   public static class MyReducer extends
         Reducer<IntWritable, IntWritable, IntWritable, IntWritable> {
      private static IntWritable data = new IntWritable(1);

      public void reduce(IntWritable key, Iterable<IntWritable> values,
                  Context context)
            throws IOException, InterruptedException {
         for (IntWritable val : values) {
            context.write(data, key);
            data = new IntWritable(data.get() + 1);
         }
      }
   }

   public static void main(String[] args) throws Exception {

      String INPUT_PATH = "hdfs://hadoop000:8020/sort";
      String OUTPUT_PATH = "hdfs://hadoop000:8020/outputsort";

      Configuration conf = new Configuration();
      final FileSystem fileSystem = FileSystem.get(new URI(INPUT_PATH), conf);
      if (fileSystem.exists(new Path(OUTPUT_PATH))) {
         fileSystem.delete(new Path(OUTPUT_PATH), true);
      }

      Job job = Job.getInstance(conf, "SortApp");
```

```
        // 设置主类
        job.setJarByClass(SortApp.class);

        // 设置 Map 和 Reduce 处理类
        job.setMapperClass(MyMapper.class);
        job.setReducerClass(MyReducer.class);

        // 设置输出类型
        job.setOutputKeyClass(IntWritable.class);
        job.setOutputValueClass(IntWritable.class);

        // 设置输入和输出目录
        FileInputFormat.addInputPath(job, new Path(INPUT_PATH));
        FileOutputFormat.setOutputPath(job, new Path(OUTPUT_PATH));

        System.exit(job.waitForCompletion(true) ? 0 : 1);
    }
}
```

4. 提交作业到集群运行

（1）使用 mvn clean package -DskipTests 打成 hadoop-1.0-SNAPSHOT.jar，然后上传到 /home/hadoop/lib 目录下面。

（2）将测试数据上传到 HDFS 目录中。

```
hadoop fs -mkdir /sort
hadoop fs -put sort.txt /sort
```

（3）提交 MapReduce 作业到集群运行。

```
hadoop jar /home/hadoop/lib/hadoop-1.0-SNAPSHOT.jar  com.kgc.bigdata.hadoop.mapreduce.sort.SortApp
```

（4）查看作业输出结果。

```
hadoop fs -text /outputsort/part*
1    1
2    2
3    3
4    4
5    5
6    9
```

3.3.3　二次排序的 MapReduce 实现

1. 概述

默认情况下，Map 输出的结果会对 key 进行默认的排序，但是有时候需要对 key

排序的同时还需要对 value 进行排序，这就是所谓的二次排序。

2. 需求

对输入文件中的数据（每行两列，列于列之间的分隔符是制表符），输出结果先按照第一个字段的升序排列，如果第一列的值相等，就按照第二个字段的升序排列。形如：

```
30	10
30	20
30	30
30	40

40	5
40	10
40	20
40	30

50	10
50	20
50	50
50	60
```

3. MapReduce 二次排序的实现原理

（1）Mapper 任务会接收输入分片，然后不断的调用 map 函数，对记录进行处理。处理完毕后，转换为新的 <key,value> 输出。

（2）对 map 函数输出的 <key, value> 调用分区函数，将数据进行分区。不同分区的数据会被送到不同的 Reducer 任务中。

（3）对于不同分区的数据，会按照 key 进行排序，这里的 key 必须实现 WritableComparable 接口。该接口实现了 Comparable 接口，因此可以进行比较排序。

（4）对于排序后的 <key,value>，会按照 key 进行分组。如果 key 相同，那么相同 key 的 <key,value> 就被分到一个组中。最终，每个分组会调用一次 reduce 函数。

（5）排序、分组后的数据会被送到 Reducer 节点。

4. MapReduce 二次排序的代码实现

代码 3.7　二次排序实现

```java
package com.kgc.bigdata.hadoop.mapreduce.secondsort;

import org.apache.hadoop.io.WritableComparable;

import java.io.DataInput;
import java.io.DataOutput;
import java.io.IOException;

public class IntPair implements WritableComparable<IntPair> {
```

```
private int first = 0;
private int second = 0;

public void set(int left, int right) {
    first = left;
    second = right;
}
public int getFirst() {
    return first;
}
public int getSecond() {
    return second;
}

@Override
public void readFields(DataInput in) throws IOException {
    first = in.readInt();
    second = in.readInt();
}
@Override
public void write(DataOutput out) throws IOException {
    out.writeInt(first);
    out.writeInt(second);
}
@Override
public int hashCode() {
    return first+"".hashCode() + second+"".hashCode();
}
@Override
public boolean equals(Object right) {
    if (right instanceof IntPair) {
        IntPair r = (IntPair) right;
        return r.first == first && r.second == second;
    } else {
        return false;
    }
}
// 这里的代码是关键，因为对 key 排序时，调用的就是 compareTo 方法
@Override
public int compareTo(IntPair o) {
    if (first != o.first) {
        return first - o.first;
    } else if (second != o.second) {
        return second - o.second;
    } else {
        return 0;
```

```
            }
        }
    }


    package com.kgc.bigdata.hadoop.mapreduce.secondsort;

    import java.io.IOException;
    import java.net.URI;
    import java.util.StringTokenizer;

    import org.apache.hadoop.conf.Configuration;
    import org.apache.hadoop.fs.FileSystem;
    import org.apache.hadoop.fs.Path;
    import org.apache.hadoop.io.*;
    import org.apache.hadoop.mapreduce.Job;
    import org.apache.hadoop.mapreduce.Mapper;
    import org.apache.hadoop.mapreduce.Partitioner;
    import org.apache.hadoop.mapreduce.Reducer;
    import org.apache.hadoop.mapreduce.lib.input.FileInputFormat;
    import org.apache.hadoop.mapreduce.lib.input.TextInputFormat;
    import org.apache.hadoop.mapreduce.lib.output.FileOutputFormat;
    import org.apache.hadoop.mapreduce.lib.output.TextOutputFormat;

    public class SecondarySortApp {

        public static class MyMapper extends Mapper<LongWritable, Text, IntPair, IntWritable> {

            private final IntPair key = new IntPair();
            private final IntWritable value = new IntWritable();

            @Override
            public void map(LongWritable inKey, Text inValue,
                    Context context) throws IOException, InterruptedException {
                StringTokenizer itr = new StringTokenizer(inValue.toString());
                int left = 0;
                int right = 0;
                if (itr.hasMoreTokens()) {
                    left = Integer.parseInt(itr.nextToken());
                    if (itr.hasMoreTokens()) {
                        right = Integer.parseInt(itr.nextToken());
                    }
                    key.set(left, right);
                    value.set(right);
                    context.write(key, value);
                }
```

```
    }
}

/**
 * 在分组比较的时候，只比较原来的 key，而不是组合 key
 */
public static class GroupingComparator implements RawComparator<IntPair> {
    @Override
    public int compare(byte[] b1, int s1, int l1, byte[] b2, int s2, int l2) {
        return WritableComparator.compareBytes(b1, s1, Integer.SIZE/8, b2, s2, Integer.SIZE/8);
    }

    @Override
    public int compare(IntPair o1, IntPair o2) {
        int first1 = o1.getFirst();
        int first2 = o2.getFirst();
        return first1 - first2;
    }
}

public static class MyReducer extends Reducer<IntPair, IntWritable, Text, IntWritable> {
    private static final Text SEPARATOR = new Text("-------------");
    private final Text first = new Text();

    @Override
    public void reduce(IntPair key, Iterable<IntWritable> values, Context context) throws
IOException, InterruptedException {
        context.write(SEPARATOR, null);
        first.set(Integer.toString(key.getFirst()));
        for(IntWritable value: values) {
            context.write(first, value);
        }
    }
}

public static void main(String[] args) throws Exception {
    String INPUT_PATH = "hdfs://hadoop000:8020/secondsort";
    String OUTPUT_PATH = "hdfs://hadoop000:8020/outputsecondsort";

    Configuration conf = new Configuration();
    final FileSystem fileSystem = FileSystem.get(new URI(INPUT_PATH), conf);
    if (fileSystem.exists(new Path(OUTPUT_PATH))) {
        fileSystem.delete(new Path(OUTPUT_PATH), true);
    }

    Job job = Job.getInstance(conf, "SecondarySortApp");
```

```
        // 设置主类
        job.setJarByClass(SecondarySortApp.class);

        // 输入路径
        FileInputFormat.setInputPaths(job, new Path(INPUT_PATH));
        // 输出路径
        FileOutputFormat.setOutputPath(job, new Path(OUTPUT_PATH));

        // 设置 Map 和 Reduce 处理类
        job.setMapperClass(MyMapper.class);
        job.setReducerClass(MyReducer.class);

        // 分组函数
        job.setGroupingComparatorClass(GroupingComparator.class);

        job.setMapOutputKeyClass(IntPair.class);
        job.setMapOutputValueClass(IntWritable.class);

        job.setOutputKeyClass(Text.class);
        job.setOutputValueClass(IntWritable.class);

        // 输入输出格式
        job.setInputFormatClass(TextInputFormat.class);
        job.setOutputFormatClass(TextOutputFormat.class);

        System.exit(job.waitForCompletion(true) ? 0 : 1);
    }
}
```

5. 提交作业到集群运行

（1）使用 mvn clean package -DskipTests 打成 hadoop-1.0-SNAPSHOT.jar，然后上传到 /home/hadoop/lib 目录下面。

（2）将测试数据上传到 HDFS 目录中。

```
hadoop fs -mkdir /secondsort
hadoop fs -put secondsort.txt /secondsort
```

（3）提交 MapReduce 作业到集群运行。

```
hadoop jar /home/hadoop/lib/hadoop-1.0-SNAPSHOT.jar  com.kgc.bigdata.hadoop.mapreduce.
secondsort.SecondarySortApp
```

（4）查看作业输出结果。

```
hadoop fs -text /outputsecondsort/part*
----------------------------------------------
30     10
30     20
30     30
30     40
----------------------------------------------
```

```
40    5
40    10
40    20
40    30
------------------------------------------------
50    10
50    20
50    50
50    60
```

3.3.4　合并小文件的 MapReduce 实现

1. 概述

Hadoop 对处理单个大文件比处理多个小文件更有效率，另外单个文件也非常占用 HDFS 的存储空间，所以往往要将小文件合并起来处理。

2. 需求

通过 MapReduce API 对小文件进行合并，输出为 SequenceFile。

3. 合并小文件的代码实现

代码 3.8　合并小文件实现

```
package com.kgc.bigdata.hadoop.mapreduce.merge;

import org.apache.hadoop.fs.Path;
import org.apache.hadoop.io.BytesWritable;
import org.apache.hadoop.io.NullWritable;
import org.apache.hadoop.mapreduce.InputSplit;
import org.apache.hadoop.mapreduce.JobContext;
import org.apache.hadoop.mapreduce.RecordReader;
import org.apache.hadoop.mapreduce.TaskAttemptContext;
import org.apache.hadoop.mapreduce.lib.input.FileInputFormat;

import java.io.IOException;

/**
 * 实现将整个文件作为一条记录处理的 InputFormat
 */
public class WholeFileInputFormat extends
    FileInputFormat<NullWritable, BytesWritable> {

  // 设置每个小文件不可分片，保证一个小文件生成一个 key-value
  @Override
  protected boolean isSplitable(JobContext context, Path file) {
    return false;
  }
```

```
    @Override
    public RecordReader<NullWritable, BytesWritable> createRecordReader(
            InputSplit split, TaskAttemptContext context) throws IOException,
            InterruptedException {
        WholeFileRecordReader reader = new WholeFileRecordReader();
        reader.initialize(split, context);
        return reader;
    }
}
```

```
package com.kgc.bigdata.hadoop.mapreduce.merge;

import java.io.IOException;

import org.apache.hadoop.conf.Configuration;
import org.apache.hadoop.fs.FSDataInputStream;
import org.apache.hadoop.fs.FileSystem;
import org.apache.hadoop.fs.Path;
import org.apache.hadoop.io.BytesWritable;
import org.apache.hadoop.io.IOUtils;
import org.apache.hadoop.io.NullWritable;
import org.apache.hadoop.mapreduce.InputSplit;
import org.apache.hadoop.mapreduce.RecordReader;
import org.apache.hadoop.mapreduce.TaskAttemptContext;
import org.apache.hadoop.mapreduce.lib.input.FileSplit;

/**
 * 实现一个定制的 RecordReader，这六个方法均为继承的 RecordReader
 */
class WholeFileRecordReader extends RecordReader<NullWritable, BytesWritable> {
    private FileSplit fileSplit;
    private Configuration conf;
    private BytesWritable value = new BytesWritable();
    private boolean processed = false;

    @Override
    public void initialize(InputSplit split, TaskAttemptContext context)
            throws IOException, InterruptedException {
        this.fileSplit = (FileSplit) split;
        this.conf = context.getConfiguration();
    }

    @Override
    public boolean nextKeyValue() throws IOException, InterruptedException {
        if (!processed) {
```

```
            byte[] contents = new byte[(int) fileSplit.getLength()];
            Path file = fileSplit.getPath();
            FileSystem fs = file.getFileSystem(conf);
            FSDataInputStream in = null;
            try {
                in = fs.open(file);
                IOUtils.readFully(in, contents, 0, contents.length);
                value.set(contents, 0, contents.length);
            } finally {
                IOUtils.closeStream(in);
            }
            processed = true;
            return true;
        }
        return false;
    }

    @Override
    public NullWritable getCurrentKey() throws IOException,
            InterruptedException {
        return NullWritable.get();
    }

    @Override
    public BytesWritable getCurrentValue() throws IOException,
            InterruptedException {
        return value;
    }

    @Override
    public float getProgress() throws IOException {
        return processed ? 1.0f : 0.0f;
    }

    @Override
    public void close() throws IOException {
        // do nothing
    }
}

package com.kgc.bigdata.hadoop.mapreduce.merge;

import org.apache.hadoop.conf.Configuration;
import org.apache.hadoop.fs.FileSystem;
import org.apache.hadoop.fs.Path;
import org.apache.hadoop.io.BytesWritable;
```

```
import org.apache.hadoop.io.NullWritable;
import org.apache.hadoop.io.Text;
import org.apache.hadoop.mapreduce.InputSplit;
import org.apache.hadoop.mapreduce.Job;
import org.apache.hadoop.mapreduce.Mapper;
import org.apache.hadoop.mapreduce.lib.input.FileInputFormat;
import org.apache.hadoop.mapreduce.lib.input.FileSplit;
import org.apache.hadoop.mapreduce.lib.output.FileOutputFormat;
import org.apache.hadoop.mapreduce.lib.output.SequenceFileOutputFormat;

import java.io.IOException;
import java.net.URI;

/**
 * 使用 MapReduce API 完成文件合并的功能
 */
public class MergeApp {

  /**
   * 将小文件打包成 SequenceFile
   */
  static class SequenceFileMapper extends
        Mapper<NullWritable, BytesWritable, Text, BytesWritable> {
    private Text filenameKey;

    @Override
    protected void setup(Context context) throws IOException,
          InterruptedException {
      InputSplit split = context.getInputSplit();
      Path path = ((FileSplit) split).getPath();
      filenameKey = new Text(path.toString());
    }

    @Override
    protected void map(NullWritable key, BytesWritable value,
                Context context) throws IOException, InterruptedException {
      context.write(filenameKey, value);
    }
  }

  public static void main(String[] args) throws Exception {
    String INPUT_PATH = "hdfs://hadoop000:8020/inputmerge";
    String OUTPUT_PATH = "hdfs://hadoop000:8020/outputmerge";

    Configuration conf = new Configuration();
    final FileSystem fileSystem = FileSystem.get(new URI(INPUT_PATH), conf);
```

```
        if (fileSystem.exists(new Path(OUTPUT_PATH))) {
            fileSystem.delete(new Path(OUTPUT_PATH), true);
        }

        Job job = Job.getInstance(conf, "MergeApp");

        // 设置主类
        job.setJarByClass(MergeApp.class);

        job.setInputFormatClass(WholeFileInputFormat.class);
        job.setOutputFormatClass(SequenceFileOutputFormat.class);
        job.setOutputKeyClass(Text.class);
        job.setOutputValueClass(BytesWritable.class);
        job.setMapperClass(SequenceFileMapper.class);

        // 设置输入和输出目录
        FileInputFormat.addInputPath(job, new Path(INPUT_PATH));
        FileOutputFormat.setOutputPath(job, new Path(OUTPUT_PATH));

        System.exit(job.waitForCompletion(true) ? 0 : 1);
    }
}
```

4. 提交作业到集群运行

（1）使用 mvn clean package -DskipTests 打成 hadoop-1.0-SNAPSHOT.jar，然后上传到 /home/hadoop/lib 目录下面。

（2）将测试数据上传到 HDFS 目录中。

```
hadoop fs -mkdir /inputmerge
hadoop fs -put secondsort.txt /inputmerge
```

（3）提交 MapReduce 作业到集群运行。

```
hadoop jar /home/hadoop/lib/hadoop-1.0-SNAPSHOT.jar  com.kgc.bigdata.hadoop.mapreduce.merge.
MergeApp
```

（4）查看作业输出结果。

```
hadoop fs -ls /outputmerge
Found 2 items
-rw-r--r--   1 hadoop supergroup       0 2017-02-18 19:23 /outputmerge/_SUCCESS
-rw-r--r--   1 hadoop supergroup 7630548 2017-02-18 19:23 /outputmerge/part-r-00000
```

至此，在学习了以上相关知识后，任务 3 就可以完成了。

本章总结

本章学习了以下知识点：

➢ 掌握 MapReduce 的编程模型。

➢ 掌握 MapReduce 中 Combiner、Partitioner 的使用。
➢ 掌握使用 MapReduce API 完成常用的功能。

本章作业

使用 MapReduce API 完成如下功能。

需求：统计每个手机号码的流量（上行、下行）、数据包（上行、下行）。

输出结果字段：手机号码、上行数据包数、下行数据包数、上行数据量、下行数据量。

输入文件字段说明：

序号	字段	字段类型	描述
0	reportTme	long	记录报告时间戳
1	msisdn	String	手机号码
2	apmac	String	AP mac
3	acmac	String	AC mac
4	host	String	访问的网址
5	siteType	String	网址种类
6	upPackNum	long	上行数据包数，单位：个
7	downPackNum	long	下行数据包数，单位：个
8	upPayLoad	long	上行总流量。注意单位的转换，单位：byte
9	downPayLoad	long	下行总流量。注意单位的转换，单位：byte
10	httpStatus	String	HTTP Response 的状态

第 4 章

YARN 与 Hadoop 新特性

本章重点

※ HDFS NN HA 的原理及搭建
※ YARN RM HA 的原理及搭建

本章目标

※ 了解 YARN 的架构
※ 掌握 HDFS NN HA 的原理及搭建
※ 了解 HDFS Federation 机制
※ 掌握 YARN RM HA 的原理及搭建
※ 了解 HDFS 和 YARN 的其他新特性

本章任务

学习本章，需要完成以下3个工作任务。请记录下学习过程中所遇到的问题，可以通过自己的努力或访问 kgc.cn 解决。

任务1：初识资源调度框架 YARN

了解 YARN 的产生背景，掌握 YARN 的架构和工作原理。

任务2：HDFS 新特性

掌握 HDFS NN 实现原理和环境搭建，了解 Federation 及其他 HDFS 新特性的使用。

任务3：YARN 新特性

掌握 YARN RM HA 的实现原理和环境搭建，了解 RM 的重启机制。

任务1 初识资源调度框架 YARN

关键步骤如下：

- 了解 MapReduce1.x 存在的问题及 YARN 的产生背景。
- 掌握 YARN 的架构和运行机制。

4.1.1 YARN 产生背景

1. MapReduce1.0 存在的问题

Hadoop1.x 中的 MapReduce 构成如图 4.1 所示。在 Hadoop1.x 中 MapReduce 是 Master/Slave 结构，在集群中的表现形式为：1个 JobTracker 带多个 TaskTracker；JobTracker 负责资源管理和作业调度；TaskTracker 定期向 JobTracker 汇报本节点的健康状况、资源使用情况、任务的执行情况以及接收来自 JobTracker 的命令（启动 / 杀死任务等）并执行。

在 Hadoop1.x 中存在的问题如下：

（1）单点故障：JobTracker 只有一个，如果 JobTracker 挂掉整个集群就没办法使用了。

（2）JobTracker 负责接收来自各个 TaskTracker 节点的 RPC 请求，压力会很大，限制了集群的扩展；随着节点规模增大之后，JobTracker 就成为一个瓶颈。

（3）仅支持 MapReduce 计算框架。MapReduce 计算框架是一个基于 Map 和 Reduce 两阶段、适合批处理、基于磁盘的计算框架；没办法支持其他类型的计算框架。

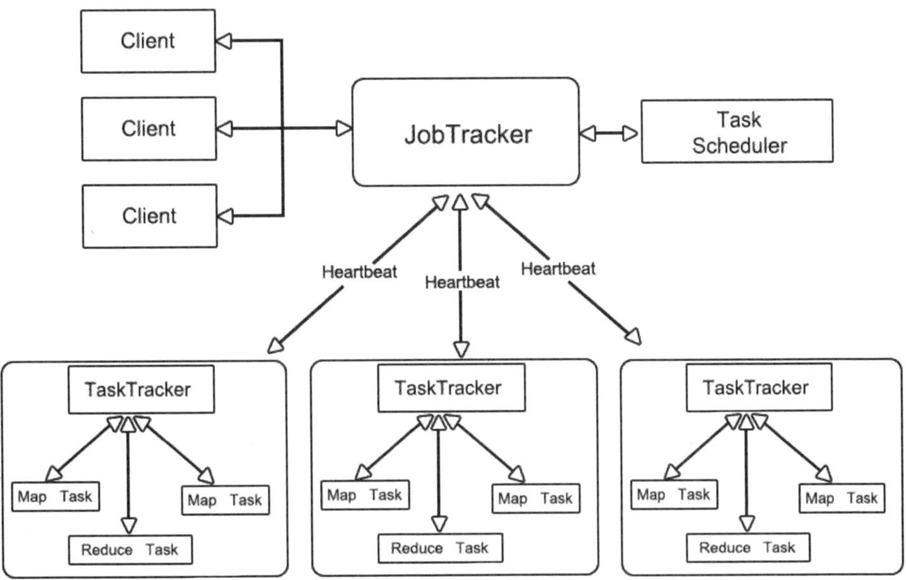

图 4.1　MapReduce 架构图

2. 资源利用率

在没有 YARN 之前，是一个集群一个计算框架。比如：Hadoop 一个集群、Spark 一个集群、HBase 一个集群，造成各个集群管理复杂，资源的利用率很低；像在某个时间段内 Hadoop 集群忙而 Spark 集群闲着，反之亦然，各个集群之间不能共享资源造成集群间资源浪费。

解决思路：将所有的计算框架运行在一个集群中，共享一个集群的资源，按需分配。Hadoop 需要资源就将资源分配给 Hadoop，Spark 需要资源就将资源分配给 Spark，进而整个集群中的资源利用率就高于多个小集群的资源利用率。

3. 数据共享

随着数据量的暴增，跨集群间的数据移动不仅需要花费更长的时间，且硬件成本也会大大增加；而共享集群模式可让多种框架共享数据（存放在 HDFS 上的数据）和硬件资源，将大大减少数据移动带来的成本。这就是所谓的移动计算要比移动数据更好，在作业进行任务调度时，将作业尽可能的分配到数据所在的节点上去运行，尽可能减少数据在网络上进行传输带来的开销。

4.1.2　初识 YARN

1. YARN 概述

Apache Hadoop YARN（Yet Another Resource Negotiator，另一种资源协调者）是一种新的 Hadoop 资源管理器，是一个通用资源管理系统，可为上层应用提供统一的资源管理和调度，它的引入为集群在利用率、资源统一管理和数据共享等方面带来了巨大好处。

YARN 是随着 Hadoop 发展而催生的新框架，取代了以前 Hadoop1.x 中 JobTracker 的角色，因为以前 JobTracker 的任务过重，负责任务的调度、跟踪和失败重启等过程，而且只能运行 MapReduce 作业，不支持其他编程模式，这也限制了 JobTracker 的使用范围，于是 YARN 应运而生。

2. YARN 架构

YARN 由 Client、ResourceManager、NodeManager、ApplicationMaster 组成；YARN 也是采用 Master/Slave 结构，一个 ResourceManager 对应多个 NodeManager，其架构如图 4.2 所示。

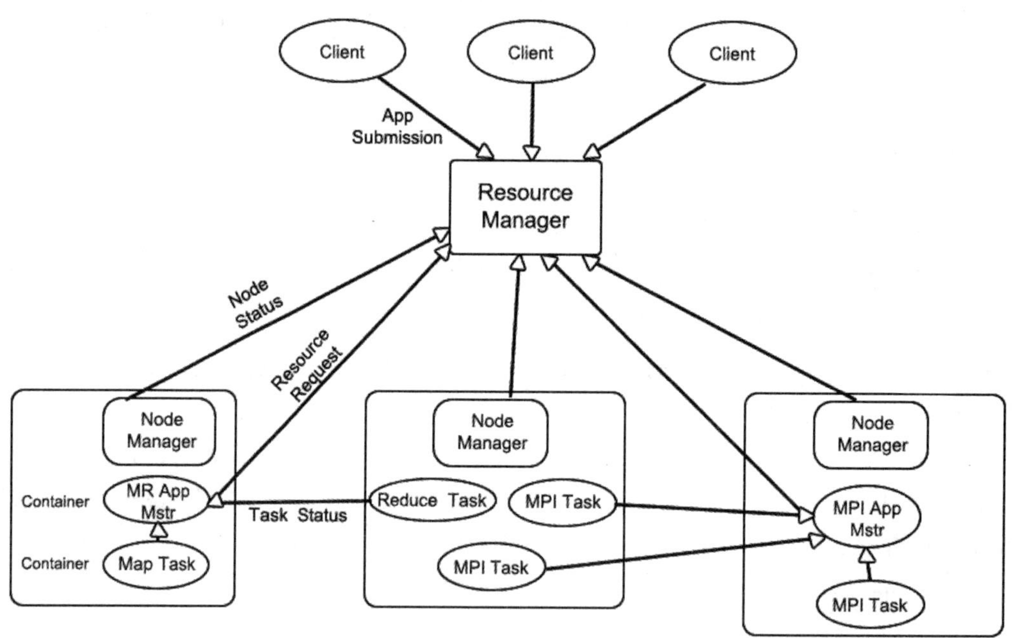

图 4.2　YARN 架构图

Client 向 ResourceManager 提交任务、终止任务等。

ApplicationMaster 由对应的应用程序完成；每个应用程序对应一个 Application-Master，ApplicationMaster 向 ResourceManager 申请资源用于在 NodeManager 上启动相应的任务。

NodeManager 向 ResourceManager 通过心跳信息，汇报 NodeManager 健康状况、任务执行状况、领取任务等。

MapTask 对应的是 MapReduce 作业启动时产生的 Map 任务，MPI Task 是 MPI 框架（MPI 是消息传递接口，可以理解为更原生的一种分布式模型）对应的执行任务。

3. YARN 核心组件功能

（1）ResourceManager：整个集群只有一个，负责集群资源的统一管理和调度。

- 处理来自客户端的请求（启动 / 终止应用程序）。
- 启动 / 监控 ApplicationMaster；一旦某个 AM 挂了之后，RM 将会在另外一个节点上启动该 AM。
- 监控 NodeManager，接收 NodeManager 的心跳汇报信息并分配任务到 NodeManager 去执行；一旦某个 NM 挂了，标志下该 NM 上的任务，来告诉对应的 AM 如何处理。
- 负责整个集群的资源分配和调度。

（2）NodeManager：整个集群中有多个，负责单节点资源管理和使用。

- 周期性向 ResourceManager 汇报本节点上的资源使用情况和各个 Container 的运行状态。
- 接收并处理来自 ResourceManager 的 Container 启动 / 停止的各种命令。
- 处理来自 ApplicationMaster 的命令。
- 负责单个节点上的资源管理和任务调度。

（3）ApplicationMaster：每个应用一个，负责应用程序的管理。

- 数据切分。
- 为应用程序 / 作业向 ResourceManager 申请资源（Container），并分配给内部任务。
- 与 NodeManager 通信以启动 / 停止任务。
- 任务监控和容错（在任务执行失败时重新为该任务申请资源以重启任务）。
- 处理 ResourceManager 发过来的命令：终止 Container、让 NodeManager 重启等。

（4）Container：对任务运行环境的抽象。

- 任务运行资源（节点、内存、CPU）。
- 任务启动命令。
- 任务运行环境。
- 任务是运行在 Container 中，一个 Container 中既可以运行 ApplicationMaster，也可以运行具体的 Map/Reduce/MPI/Spark Task。

4.1.3　YARN 运行机制

1. YARN 工作原理

YARN 工作原理如图 4.3 所示。

执行步骤：

（1）用户向 YARN 中提交应用程序 / 作业，其中包括 ApplicationMaster 程序、启动 ApplicationMaster 的命令、用户程序等。

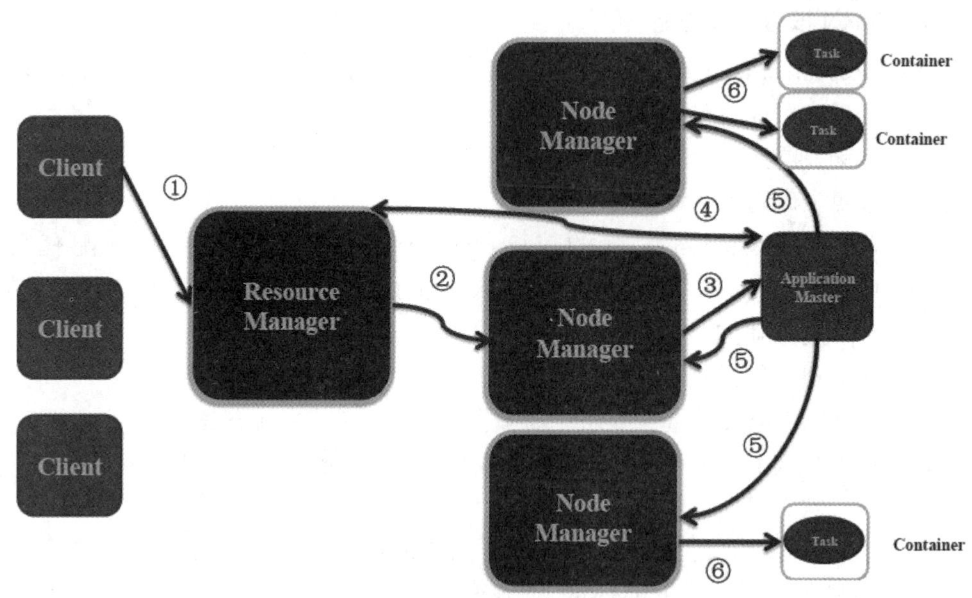

图 4.3　YARN 工作原理

（2）ResourceManager 为作业分配第一个 Container，并与对应的 NodeManager 通信，要求它在这个 Container 中启动该作业的 ApplicationMaster。

（3）ApplicationMaster 首先向 ResourceManager 注册，这样用户可以直接通过 ResourceManager 查询作业的运行状态；然后它将为各个任务申请资源并监控任务的运行状态，直到运行结束。即重复步骤（7）。

（4）ApplicationMaster 采用轮询的方式通过 RPC 请求向 ResourceManager 申请和获取资源。

（5）一旦 ApplicationMaster 申请到资源后，便与对应的 NodeManager 通信，要求它启动任务。

（6）NodeManager 启动任务。

（7）各个任务通过 RPC 协议向 ApplicationMaster 汇报自己的状态和进度，以便 ApplicaitonMaster 随时掌握各个任务的运行状态，从而可以在任务失败时重新启动任务；在作业运行过程中，用户可随时通过 RPC 向 ApplicationMaster 查询作业当前运行状态；

（8）作业完成后，ApplicationMaster 向 ResourceManager 注销并关闭自己。

2. YARN 容错性

（1）ResourceMananger：基于 ZooKeeper 实现 HA（High Available：高可用）避免单点故障。

（2）NodeManager：执行失败后，ResourceManager 将失败任务告诉对应的 ApplicationMaster，由 ApplicationMaster 决定如何处理失败的任务。

（3）ApplicationMaster：执行失败后，由 ResourceManager 负责重启；

ApplicationMaster 需处理内部任务的容错问题，会保存已经运行完成的 Task，重启后无需重新运行。

3. YARN 设计目标

通用的统一的资源管理系统：

（1）同时运行长应用程序（永不停止的程序：Service、HTTP Server）。

（2）短应用程序（秒、分、小时级内运行结束的程序：MR job、Spark job 等）。

（3）打造以 YARN 为核心的生态系统，如图 4.4 所示。

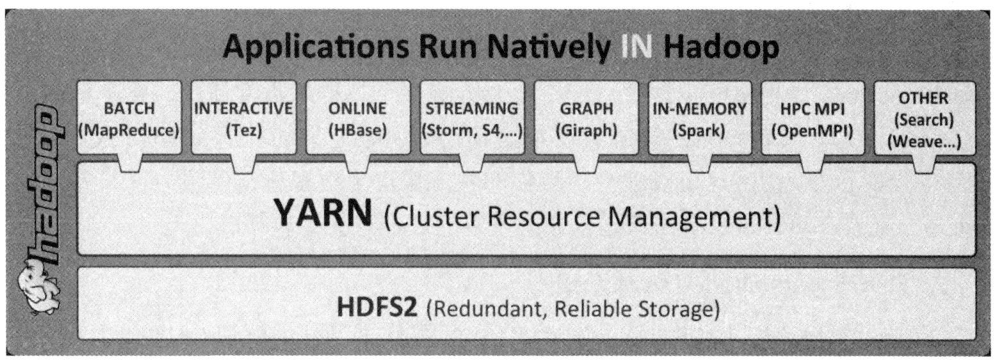

图 4.4　YARN 为核心的生态系统

在引入 YARN 之后，可以在 YARN 上运行各种不同框架的作业：

- 离线计算框架：MapReduce
- DAG 计算框架：Tez
- 流式计算框架：Storm
- 内存计算框架：Spark

注意：

图 4.4 中的 HDFS2 值的是在基于 HDFS 之上的 HA 和 Federation 等新特性，下一节详细讲解。

至此，在学习了以上相关知识后，任务 1 就可以完成了。

任务 2　HDFS 新特性

关键步骤如下：

- 掌握 HDFS NameNode HA 原理与部署。
- 掌握 HDFS NameNode Federation 原理与部署。

- 了解 HDFS Snapshots 的使用。
- 了解 WebHDFS REST API 的使用。
- 了解 DistCp 的使用。

4.2.1 HDFS NameNode HA

1. HDFS NameNode 单点故障概述

在 Hadoop 中 HDFS NameNode 所处的位置是非常重要的，绝对不允许出现故障。因为整个 HDFS 文件系统的的元数据信息都是由 NameNode 来管理，NameNode 的可用性直接决定了整个 Hadoop 的可用性。在 Hadoop1.x 时代，NameNode 存在单点故障，一旦 NameNode 进程不能正常工作了，就会影响整个集群的正常使用，整个 HDFS 就无法使用，Hive 或者 HBase 等的数据都是存在 HDFS 之上的，所有 Hive 或者 HBase 等框架也就无法使用，这可能就会导致你的生产集群上很多框架都没办法正常使用。如果通过重新启动 NameNode 来进行数据恢复的过程也会比较耗时。

2. HDFS NameNode HA 体系架构

在 Hadoop2.x 中，HDFS NameNode 的单点问题都得到了解决。HDFS NameNode 高可用整体架构如图 4.5 所示。

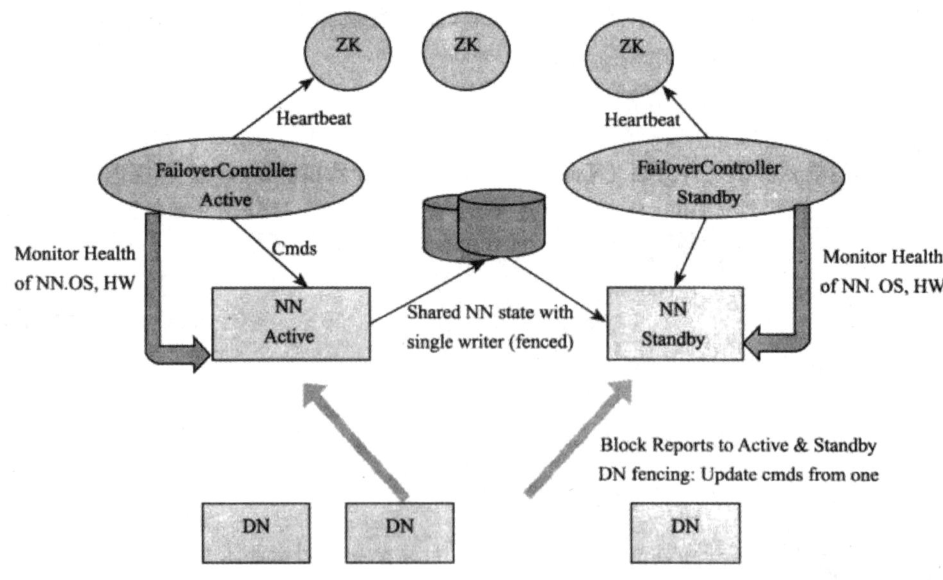

图 4.5　HDFS NameNode HA 架构图

从上图中，我们可以看出 NameNode 的高可用架构主要分为下面几个部分：

（1）在典型的 HA 集群中，两个独立的机器作为 NameNode。任何时刻，只有一个 NameNode 处于 Active 状态，另一个处于 Standby 状态。Active NameNode 负责所有的客户端操作，而 Standby NameNode 只是简单的充当 Slave，它负责维护状态信息以便在需要时能快速切换。

（2）主备切换控制器 ZKFailoverController：ZKFailoverController 作为独立的进程运行，对 NameNode 的主备切换进行总体控制。ZKFailoverController 能及时检测到 NameNode 的健康状况，在主 NameNode 故障时借助 ZooKeeper 实现自动的主备选举和切换，当然 NameNode 目前也支持不依赖于 ZooKeeper 的手动主备切换。ZooKeeper 集群的目的是为主备切换控制器提供主备选举支持。

ZKFailoverController 的主要职责如下：

- 健康监测：周期性的向它监控的 NameNode 发送健康探测命令，从而来确定某个 NameNode 是否处于健康状态，如果机器宕机，心跳失败，那么 zkfc 就会标记它处于一个不健康的状态。
- 会话管理：如果 NameNode 是健康的，zkfc 就会在 ZooKeeper 中保持一个打开的会话，如果 NameNode 同时还是 Active 状态的，那么 zkfc 还会在 ZooKeeper 中占有一个类型为短暂类型的 znode，当这个 NameNode 挂掉时，这个 znode 将会被删除，然后备用的 NameNode 将会得到这把锁，升级为主 NN，同时标记状态为 Active。当宕机的 NameNode 新启动时，它会再次注册 zookeper，发现已经有 znode 锁了，便会自动变为 Standby 状态，如此往复循环，保证高可靠。需要注意，目前仅仅支持最多配置 2 个 NameNode。
- master 选举：如上所述，通过在 ZooKeeper 中维持一个短暂类型的 znode，来实现抢占式的锁机制，从而判断哪个 NameNode 为 Active 状态。

（3）共享存储系统 Quorum Journal Node：为了让 Standby Node 与 Active Node 保持状态的同步，它们两个都要与称为“JournalNodes”（JNs）的一组独立的进程通信。Active Node 所做的任何命名空间的修改，都将修改记录的日志发送给大多数的 JNs。Standby Node 能够从 JNs 读取 edits，并且时时监控它们对 edit log 的修改。Standby Node 获取 edits 后，将它们应用到自己的命名空间。故障切换时，Standby 将确保在提升它自己为 Active 状态前已经从 JNs 读完了所有的 edits，这就确保了故障切换发生前（两个 NameNode）命名空间状态是完全同步的。

（4）DataNode 节点：除了通过共享存储系统共享 HDFS 的元数据信息之外，主 NameNode 和备 NameNode 还需要共享 HDFS 的数据块和 DataNode 之间的映射关系。DataNode 会同时向主 NameNode 和备 NameNode 上报数据块的位置信息。

3. HDFS NameNode 的主备切换实现原理

HDFS NameNode 的高可用整体架构中，NameNode 主备切换主要由 ZKFailover-Controller、HealthMonitor 和 ActiveStandbyElector 这三个组件来协同实现，其主备切换的流程如图 4.6 所示。

通过上图来分析相关组件的作用：

ZKFailoverController 作为 NameNode 机器上一个独立的进程启动（进程名为

zkfc），启动的时候会创建 HealthMonitor 和 ActiveStandbyElector 这两个主要的内部组件，ZKFailoverController 在创建 HealthMonitor 和 ActiveStandbyElector 的同时，也会向 HealthMonitor 和 ActiveStandbyElector 注册相应的回调方法。

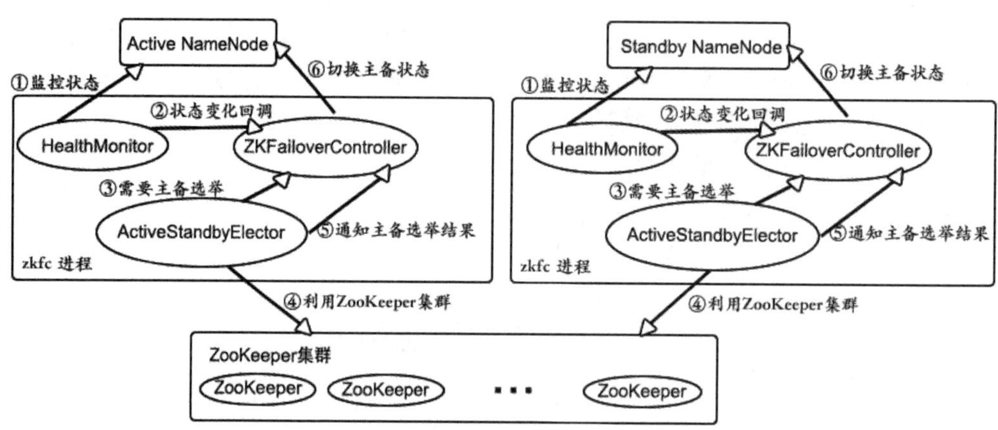

图 4.6　NameNode 主备切换流程图

HealthMonitor 主要负责检测 NameNode 的健康状态，如果检测到 NameNode 的状态发生变化，会回调 ZKFailoverController 的相应方法进行自动的主备选举。

ActiveStandbyElector 主要负责完成自动的主备选举，内部封装了 ZooKeeper 的处理逻辑，一旦 ZooKeeper 主备选举完成，会回调 ZKFailoverController 的相应方法来进行 NameNode 的主备状态切换。

NameNode 实现主备切换的流程如下：

（1）HealthMonitor 初始化完成之后会启动内部的线程来定时调用对应 NameNode 的 HAServiceProtocol RPC 接口的方法，对 NameNode 的健康状态进行检测。

（2）如果 HealthMonitor 检测到 NameNode 的健康状态发生变化，会回调 ZKFailoverController 注册的相应方法进行处理。

（3）如果 ZKFailoverController 判断需要进行主备切换，会首先使用 ActiveStandbyElector 来进行自动的主备选举。

（4）ActiveStandbyElector 与 ZooKeeper 进行交互完成自动的主备选举。

（5）在主备选举完成后，ActiveStandbyElector 会回调 ZKFailoverController 的相应方法来通知当前的 NameNode 成为主 NameNode 或备 NameNode。

（6）ZKFailoverController 调用对应 NameNode 的 HAServiceProtocol RPC 接口的方法将 NameNode 转换为 Active 状态或 Standby 状态。

4. HDFS NameNode HA 环境搭建

集群节点机器规划：6 台机器，每个节点进程分布如表 4-1 所示。

JournalNode 和 ZooKeeper 保持奇数个节点，常规最少不少于 3 个节点。

表 4-1　集群 HDFS 节点规划表

	hadoop001	hadoop002	hadoop003	hadoop004	hadoop005	hadoop006
NameNode	是	是				
DataNode	是	是	是	是	是	是
JournalNode	是	是	是	是	是	
ZooKeeper	是	是	是	是	是	
DFSZKFailoverController	是	是				

安装步骤如下：

（1）ZooKeeper 安装

➢　下载解压 ZooKeeper

下载地址：http://archive.cloudera.com/cdh5/cdh/5/

解压到指定目录：这里目录 /home/hadoop/yarn/

➢　修改配置文件

进入 ZooKeeper 中 conf 目录拷贝命名 zoo_sample.cfg 为 zoo.cfg，编辑 zoo.cfg。

```
tickTime=2000
initLimit=10
syncLimit=5
dataDir=/home/hadoop/yarn/zookeeper-3.4.5-cdh5.5.0/zkdata
dataLogDir=/home/hadoop/yarn/zookeeper-3.4.5-cdh5.5.0/zkdatalog
clientPort=2181
server.1=hadoop001:2888:3888
server.2=hadoop002:2888:3888
server.3=hadoop003:2888:3888
server.4=hadoop004:2888:3888
server.5=hadoop005:2888:3888
```

在 ZooKeeper 的目录中，创建 zkdata 和 zkdatalog 两个文件夹。

进入 zkdata 文件夹，创建文件 myid，填入 1，1 是在 zoo.cfg 文本中的 server.1 中的 1。当把所有文件都配置完毕，将 Hadoop001 中 yarn 目录复制到其他机器中时需要修改每台机器中对应的 myid 文本，Hadoop002 中的 myid 写入 2，其余节点按照上面配置依次写入相应的数字。

zkdatalog 文件夹，是为指定 ZooKeeper 产生日志指定相应的路径。

（2）Hadoop 安装

➢　下载解压 hadoop2.6.0-cdh5.7.0

下载地址：http://archive.cloudera.com/cdh5/cdh/5/

➢　修改配置文件

这里要修改配置文件一共包括 6 个，分别是在 hadoop-env.sh、core-site.xml、hdfs-site.xml、mapred-site.xml、yarn-site.xml 和 slaves。修改文件的目录地址 /home/hadoop/

yarn/hadoop-2.6.0-cdh5.7.0/etc/hadoop/。

配置文件：hadoop-env.sh

```
// 添加 jdk 环境变量
export JAVA_HOME=/home/hadoop/app/jdk1.7.0_79
```

配置文件：core-site.xml

```
<configuration>
  <!-- 集群中命名服务列表，名称自定义 -->
  <property>
    <name>fs.defaultFS</name>
    <value>hdfs://cluster1</value>
  </property>

  <!--NameNode、DataNode、JournalNode 等存放数据的公共目录。用户也可以自己单独指定
这三类节点的目录。这里的 yarn_data/tmp 目录与文件都是自己创建的 -->
  <property>
     <name>hadoop.tmp.dir</name>
     <value>/home/hadoop/yarn/yarn_data/tmp</value>
  </property>

  <!--ZooKeeper 集群的地址和端口。注意，数量一定是奇数，且不少于三个节点 -->
  <property>
    <name>ha.zookeeper.quorum</name>
   <value>hadoop001:2181,hadoop002:2181,hadoop003:2181,hadoop004:2181,hadoop005:2181</
value>
  </property>
</configuration>
```

配置文件：hdfs-site.xml

```
<configuration>
  <!-- 指定 DataNode 存储 block 的副本数量。默认值是 3 个 -->
  <property>
    <name>dfs.replication</name>
    <value>3</value>
  </property>

  <!-- 给 hdfs 集群起名字，这个名字必须和 core-site 中的统一，且下面也会用到该名字 -->
  <property>
    <name>dfs.nameservices</name>
    <value>cluster1</value>
  </property>

  <!-- 指定 NameService 是 cluster1 时有哪些 namenode，这里的值也是逻辑名称，名字随便起，
相互不重复即可 -->
  <property>
    <name>dfs.ha.namenodes.cluster1</name>
    <value>hadoop1,hadoop002</value>
```

```
</property>

<!-- 指定 RPC 地址 -->
<property>
  <name>dfs.namenode.rpc-address.cluster1.hadoop1</name>
  <value>hadoop001:8020</value>
</property>

<property>
  <name>dfs.namenode.rpc-address.cluster1.hadoop2</name>
  <value>hadoop002:9000</value>
</property>

<!-- 指定 http 地址 -->
<property>
  <name>dfs.namenode.http-address.cluster1.hadoop1</name>
  <value>hadoop001:50070</value>
</property>

<property>
  <name>dfs.namenode.http-address.cluster1.hadoop2</name>
  <value>hadoop002:50070</value>
</property>

<!-- 指定 cluster1 是否启动自动故障恢复，即当 NameNode 出故障时，是否自动切换到另一台 NameNode-->
<property>
  <name>dfs.ha.automatic-failover.enabled.cluster1</name>
  <value>true</value>
</property>

<!-- 指定 cluster1 的两个 NameNode 共享 edits 文件目录时，使用的 JournalNode 集群信息 -->
<property>
  <name>dfs.namenode.shared.edits.dir</name>
    <value>qjournal://hadoop001:8485;hadoop002:8485;hadoop003:8485;hadoop004:8485;hadoop005:8485/cluster1</value>
</property>

<!-- 指定 cluster1 出故障时，哪个实现类负责执行故障切换 -->
<property>
  <name>dfs.client.failover.proxy.provider.cluster1</name>
  <value>org.apache.hadoop.hdfs.server.namenode.ha.ConfiguredFailoverProxyProvider</value>
</property>

<!-- 指定 JournalNode 集群在对 NameNode 的目录进行共享时，自己存储数据的磁盘路径。tmp 路径是自己创建，journal 是启动 journalnode 自动生成 -->
```

```
<property>
  <name>dfs.journalnode.edits.dir</name>
  <value>/home/hadoop/yarn/yarn_data/tmp/journal</value>
</property>

<!-- 一旦需要 NameNode 切换，使用 ssh 方式进行操作 -->
<property>
  <name>dfs.ha.fencing.methods</name>
  <value>sshfence</value>
</property>

<!-- 使用 ssh 进行故障切换，所以需要配置无密码登录，使用 ssh 通信时用的密钥存储的位置
-->
<property>
  <name>dfs.ha.fencing.ssh.private-key-files</name>
  <value>/home/hadoop/.ssh/id_rsa</value>
</property>
</configuration>
```

配置文件：slaves

添加指定哪台机器是 datanode，这里指定 6 台机器。把集群所有机器都当做 datanode。

```
hadoop001
hadoop002
hadoop003
hadoop004
hadoop005
hadoop006
```

➢ 复制到其他节点

将 hadoop 用户根目录下的 yarn 文件夹（即：/home/hadoop/yarn 目录）复制到其他节点上。然后登录到各个节点上进入 ZooKeeper 目录下的 zkdata 目录，修改 myid 文件，各个 myid 内容对应 zoo.cfg 文件中 server 对应的编号。

（3）集群启动

➢ 启动 ZooKeeper

在 hadoop001、hadoop002、hadoop003、hadoop004、hadoop005 上 zookeeper 目录下分别执行命令：

```
bin/zkServer.sh start
```

当所有机器执行上述命令完毕后，再在每台机器上执行：bin/zkServer.sh status 查看每台机器 ZooKeeper 的状态。正确的状态是只有一台机器是 leader，其余机器都是显示 follower。每台机器都需要测试一下。

格式化 ZooKeeper 集群

格式化 ZooKeeper 集群，目的是在 ZooKeeper 集群上建立 HA 的相应节点。

在 hadoop001 上的 hadoop 目录执行：

```
bin/hdfs zkfc -formatZK
```

启动 JournalNode 集群

在 hadoop001、hadoop002、hadoop003、hadoop004、hadoop005 上分别执行命令：

```
sbin/hadoop-daemon.sh start journalnode
```

格式化集群的一个 NameNode：第一次启动时需要，以后不需要。

从 hadoop001 和 hadoop002 中任选一个即可，这里选择的是 hadoop1。

在 hadoop001 上 /home/hadoop/yarn/hadoop-2.6.0-cdh5.7.0/ 目录下执行下面命令：

```
bin/hdfs namenode -format
```

启动刚格式化的 namenode

在 hadoop001 上 /home/hadoop/yarn/hadoop-2.6.0-cdh5.7.0/ 目录下执行命令：

```
sbin/hadoop-daemon.sh start namenode
```

将刚格式化的 namenode 信息同步到备用 namenode 上（第一次启动时需要，以后不需要）。在 hadoop002 机器上执行命令：

```
hdfs namenode -bootstrapStandby
```

在 hadoop002 机器上，启动 namenode。

```
sbin/hadoop-daemon.sh start namenode
```

启动所有的 datanode

DataNode 是在 slaves 文件中配置的。在 hadoop001 上执行：

```
sbin/hadoop-daemons.sh start datanode
```

启动 ZooKeeperFailoverCotroller

在 hadoop001、hadoop002 上分别执行命令：

```
sbin/hadoop-daemon.sh start zkfc
```

验证 HA 的故障自动转移是否好用

打开 http://hadoop001:50070 和 http://hadoop002:50070 两个监控页面观察哪个节点对应 Active NameNode 和 Standby NameNode。假设此处 hadoop001 是 Active 的，我们通过 jps 命令获取该节点上 NameNode 节点的进程 id，然后执行命令 kill -9 pid 将该进程杀死。刷新两个 HDFS 节点的监控页面，可以看到原先的 hadoop002 节点的 Standby 变成 Active，并且 HDFS 还能进行读写操作，这说明，HA 故障自动转换是正常的，HDFS 是高可用的，而且切换过程对用户来说是不透明的。

4.2.2　HDFS NameNode Federation

1. Federation 产生背景

通过 HDFS 章节的学习我们知道 Hadoop 集群的元数据信息是存放在 NameNode 的内存中的，当集群扩大到一定的规模以后，NameNode 内存中存放的元数据信息可能会非常大，由于 HDFS 的所有的操作都会和 NameNode 进行交互，当集群很大时，NameNode 会成为集群的瓶颈。在 Hadoop2.x 诞生之前，HDFS 中只能有一个命名空间，对于 HDFS 中的文件没有办法完成隔离。正因为如此，在 Hadoop2.x 中引入了

Federation 的机制，可以解决如下场景的问题。

（1）HDFS 集群扩展性。多个 NameNode 分管一部分目录，使得一个集群可以扩展到更多节点，不再像 1.0 中由于内存的限制制约文件存储数目。

（2）性能更高效。多个 NameNode 管理不同的数据，且同时对外提供服务，将为用户提供更高的读写吞吐率。

（3）良好的隔离性。用户可根据需要将不同业务数据交由不同 NameNode 管理，这样不同业务之间影响很小。

2. HDFS 数据管理架构

数据存储采取分层的结构，如图 4.7 所示。也就是说，所有关于存储数据的信息和管理是放在 NameNode 这边，而真实的数据则是存储在各个 DataNode 下。这些隶属于同一个 NameNode 所管理的数据都在同一个命名空间 namespace 下，而一个 namespace 对应一个 block pool。Block Pool 是同一个 namespace 下的 block 的集合，当然这是我们最常见的单个 namespace 的情况，也就是一个 NameNode 管理集群中所有元数据信息的时候，如果我们遇到了前面提到的 NameNode 内存使用过高的问题，这时候怎么办？元数据空间依然还是在不断增大，一味调高 NameNode 的 jvm 大小绝对不是一个持久的办法。这时候就诞生了 HDFS Federation 的机制。

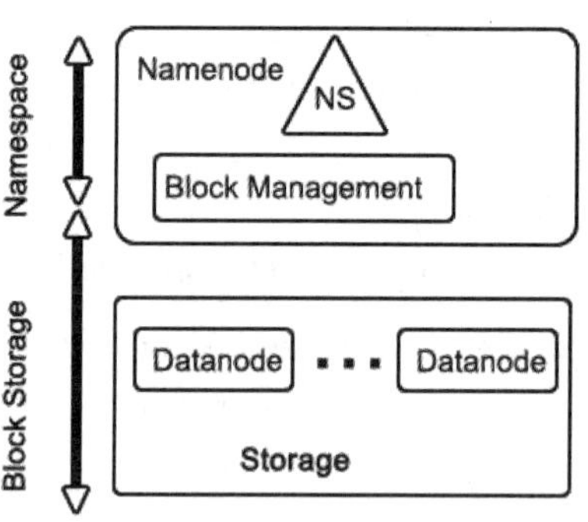

图 4.7　HDFS 数据管理架构

3. Federation 架构

NameNode 内存过高问题，我们完全可以将大的文件目录移到另外一个 NameNode 上做管理，更重要的一点在于，这些 NameNode 是共享集群中所有的 DataNode 的，它们还是在同一个集群内的。HDFS Federation 原理结构如图 4.8 所示。

HDFS Federation 是解决 NameNode 单点问题的水平横向扩展方案。使得到多个独立的 NameNode 和命名空间。从而使得 HDFS 的命名服务能够水平扩张。

HDFS Federation 中的 NameNode 相互独立管理自己的命名空间。这时候在 DataNode 上就不仅仅存储一个 Block Pool 下的数据，而是多个。在 HDFS Federation 的情况下，只有元数据的管理与存放被分隔开，而真实数据的存储还是共用的。

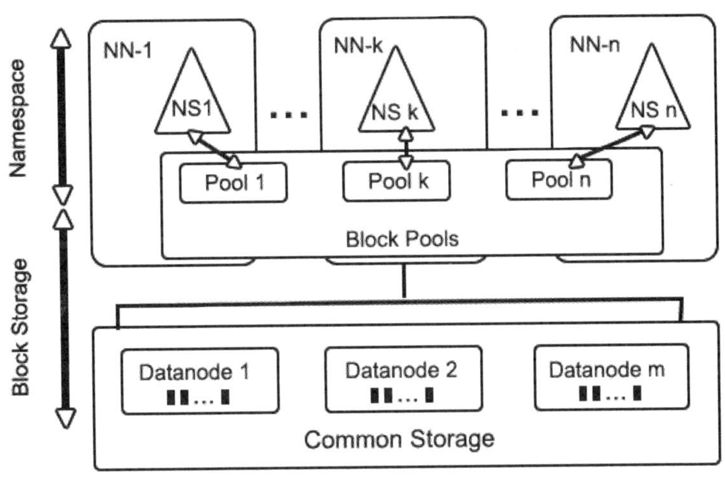

图 4.8　HDFS Federation 架构图

4.2.3　HDFS Snapshots

1. 概述

HDFS 快照是文件系统在某一时刻只读的镜像；可以是一个完整的文件系统也可以是某个目录的镜像。

2. 快照常用场景

（1）防止用户的错误操作：管理员可以通过以滚动的方式周期性设置一个只读的快照，这样就可以在文件系统上有若干份只读快照。如果用户意外地删除了一个文件，可以使用包含该文件的最新只读快照来进行恢复。

（2）备份：管理员可以根据需求来备份整个文件系统、一个目录或者单一文件。管理员设置一个只读快照，并使用这个快照作为整个全量备份的开始点。增量备份可以通过比较两个快照的差异来产生。

（3）试验 / 测试：一个用户当想要在数据集上测试一个应用程序。一般情况下，如果不做该数据集的全量拷贝，测试应用程序会覆盖 / 损坏原来的生产数据集，这是非常危险的。管理员可以为用户设置一个生产数据集的快照（Read write），以备用户测试使用。在快照上的改变不会影响原有数据集。

（4）灾难恢复：只读快照可以被用于创建一个一致的时间点镜像，用于拷贝到远程站点作灾备冗余。

3. 快照常用操作

（1）Allow Snapshots

确定目录是否可以进行快照。

通过下面命令对某一个路径（根目录 /，某一目录或者文件）开启快照功能，那么该目录就成为了一个 snapshottable 的目录；一个 snapshottable 下存储的 snapshots 最多为 65535 个，保存在该目录的 .snapshot 下；但是 snapshottable 数目并没有限制。

```
hdfs dfsadmin -allowSnapshot <path>
```

示例：

```
hdfs dfsadmin -allowSnapshot /user/hadoop
Allowing snaphot on /user/hadoop succeeded
```

（2）Create Snapshots

只有目录运行进行快照，才能在该目录下创建快照。

```
hdfs dfs -createSnapshot <path> [<snapshotName>]
```

创建快照时可以指定快照名称，也可以不指定，系统可以自动生成快照名称。

示例：

```
hdfs dfs -createSnapshot /user/hadoop s0
Created snapshot /user/hadoop/.snapshot/s0

hadoop fs -ls /user/hadoop
// 此时并不能列出 Hadoop 目录下的快照

hadoop fs -ls /user/hadoop/.snapshot
/user/hadoop/.snapshot/s0
```

该快照会被立即创建出来，创建动作仅仅是在目录对应的 Inode 上加个快照的标签，因为此时快照目录里不包含任何实际数据。

不同的快照间采用硬链接的方式，引用相同的数据块，所以也不会涉及到数据块的拷贝操作；而对文件的删除和追加，快照中的块将会指向所作的修改的块，所以也不会对读写性能有影响，但是会占用 namenode 一定的额外内存来存放快照中被修改的文件和目录的元信息。

```
# 创建临时文件夹
hadoop fs -mkdir /user/hadoop/tmp

# 创建 f1,f2,f3 三个文件
hdfs dfs -touchz /user/hadoop/tmp/f{1,2,3}

# 新建快照 s1
hdfs dfs -createSnapshot /user/hadoop s1
Created snapshot /user/hadoop/.snapshot/s1

# 此时当前文件系统和 s1 中都包含 f1,f2,f3 三个文件
hdfs dfs -ls -R /user/hadoop
drwxr-xr-x   - hdfs supergroup          0 2017-02-05 10:45 /user/hadoop/tmp
-rw-r--r--   3 hdfs supergroup          0 2017-02-05 10:45 /user/hadoop/tmp/f1
-rw-r--r--   3 hdfs supergroup          0 2017-02-05 10:45 /user/hadoop/tmp/f2
-rw-r--r--   3 hdfs supergroup          0 2017-02-05 10:45 /user/hadoop/tmp/f3

# 删除 f3
```

```
hdfs dfs -rm /user/hadoop/tmp/f3

# 查看快照内容，可以发现当前文件系统已经没有 f3，而快照 s1 还有 f3 文件存在。这样，通过拷贝 s1 下的 f3 文件就可以进行恢复
hdfs dfs -ls -R /user/hadoop/.snapshot
drwxr-xr-x   - hdfs supergroup   0 2017-02-05 10:28 /user/hadoop/.snapshot/s0
drwxr-xr-x   - hdfs supergroup   0 2017-02-05 10:45 /user/hadoop/.snapshot/s0/tmp
drwxr-xr-x   - hdfs supergroup   0 2017-02-05 10:45 /user/hadoop/.snapshot/s1
drwxr-xr-x   - hdfs supergroup   0 2017-02-05 10:45 /user/hadoop/.snapshot/s1/tmp
-rw-r--r--   3 hdfs supergroup   0 2017-02-05 10:45 /user/hadoop/.snapshot/s1/tmp/f1
-rw-r--r--   3 hdfs supergroup   0 2017-02-05 10:45 /user/hadoop/.snapshot/s1/tmp/f2
-rw-r--r--   3 hdfs supergroup   0 2017-02-05 10:45 /user/hadoop/.snapshot/s1/tmp/f3

hdfs dfs -ls -R /user/hadoop/
drwxr-xr-x   - hdfs supergroup      0 2017-02-05 10:46 /user/hadoop/tmp
-rw-r--r--   3 hdfs supergroup      0 2017-02-05 10:45 /user/hadoop/tmp/f1
-rw-r--r--   3 hdfs supergroup      0 2017-02-05 10:45 /user/hadoop/tmp/f2

# 从快照中拷贝一个文件，将快照中的 f3 文件拷贝到 hdfs 文件系统中
hdfs dfs -cp -ptopax /user/hadoop/.snapshot/s1/tmp/f3 /user/hadoop/tmp/

# 从快照中拷贝回来后，在 HDFS 上又有 f3 文件了，很好的起到数据恢复的作用
hdfs dfs -ls -R /user/hadoop/
drwxr-xr-x   - hadoop supergroup      0 2017-02-05 01:25 /user/hadoop/tmp
-rw-r--r--   1 hadoop supergroup      0 2017-02-05 01:23 /user/hadoop/tmp/f1
-rw-r--r--   1 hadoop supergroup      0 2017-02-05 01:23 /user/hadoop/tmp/f2
-rw-r--r--   1 hadoop supergroup      0 2017-02-05 01:23 /user/hadoop/tmp/f3
```

（3）Rename Snapshots

重命名 Snapshots。

```
hdfs dfs -renameSnapshot <path><oldName><newName>
```

示例：

```
# 将 s0 修改为 s_init
hdfs dfs -renameSnapshot /user/hadoop s0s_init

hdfs dfs -ls /user/hadoop/.snapshot
Found 2 items
drwxr-xr-x   - hdfs supergroup   0 2017-02-05 10:45 /user/hadoop/.snapshot/s1
drwxr-xr-x   - hdfs supergroup   0 2017-02-05 10:28 /user/hadoop/.snapshot/s_init
Get Snapshottable Directory Listing
```

（4）Get Snapshottable Directory Listing

通过 hdfs ls SnapshottableDir 来列出 Snapshottable 的目录。

示例：

```
hdfs lsSnapshottableDir
drwxr-xr-x 0 hdfs supergroup 0 2017-02-05 10:45 2 65536 /user/hadoop
```

（5）Get Snapshots Difference Report

比较两个快照之间的差异。

```
hdfs snapshotDiff <path><fromSnapshot><toSnapshot>
```

示例：

```
hdfs snapshotDiff /user/hadoop s_inits1
Difference between snapshot s_init and snapshot s1 under directory /user/hadoop:
M   ./tmp
+   ./tmp/f1
+   ./tmp/f2
+   ./tmp/f3
```

（6）DeleteSnapshots

删除快照。

```
hdfs dfs -deleteSnapshot <path><snapshotName>
```

示例：

```
hdfs dfs -deleteSnapshot  /user/hadoop s_init
```

（7）DisallowSnapshots

关闭 Snapsshots。

```
hdfs dfsadmin -disallowSnapshot <path>
```

示例：

```
hdfs dfsadmin -disallowSnapshot /user/hadoop

disallowSnapshot: The directory /user/hadoop has snapshot(s). Please redo the operation after removing all the snapshots.
```

通过 Snapshot 可以按照定时任务、或按固定时间间隔（例如每天）的方式创建文件快照，并删除过期的文件快照，减少业务误操作造成的数据损失；快照的操作远低于外部备份开销，可作为备份 HDFS 系统最常用的方式。

4.2.4 WebHDFS REST API

1. 概述

提供 HDFS 文件系统的 HTTP REST API 支持。

2. 配置

```
//hdfs-site.xml
<property>
   <name>dfs.webhdfs.enabled</name>
   <value>true</value>
</property>
```

3. 测试

（1）HDFS 访问方式

```
hdfs://<HOST>:<RPC_PORT>/<PATH>
hadoop fs -ls hdfs://hadoop000:8020/user
```

（2）WebHDFS 访问方式

```
webhdfs://<HOST>:<HTTP_PORT>/<PATH>
hadoop fs -ls webhdfs://hadoop000:50070/user
```

（3）REST 访问方式

```
http://<HOST>:<HTTP_PORT>/webhdfs/v1/<PATH>?op=...
http://hadoop000:50070/webhdfs/v1/user?op=LISTSTATUS
```

4.2.5　DistCp

1．概述

DistCp 是用于集群内部或者集群之间的一个拷贝工具，底层使用 MapReduce 作业完成，所以在使用之前要启动 YARN。

2．DistCp 使用

（1）相同版本 Hadoop 集群中的相互拷贝

将 nn1 集群中的 bar 文件夹下的所有文件拷贝到 nn2 集群的 foo 目录下。

```
# 单输入源
hadoop distcp hdfs://nn1:8020/foo/bar hdfs://nn2:8020/bar/foo

# 多输入源
hadoop distcp hdfs://nn1:8020/foo/a hdfs://nn1:8020/foo/b hdfs://nn2:8020/bar/foo
```

（2）不同版本 Hadoop 集群之间进行拷贝

源端地址要使用 hftp 而不能使用 hdfs，而且要运行在目标集群的机器上，且端口号是 50070。

```
hadoop distcp -i hftp://sourceFS:50070/src hdfs://destFS:8020/dest
```

至此，在学习了以上相关知识后，任务 2 就可以完成了。

任务 3　YARN 新特性

关键步骤如下：

- 掌握 ResourceManager Restart 原理。
- 掌握 ResourceManager HA 原理。

4.3.1　ResourceManager Restart

1．概述

在 YARN 的架构中 ResourceManager 所处的地位是非常重要的。但是 ResourceManager 有单点故障，当发生故障时，应该能尽快自动重启 ResourceManager 的功能，减少生产集群上作业的执行失败的可能性；ResourceManager 重启过程对用户是不感知的。

按照 Hadoop 官方的说法，ResourceManager 重启可以划分成两个阶段来完成：

（1）ResourceManager 将应用程序的状态以及其他验证信息保存到一个可插拔的状态存储中；ResourceManager 重启时将从状态存储中重新加载这些信息，然后重新开始之前正在运行的应用程序，用户不需要重新提交应用程序。（Hadoop 2.4.0 实现）

（2）重启时通过从 ResourceManager 读取容器的状态和从 ApplicationMaster 读取容器的请求，集中重构 ResourceManager 的运行状态。与第一阶段不同的是，在第二阶段中，之前正在运行的应用程序将不会在 ResourceManager 重启后被杀死，所以应用程序不会因为 ResourceManager 中断而丢失工作。（Hadoop 2.6.0 实现）

2. 配置

```
//yarn-site.xml
# 启用 RM 重启的功能，默认是 false
<property>
  <name>yarn.resourcemanager.recovery.enabled</name>
  <value>true</value>
</property>

# 用于状态存储的类，默认是基于 Hadoop 文件系统的实现（FileSystemRMStateStore）
<property>
  <name>yarn.resourcemanager.store.class</name>
  <value>org.apache.hadoop.yarn.server.resourcemanager.recovery.ZKRMStateStore</value>
</property>

# 被 RM 用于状态存储的 ZK 服务器的主机 : 端口号，多个 ZK 使用逗号分隔
<property>
  <name>yarn.resourcemanager.zk-address</name>
  <value>hadoop000:2181,hadoop001:2181,hadoop002:2181</value>
</property>
```

4.3.2 ResourceManager HA

1. ResourceManager HA 概述

ResourceManager 的职责是负责整个集群资源的管理以及应用的调度；在 Hadoop2.4 之前，ResourceManager 是单点故障的，只要有单点故障那么在生产上就要谨慎使用，因为一旦出现故障，就会影响到整个集群的正常运行。

2. ResourceManager HA 架构

在 Hadoop2.4 中添加了 Active/Standby ResourceManager 的方式来解决 ResourceManager 的单点故障问题，架构如图 4.9 所示。

3. ResourceManager HA 切换

Active ResourceManager 会将状态信息写入到 ZK 集群中，如果 Active Resource-

Manager 挂了，那么可以将 Standby ResourceManager 切换成 Active ResourceManager（切换方式有两种：手工和自动切换）。ResourceManager HA 是通过 Active/Standby 架构模式实现的，在任意时刻，只有一个 ResourceManager 是 Active 的，其余的一个或者多个 ResourceManager 是处理 Standby 状态，等待 Active ResourceManager 发生故障时切换用。

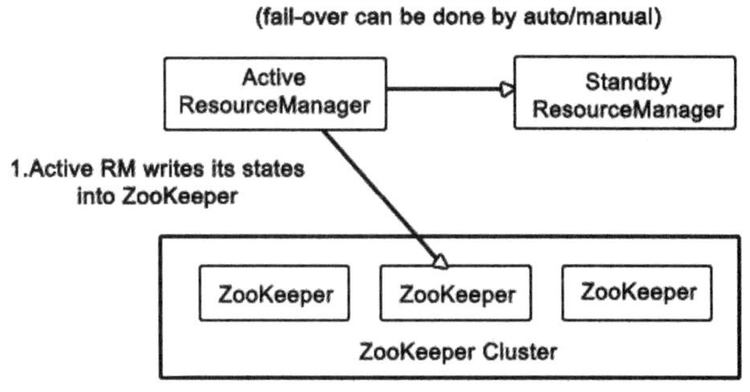

图 4.9　ResourceManager HA 架构图

（1）手工切换

需要管理员通过命令行进行切换。

```
# 查看当前 RM 的状态
yarn rmadmin -getServiceState rm1

# 手工切换 RM
yarn rmadmin -transitionToStandby rm1
```

（2）自动切换

通过内嵌的基于 ZK 的 ActiveStandbyElector 来决定哪个 ResourceManager 是 Active 状态；当 Active ResourceManager 出现故障时，另外其他的 ResourceManager 将会被自动选举并切换成 Active 状态。

集群节点规划：6 台机器，每个节点进程分布如表 4-2 所示。

表 4-2　集群 HDFS 和 YARN 节点规划表

	hadoop001	hadoop002	hadoop003	hadoop004	hadoop005	hadoop006
NameNode	是	是				
DataNode	是	是	是	是	是	是
JournalNode	是	是	是	是	是	
ZooKeeper	是	是	是	是	是	
DFSZKFailover-Controller	是	是				
ResourceManager	是	是				
NodeManager	是	是	是	是	是	是

自动切换配置如下所示：

```
//yarn-site.xml
<!-- 开启 RM 高可用 -->
<property>
   <name>yarn.resourcemanager.ha.enabled</name>
   <value>true</value>
</property>

<!-- 指定 RM 的 cluster id -->
<property>
   <name>yarn.resourcemanager.cluster-id</name>
   <value>yarn-cluster</value>
</property>

<!-- 指定 RM 的名字 -->
<property>
   <name>yarn.resourcemanager.ha.rm-ids</name>
   <value>rm1,rm2</value>
</property>

<!-- 分别指定 RM 的地址 -->
<property>
   <name>yarn.resourcemanager.hostname.rm1</name>
   <value>hadoop000</value>
</property>

<property>
   <name>yarn.resourcemanager.hostname.rm2</name>
   <value>hadoop001</value>
</property>

<property>
   <name>yarn.resourcemanager.webapp.address.rm1</name>
   <value>hadoop000:8088</value>
</property>

<property>
   <name>yarn.resourcemanager.webapp.address.rm2</name>
   <value> hadoop001:8088</value>
</property>

<!-- 指定 zk 集群地址 -->
<property>
   <name>yarn.resourcemanager.zk-address</name>
    <value>hadoop001:2181,hadoop002:2181,hadoop003:2181,hadoop004:2181,hadoop005:2181</
value>
```

```
</property>

<property>
  <name>yarn.nodemanager.aux-services</name>
  <value>mapreduce_shuffle</value>
</property>

//mapred-site.xml
<!-- 指定 mr 框架为 yarn 方式 -->
<property>
  <name>mapreduce.framework.name</name>
  <value>yarn</value>
</property>
```

至此，在学习了以上相关知识后，任务 3 就可以完成了。

本章总结

本章学习了以下知识点：

- 了解 YARN 的产生背景、设计目标。
- 掌握 YARN 的工作原理及核心组件。
- 掌握 HDFS NameNode HA 的实现原理及环境搭建。
- 了解 HDFS NameNode Federation 机制。
- 了解 HDFS 相关的新特性。
- 掌握 ResourceManager HA 的实现原理及环境搭建。
- 了解 ResourceManager Restart 的环境搭建。

本章作业

完成 HFDS NameNode HA 以及 YARN ResourceManager HA 环境的搭建。

随手笔记

第 5 章

大数据数据仓库 Hive

本章重点

※ Hive 中 DDL 和 DML 的使用
※ Hive 中 UDF 函数的定义和使用
※ Hive 常见调优

本章目标

※ 了解 Hive 的产生背景及环境部署
※ 掌握 Hive 中 DDL 和 DML 的使用
※ 掌握 Hive 中函数（内置函数 +UDF 函数）的使用
※ 认知 Hive 中常见的优化策略

本章任务

学习本章，需要完成以下 3 个工作任务。请记录下学习过程中所遇到的问题，可以通过自己的努力或访问 kgc.cn 解决。

任务 1：初识 Hive

了解 Hive 的产生背景，Hive 架构，Hive 与 Hadoop 以及传统关系型数据库的对比，掌握 Hive 的环境部署。

任务 2：Hive 基本操作

掌握 Hive 的 DDL、DML 操作。

任务 3：Hive 进阶

掌握 Hive 中内置函数的使用以及开发 Hive 自定义函数，了解 Hive 的常用优化策略。

任务 1 初识 Hive

关键步骤如下：

- MapReduce 编程的不便及 Hive 的产生背景。
- Hive 的系统架构。
- Hive 环境搭建。

5.1.1 Hive 简介

1. Hive 产生背景

Hadoop 生态系统就是为了处理大数据而产生的解决方案。在 Hadoop 中的 MapReduce 计算模型能将计算作业任务切分成多个小单元，然后分布到各个节点上去执行，从而降低计算成本并提供高扩展性。但是要使用 MapReduce 进行数据处理分析的门槛是比较高的，要先学会 Java 面向 MapReduce API 进行编程，这对于从事 DBA 或者运维的人来说门槛高、不易学。那么能否让用户从一个现有的数据基础架构转移到 Hadoop 上来呢，比如说这个数据架构就是基于传统关系型数据库和 SQL 查询的。对于大量的 SQL 用户来说，这个问题将如何解决？基于这个挑战，在 Facebook 就诞生了 Hive。

2. 什么是 Hive

Hive 是基于 Hadoop 的一个数据仓库工具，可以将结构化的数据文件映射为一张数据库表，并提供 SQL 查询功能，可以将 SQL 语句转换为 MapReduce 任务进行运行。Hive 是建立在 Hadoop 上的数据仓库基础构架，它提供了一系列的工具，可以用来进行数据提取转化加载（ETL），这是一种可以存储、查询和分析存储在 Hadoop 中的大规模数据的机制。

3. 为什么要使用 Hive

当我们使用 Hadoop 的 MapReduce 进行数据处理时面临着人员学习成本太高、项目周期要求太短、MapReduce 实现复杂逻辑开发难度太大等问题。这就是我们为什么要使用 Hive 的原因所在了。

当我们使用 Hive 时，操作接口采用类 SQL 语法，提供快速开发的能力。避免了去写 MapReduce，减少开发人员的学习成本，而且扩展功能很方便。

4. Hive 特点

可扩展：Hive 可以自由扩展集群的规模，一般情况下不需要重启服务。

延展性：Hive 支持用户自定义函数，用户可以根据自己的需求来实现自定义的函数。

容错性：良好的容错性，即使节点出现问题 SQL 仍可完成执行。

5.1.2　Hive 架构

1. 架构图

Hive 是一个几乎所有的 Hadoop 机器都安装了的实用工具。Hive 环境很容易建立，不需要太多基础设施。鉴于它的使用成本很低，我们几乎没有理由将其拒之门外。但是需要注意的是，Hive 的查询性能通常很低，这是因为它会把 SQL 转换为运行得较慢的 MapReduce 任务。Hive 架构如图 5.1 所示。

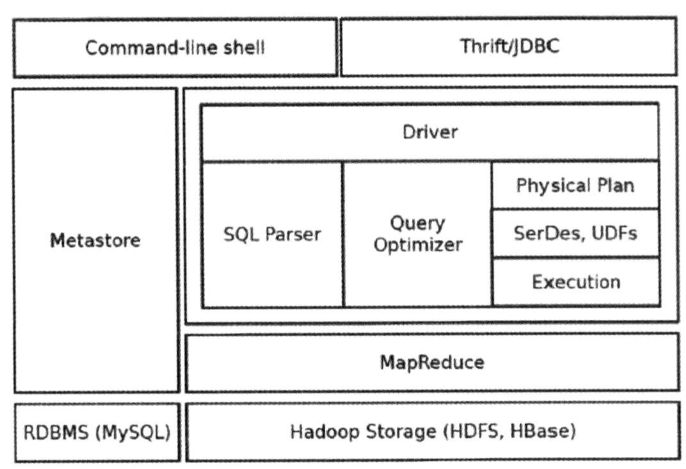

图 5.1　Hive 架构图

2. 基本构成

Hive 的体系结构可以分为以下几部分：

（1）用户接口主要有三个：CLI，Client 和 HWI（Hive Web Interface）。其中最常用的是 CLI，CLI 启动时会同时启动一个 Hive 副本。Client 是 Hive 的客户端，用户连接至 Hive Server。在启动 Client 模式的时候，需要指出 Hive Server 所在节点，并且在该节点启动 Hive Server。HWI 通过浏览器访问 Hive。

（2）Hive 将元数据存储在数据库中，如 MySQL、Derby。Hive 中的元数据包括表的名字、表的列和分区及其属性、表的属性（是否为外部表等）、表的数据所在目录等。

（3）解释器、编译器、优化器完成 HQL 查询语句从词法分析、语法分析、编译、优化以及查询计划的生成。生成的查询计划存储在 HDFS 中，随后由 MapReduce 调用执行。

（4）Hive 的数据存储在 HDFS 中，大部分的查询、计算由 MapReduce 完成（包含 * 的查询，比如 select * from tbl 不会生成 MapRedcue 任务）。

5.1.3 Hive 与 Hadoop 的关系

Hive 是建立在 Hadoop 之上的一个工具，如图 5.2 所示。用于简化一些 BI 统计。Hive 能够帮助用户屏蔽掉复杂的 MapReduce 逻辑，而只需用户使用简单 SQL 语句即可完成一定的查询功能。Hive 利用 HDFS 存储数据，利用 MapReduce 查询数据。

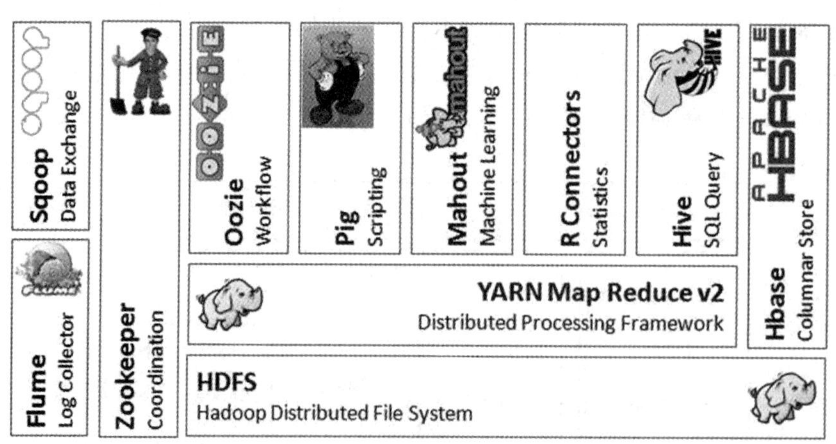

图 5.2　Hive 在 Hadoop 生态中的位置

5.1.4 Hive 与传统关系型数据库对比

Hive 与传统关系型数据库的对比如表 5-1 所示。

表 5-1　Hive 与传统关系型数据库对比

	Hive	RDMS
查询语言	HQL	SQL
数据存储	HDFS	Raw Device or Local FS
执行	MapReduce	Executor
执行延迟	高	低
处理数据规模	大	小
索引	0.8 版本后加入	有复杂的索引

总结：Hive 具有 SQL 数据库的很多类似功能，但应用场景完全不同，Hive 只适合用来做批量数据统计分析。

5.1.5　Hive 数据存储

Hive 中所有的数据都存储在 HDFS 中，没有专门的数据存储格式（可支持 Text、SequenceFile、Parquet、RCFile、ORC 等存储格式）；只需要在创建表的时候告诉 Hive 数据中的列分隔符和行分隔符，Hive 就可以解析数据。

Hive 中包含以下数据模型：db、table、external table、partition、bucket。

（1）db：在 HDFS 中表现为 ${hive.metastore.warehouse.dir} 目录下一个文件夹。

（2）table：在 HDFS 中表现所属 db 目录下一个文件夹。

（3）external table：与 table 类似，不过其数据存放位置可以在任意指定路径。

（4）partition：在 HDFS 中表现为 table 目录下的子目录。

（5）bucket：在 HDFS 中表现为同一个表目录下根据 hash 散列之后的多个文件。

Hive 数据存储模型如图 5.3 所示。

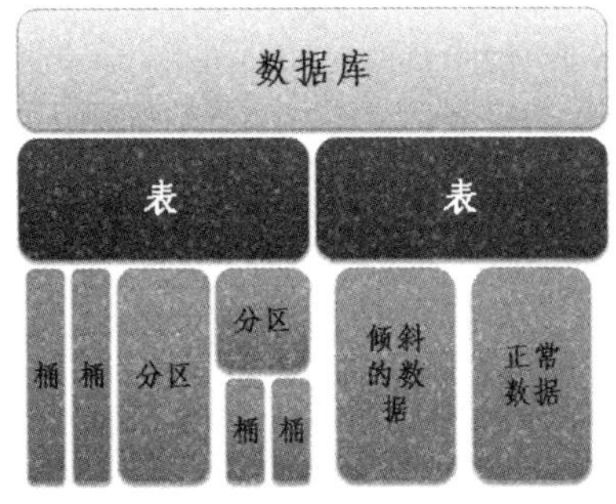

图 5.3　Hive 数据存储模型

5.1.6　Hive 环境部署

（1）下载地址：http://archive.cloudera.com/cdh5/cdh/5/

（2）下载版本：hive-1.1.0-cdh5.7.0.tar.gz

（3）安装路径：/home/hadoop/app/hive-1.1.0-cdh5.7.0

（4）配置环境变量：~/.bash_profile

```
export HIVE_HOME=/home/hadoop/app/hive-1.1.0-cdh5.7.0
export PATH=$HIVE_HOME/bin:$PATH
```

（5）Hive 配置文件：$HIVE_HOME/conf/hive-site.xml

```
<?xml version="1.0"?>
<?xml-stylesheet type="text/xsl" href="configuration.xsl"?>

<configuration>
  <!-- 指定 Hive 元数据存储的 MySQL 地址 -->
  <property>
    <name>javax.jdo.option.ConnectionURL</name>
    <value>jdbc:mysql://localhost:3306/hive?createDatabaseIfNotExist=true</value>
  </property>

  <!-- 元数据存储数据库的驱动 -->
  <property>
    <name>javax.jdo.option.ConnectionDriverName</name>
    <value>com.mysql.jdbc.Driver</value>
  </property>

  <!-- 元数据存储数据库的用户名 -->
  <property>
    <name>javax.jdo.option.ConnectionUserName</name>
    <value>root</value>
  </property>

  <!-- 元数据存储数据库的密码 -->
  <property>
    <name>javax.jdo.option.ConnectionPassword</name>
    <value>root</value>
    </property>
</configuration>
```

（6）启动 Hive

```
hive
```

至此，在学习了以上相关知识后，任务 1 就可以完成了。

任务 2 Hive 基本操作

关键步骤如下：

➢ Hive 表的 DDL 操作。

- Hive 表的 DML 操作。
- Hive 的 shell 操作。

5.2.1　DDL 操作

1. 创建表

Hive 建表语法：

```
CREATE [TEMPORARY] [EXTERNAL] TABLE [IF NOT EXISTS] [db_name.]table_name    --
(Note: TEMPORARY available in Hive 0.14.0 and later)
 [(col_name data_type [COMMENT col_comment], ...)]
 [COMMENT table_comment]
 [PARTITIONED BY (col_name data_type [COMMENT col_comment], ...)]
 [CLUSTERED BY (col_name, col_name, ...) [SORTED BY (col_name [ASC|DESC], ...)] INTO
num_buckets BUCKETS]
 [SKEWED BY (col_name, col_name, ...) ]
   ON ((col_value, col_value, ...), (col_value, col_value, ...), ...)
   [STORED AS DIRECTORIES]
 [
  [ROW FORMAT row_format]
  [STORED AS file_format]
   | STORED BY 'storage.handler.class.name' [WITH SERDEPROPERTIES (...)] ]
 [LOCATION hdfs_path]
 [TBLPROPERTIES (property_name=property_value, ...)]
 [AS select_statement];
```

建表语句说明：

（1）CREATE TABLE 创建一个指定名字的表。如果相同名字的表已经存在，则抛出异常；用户可以用 IF NOT EXISTS 选项来忽略这个异常。

（2）EXTERNAL 关键字可以让用户创建一个外部表，在建表的同时指定一个指向实际数据的路径（LOCATION）。Hive 创建内部表时，会将数据移动到数据仓库指向的路径；若创建外部表，仅记录数据所在的路径，不对数据的位置做任何改变。在删除表的时候，内部表的元数据和数据会被一起删除，而外部表只删除元数据，不删除数据。

（3）LIKE 允许用户复制现有的表结构，但是不复制数据。

（4）用户在建表的时候可以自定义 SerDe 或者使用自带的 SerDe。如果没有指定 ROW FORMAT 或者 ROW FORMAT DELIMITED，将会使用自带的 SerDe。在建表的时候，用户还需要为表指定列，用户在指定列的同时也会指定自定义的 SerDe，Hive 通过 SerDe 确定表的具体列的数据。

（5）存储格式指定：STORED AS SEQUENCEFILE|TEXTFILE|RCFILE

如果文件数据是纯文本，可以使用 STORED AS TEXTFILE，我们也可以采用更高级的存储方式，比如 ORC、Parquet 等。

（6）对于每一个表（table）或者分区，Hive 可以进一步组织成桶，也就是说桶是更为细粒度的数据范围划分。Hive 也是针对某一列进行桶的组织。Hive 采用对列值哈希，然后除以桶的个数求余的方式决定该条记录存放在哪个桶当中。

把表（或者分区）组织成桶（Bucket）有两个理由：第一是获得更高的查询处理效率。桶为表加上了额外的结构，Hive 在处理有些查询时能利用这个结构。具体而言，连接两个在（包含连接列的）相同列上划分了桶的表，可以使用 Map 端连接（Map-side join）高效的实现。比如 JOIN 操作。对于 JOIN 操作两个表有一个相同的列，如果对这两个表都进行了桶操作。那么将保存相同列值的桶进行 JOIN 操作就可以，可以大大减少 JOIN 的数据量。第二是使取样（sampling）更高效。在处理大规模数据集时，在开发和修改查询的阶段，如果能在数据集的一小部分数据上试运行查询，会带来很多便利。

创建内部表示例：

```
create table emp(
empno int,ename string,job string,mgr int,hiredate string,sal double,comm double,deptno int
)row format delimited fields terminated by '\t';
```

创建外部表示例：

```
create external table emp_external(
empno int,ename string,job string,mgr int,hiredate string,sal double,comm double,deptno int
)row format delimited fields terminated by '\t'
location '/hive_external/emp/';
```

创建分区表：

```
CREATE TABLE order_partition (
orderNumber STRING
 , event_time  STRING
)
PARTITIONED BY (event_month string)
ROW FORMAT DELIMITED FIELDS TERMINATED BY '\t';
```

2. 修改表

修改表包括重命名表、添加列、更新列等操作。

重命名表语法：

```
ALTER TABLE table_name RENAME TO new_table_name
```

重命名表示例：

```
// 将 emp 表改名为 emp_new
ALTER TABLE emp RENAME TO emp_new;

// 将 emp_new 表重新改名为 emp
ALTER TABLE emp_new RENAME TO emp;
```

添加 / 更新列语法：

```
ALTER TABLE table_name ADD|REPLACE COLUMNS (col_name data_type [COMMENT col_comment], ...)
```

注意：

ADD 是代表新增一字段，字段位置在所有列后面（partition 列前），REPLACE 则是表示替换表中所有字段。

添加列示例：

```
// 创建测试表
create table student(id int, age int, name string) row format delimited fields terminated by '\t';

// 查看表结构
desc student;

// 添加一列 address
alter table student add columns (address string);

// 查看表结构，可以看到已经添加了 address 这一行列
desc student;

// 更新所有的列
alter table student replace columns (id int, name string);

// 查看表结构，现在 student 表中只有 id 和 name 两列
desc student;
```

3. 显示命令

显示命令可以查询或者查看 Hive 数据库、表的信息。

```
// 查看所有数据库
show databases

// 查看某个数据库中的所有表
show tables

// 查看某个表的所有分区信息
show partitions

// 查看 Hive 支持的所有函数
show functions

// 查看表的信息
desc extended t_name;

// 查看更加详细的表信息
desc formatted table_name;
```

5.2.2 DML 操作

1. load

使用 load 可以将文本文件的数据加载到 Hive 表中。语法结构如下：

```
LOAD DATA [LOCAL] INPATH 'filepath' [OVERWRITE] INTO
TABLE tablename [PARTITION (partcol1=val1, partcol2=val2 ...)]
```

说明：

（1）load 操作只是单纯的复制 / 移动操作，将数据文件移动到 Hive 表对应的位置。

（2）filepath

相对路径，例如：project/data1

绝对路径，例如：/user/hive/project/data1

（3）LOCAL 关键字

如果指定了 LOCAL，load 命令会去查找本地文件系统中的 filepath。

如果没有指定 LOCAL 关键字，则根据 inpath 中的 uri 查找文件，包含模式的完整 URI，列如：

hdfs://namenode:8020/user/hive/data1

（4）OVERWRITE 关键字

如果使用了 OVERWRITE 关键字，则目标表（或者分区）中的内容会被删除，然后再将 filepath 指向的文件 / 目录中的内容添加到表 / 分区中。

如果目标表（分区）已经有一个文件，并且文件名和 filepath 中的文件名冲突，那么现有的文件会被新文件所替代。

示例：加载本地文件到 Hive 表

```
load data local inpath '/home/hadoop/data/emp.txt' into table emp;
```

示例：加载 HDFS 文件到 Hive 表

```
// 上传本地文件到 HDFS
cd /home/hadoop/data
hadoop fs -mkdir -p /data/hive
hadoop fs -put emp.txt /data/hive/

// 加载 HDFS 文件到 Hive 表
load data inpath '/data/hive/emp.txt' into table emp;
```

示例：overwrite 的使用，会覆盖表中已有的数据

```
load data local inpath '/home/hadoop/data/emp.txt' overwrite into table emp;
```

示例：加载数据到 Hive 分区表

```
load data local inpath '/home/hadoop/data/order.txt' overwrite into table order_partition
PARTITION(event_month='2014-05');
```

2. insert

insert 将查询结果插入到 Hive 表，语法如下：

```
INSERT OVERWRITE TABLE tablename1 [PARTITION (partcol1=val1, partcol2=val2 ...)] select_
```

```
statement1 FROM from_statement

// 多 insert 插入
FROM from_statement
INSERT OVERWRITE TABLE tablename1 [PARTITION (partcol1=val1, partcol2=val2 ...)] select_statement1
[INSERT OVERWRITE TABLE tablename2 [PARTITION ...] select_statement2] ...

// 动态分区插入
INSERT OVERWRITE TABLE tablename PARTITION (partcol1[=val1], partcol2[=val2] ...) select_statement FROM from_statement
```

示例：使用 insert 将查询结果写入到 Hive 表中

```
// 拷贝原表的指定字段
CREATE TABLE emp2 as select empno, ename, job, deptno from emp;
```

示例：使用 insert 将结果写入到 Hive 分区表

```
// 为测试分区表准备的原始数据表
DROP TABLE order_4_partition;
CREATE TABLE order_4_partition (
   orderNumber STRING
 , event_time  STRING
)
ROW FORMAT DELIMITED FIELDS TERMINATED BY '\t';

load data local inpath '/home/hadoop/data/order.txt' overwrite into table order_4_partition;
insert overwrite table order_partition partition(event_month='2014-07') select * from order_4_partition;

// 将结果写入到 Hive 指定的分区表中
insert into table order_partition partition(event_month='2014-07') select * from order_4_partition;
```

3．导出表数据

将 Hive 表中的数据导出到文件系统（本地 /HDFS），语法如下：

```
INSERT OVERWRITE [LOCAL] DIRECTORY directory1 SELECT ... FROM ...
```

示例：导出数据到本地

```
INSERT OVERWRITE LOCAL directory '/home/hadoop/hivetmp'
ROW FORMAT DELIMITED FIELDS TERMINATED BY '\t' LINES TERMINATED BY '\n'
select * from emp;
```

示例：导出数据到 HDFS

```
INSERT OVERWRITE directory '/hivetmp/' select * from emp;
```

4．select

基本的 select 查询语法如下：

```
SELECT [ALL | DISTINCT] select_expr, select_expr, ...
FROM table_reference
[WHERE where_condition]
[GROUP BY col_list [HAVING condition]]
```

```
[CLUSTER BY col_list
  | [DISTRIBUTE BY col_list] [SORT BY| ORDER BY col_list]
]
[LIMIT number]
```

排序说明：

（1）order by 会对输入做全局排序，因此只有一个 reducer，会导致当输入规模较大时，需要较长的计算时间。

（2）sort by 不是全局排序，其在数据进入 reducer 前完成排序。因此，如果用 sort by 进行排序，并且设置 mapred.reduce.tasks>1，则 sort by 只保证每个 reducer 的输出有序，不保证全局有序。

（3）distribute by 根据指定的内容将数据分到同一个 reducer。

（4）cluster by 除了具有 distribute by 的功能外，还会对该字段进行排序。因此，常常认为 cluster by = distribute by + sort by。

示例：全表查询、指定表字段查询

```
select * from emp;
select empno, ename from emp;
```

示例：条件过滤

```
// 等值过滤
select * from emp where deptno =10;
select * from emp where ename ='SCOTT';

// >=、<= 过滤
select * from emp where empno >= 7500;
select * from emp where empno <= 7500;

// between and 区间过滤
select ename,sal from emp where sal between 800 and 1500;

// limit 控制结果集记录条数
select * from emp limit 4;

// in/not in
select ename,sal,comm from emp where ename in ('SMITH','KING');
select ename,sal,comm from emp where ename not in ('SMITH','KING');

// is/not null
select ename,sal,comm from emp where comm is null;
select ename,sal,comm from emp where comm is not null;

// 聚合统计函数：max/min/count/sum/avg
// 查询部门编号为 10 的部门员工数
select count(*) from emp where deptno=10;
// 求最高工资、最低工资、工资总和、平均工资：
```

```
select max(sal), min(sal), sum(sal), avg(sal) from emp;

// 分组函数 group by 出现在 select 中的字段，如果没出现在组函数中，必须出现在 Group by 语句中

// 求每个部门的平均工资
select deptno, avg(sal) from emp group by deptno;

// 报错 : Expression not in GROUP BY key 'ename'
select ename, deptno, avg(sal) from emp group by deptno;

// 求每个部门、工作岗位的最高工资
select deptno,job,max(sal) from emp group by deptno,job;

// 分组后条件过滤 having，对分组结果筛选，后跟聚合函数，hive0.11 版本之后才支持；where 是对单条纪录进行筛选，Having 是对分组结果进行筛选。

# 求每个部门的平均薪水大于 2000 的部门
select avg(sal),deptno from emp group by deptno;
select avg(sal),deptno from emp group by deptno having avg(sal)>2000;

// case when then
select ename, sal,
case
when sal > 1 and sal <=1000 then 'LOWER'
when sal >1000 and sal <=2000 then 'MIDDLE'
when sal >2000 and sal <=4000 then 'HIGH'
ELSE 'HIGHEST' end
from emp;
```

5. join

Hive 中使用 join 关键字完成多表关联查询，语法如下：

```
join_table:
  table_reference JOIN table_factor [join_condition]
  | table_reference {LEFT|RIGHT|FULL} [OUTER] JOIN table_reference join_condition
  | table_reference LEFT SEMI JOIN table_reference join_condition
```

Hive 支持等值连接（equality joins）、外连接（outer joins）和（left/right joins）。Hive 不支持非等值的连接，因为非等值连接非常难转化到 map/reduce 任务。另外，Hive 支持多于 2 个表的连接。

示例：使用 join 完成两表关联查询

```
// 创建部门表
create table dept(
deptno int,dname string,loc string
)row format delimited fields terminated by '\t';
```

```
// 加载数据表部门表中
load data local inpath '/home/hadoop/data/dept.txt' overwrite into table dept;

// 关联员工表和部门表
select e.empno, e.ename, e.deptno, d.dname from emp e join dept d on e.deptno=d.deptno;
```

join 在使用时的注意事项：

（1）只支持等值 join

```
// 正确的
SELECT a.* FROM a JOIN b ON (a.id = b.id)

// 错误的，因为 Hive 不支持不等值 join
SELECT a.* FROM a JOIN b ON (a.id>b.id)
```

（2）可以 join 多于 2 个的表

```
SELECT a.val, b.val, c.val FROM a JOIN b ON (a.key = b.key1) JOIN c ON (c.key = b.key2)
```

（3）LEFT，RIGHT 和 FULL OUTER 关键字用于处理 join 中空记录的情况

SELECT a.val, b.val FROM a LEFT OUTER JOIN b ON (a.key=b.key)，对应所有 a 表中的记录都有一条记录输出。输出的结果应该是 a.val, b.val，当 a.key=b.key 时，而当 b.key 中找不到等值的 a.key 记录时也会输出 a.val, NULL，所以 a 表中的所有记录都被保留了；同理 a RIGHT OUTER JOIN b 会保留所有 b 表的记录。

5.2.3 Hive shell 操作

1. Hive 命令行

语法结构：

```
hive [-hiveconf x=y]* [<-i filename>]* [<-f filename>|<-e query-string>] [-S]
```

使用说明：

（1）-i 从文件初始化 HQL（Hive QL）

（2）-e 从命令行执行指定的 HQL

（3）-f 执行 HQL 脚本

（4）-v 输出执行的 HQL 语句到控制台

（5）-p <port> connect to Hive Server on port number

（6）-hiveconf x=y Use this to set hive/hadoop configuration variables

示例：运行一个查询

```
hive -e 'select count(*) from emp';
```

示例：运行一个文件

```
# 将 sql 写在一个文件中 query.hql
select count(*) from emp

# 使用 hive -f 后跟一个 sql 文件
hive -f query.hql
```

2. Hive 参数配置方式

开发 Hive 应用程序时，不可避免地需要设定 Hive 的参数。设定参数可以调优 HQL 代码的执行效率，或帮助定位问题。然而实践中经常遇到的一个问题是，为什么设定的参数没有起作用？这通常是错误的设定方式导致的。

对于一般参数，有以下三种设定方式：

（1）配置文件

用户自定义配置文件：$HIVE_CONF_DIR/hive-site.xml

默认配置文件：$HIVE_CONF_DIR/hive-default.xml

（2）命令行参数

启动 Hive（客户端或 Server 方式）时，可以在命令行添加 -hiveconf param=value 来设定参数，例如：

```
bin/hive -hiveconf hive.root.logger=INFO,console
```

这一设定对本次启动的 Session（对于 Server 方式启动，则是所有请求的 Sessions）有效。

（3）参数声明

可以在 HQL 中使用 SET 关键字设定参数，这一设定的作用域也是 Session 级的。例如：

```
set mapred.reduce.tasks=100;
```

上述三种设定方式的优先级依次递增。即参数声明覆盖命令行参数，命令行参数覆盖配置文件设定。注意某些系统级的参数，例如 log4j 相关的设定，必须用前两种方式设定，因为那些参数的读取在 Session 建立以前已经完成了。

至此，在学习了以上相关知识后，任务 2 就可以完成了。

任务 3　Hive 进阶

关键步骤如下：

- 获取和使用 Hive 内置函数。
- 自定义 UDF 函数。
- 熟悉 Hive 中常用的优化策略。

5.3.1　Hive 函数

1. Hive 内置函数

为了开发人员方便使用函数，Hive 提供了大量的内置函数。

如何知道 Hive 中有哪些内置函数以及如何使用？

```
// 获取 Hive 所有的函数
SHOW FUNCTIONS;

// 查看指定函数的使用方法
DESCRIBE FUNCTION <function_name>;

// 查看指定函数的详细使用方法，包括函数的使用案例
DESCRIBE FUNCTION EXTENDED <function_name>;
示例：使用 Hive 内置的函数
// 将 ename 字符串转换成大写
select empno, ename, upper(ename) from emp;

// 查看 concat 的使用方法
desc function extended concat;

// 使用 concat 方式连接 ename 和 job 字段
SELECT empno, ename, job, concat(ename,job) FROM emp;
```

更多的内置函数，请查看 Hive 官网 wiki（https://cwiki.apache.org/confluence/display/Hive/LanguageManual+UDF）。

2. Hive 自定义函数介绍

当 Hive 提供的内置函数无法满足你的业务处理需要时，此时可以考虑使用用户自定义函数（UDF：user-defined function）。

Hive 中常用的 UDF 有如下三种：

（1）UDF

一条记录使用函数后输出还是一条记录，比如 : upper/substr;

（2）UDAF(User-Defined Aggregation Funcation)

多条记录使用函数后输出还是一条记录，比如：count/max/min/sum/avg;

（3）UDTF(User-Defined Table-Generating Functions)

一条记录使用函数后输出多条记录，比如：lateral view explore();

3. Hive 自定义函数开发

需求：开发自定义函数，使得在指定字段前加上“Hello：”字样。

Hive 中 UDF 函数开发步骤：

（1）继承 UDF 类。

（2）重写 evaluate 方法，该方法支持重载，每行记录执行一次 evaluate 方法。

注意：

① UDF 必须要有返回值，可以是 null，但是不能为 void。

② 推荐使用 Text/LongWritable 等 Hadoop 的类型，而不是 Java 类型（当然使用 Java 类型也是可以的）。

功能实现：

（1）pom.xml 中添加 UDF 函数开发的依赖包。

```
<properties>
  <project.build.sourceEncoding>UTF-8</project.build.sourceEncoding>
  <hadoop.version>2.6.0-cdh5.7.0</hadoop.version>
  <hive.version>1.1.0-cdh5.7.0</hive.version>
</properties>

<!--CDH 版本建议大家添加一个 repository-->
<repositories>
  <repository>
    <id>cloudera</id>
    <url>https://repository.cloudera.com/artifactory/cloudera-repos/</url>
  </repository>
</repositories>

<dependencies>
  <!--Hadoop 依赖 -->
  <dependency>
    <groupId>org.apache.hadoop</groupId>
    <artifactId>hadoop-common</artifactId>
    <version>${hadoop.version}</version>
  </dependency>

  <!--Hive 依赖 -->
  <dependency>
    <groupId>org.apache.hive</groupId>
    <artifactId>hive-exec</artifactId>
    <version>${hive.version}</version>
  </dependency>

  <dependency>
    <groupId>org.apache.hive</groupId>
    <artifactId>hive-jdbc</artifactId>
    <version>${hive.version}</version>
  </dependency>
</dependencies>
```

（2）开发 UDF 函数。

代码 5.1　自定义 UDF 函数实现

```
package com.kgc.bigdata.hadoop.hive;

import org.apache.hadoop.hive.ql.exec.UDF;
import org.apache.hadoop.io.IntWritable;
import org.apache.hadoop.io.Text;
```

```
/**
 * 功能：输入 xxx，输出：Hello：xxx
 *
 * 开发 UDF 函数的步骤
 * 1）extends UDF
 * 2）重写 evaluate 方法，注意该方法是支持重载的
 */
public class HelloUDF extends UDF{

    /**
     * 对于 UDF 函数的 evaluate 的参数和返回值，个人建议使用 Writable
     * @param name
     * @return
     */
    public Text evaluate(Text name){
        return new Text("Hello： " + name);
    }

    public Text evaluate(Text name, IntWritable age){
        return new Text("Hello： " + name + " , age :" + age);
    }

    // 功能测试
    public static void main(String[] args) {
        HelloUDF udf = new HelloUDF();
        System.out.println(udf.evaluate(new Text("zhangsan")));
        System.out.println(udf.evaluate(new Text("zhangsan"), new IntWritable(20)));
    }
}
```

（3）编译 jar 包上传到服务器。

（4）将自定义 UDF 函数添加到 Hive 中去。

```
add JAR /home/hadoop/lib/hive-1.0.jar;
create temporary function sayHello as 'com.kgc.bigdata.hadoop.hive.HelloUDF';
```

（5）使用自定义函数。

```
// 通过 show functions 可以看到我们自定义的 sayHello 函数
show functions;

// 将员工表的 ename 作为自定义 UDF 函数的参数值，即可查看到最终的输出结果
select empno, ename, sayHello(ename) from emp;
```

5.3.2 Hive 常用调优策略

1．查看执行计划

Hive 在执行的时候会把所对应的 SQL 语句都会转换成 MapReduce 作业并提交到

Hadoop 集群上去运行，但是具体的 MapReduce 执行信息我们怎样才能看出来呢？这里就用到 explain 的关键字，它可详细的表示出执行语句所对应的 MapReduce 代码。语法格式如下：

```
EXPLAIN [EXTENDED|DEPENDENCY|AUTHORIZATION] query
```

extended 关键字可以更加详细的列举出代码的执行过程。

explain 会把查询语句转化成 stage 组成的序列，主要由三部分组成：

第一部分：查询的抽象语法树。

第二部分：plane 中各个 stage 的依赖情况。

第三部分：每个阶段的具体描述。描述具体来说就是显示出对应的操作算子和与之操作对应的数据，例如查询算子、filter 算子、fetch 算子等等。

下面来看一个具体的例子。

```
explain select e.empno, e.ename, e.deptno, d.dname from emp e join dept d on e.deptno = d.deptno;
OK

// 如上的代码划分成为 3 个 stage。并且 stage4 是一个根 stage，stage4 依赖于 stage3，stage3 依赖于 stage0。具体表示的是每个 stage 的依赖信息
STAGE DEPENDENCIES:
  Stage-4 is a root stage
  Stage-3 depends on stages: Stage-4
  Stage-0 depends on stages: Stage-3

STAGE PLANS:
  Stage: Stage-4
    Map Reduce Local Work    // 启用的是 Hive 中的 MapJoin 方式
      Alias -> Map Local Tables:
        d
          Fetch Operator
            limit: -1
      Alias -> Map Local Operator Tree:
        d
          TableScan
            alias: d  // 读取别名为 d 的表，其实就是 dept 表
            Statistics: Num rows: 1 Data size: 79 Basic stats: COMPLETE Column stats: NONE
            Filter Operator
              predicate: deptno is not null (type: boolean)  // 根据 join 条件进行过滤
              Statistics: Num rows: 1 Data size: 79 Basic stats: COMPLETE Column stats: NONE
              HashTable Sink Operator
                keys: //join 的条件
                  0 deptno (type: int)
                  1 deptno (type: int)

  Stage: Stage-3
```

```
Map Reduce
  Map Operator Tree:
      TableScan
        alias: e // 从别名为 e 的表读取数据，就是表明为 emp 表
        Statistics: Num rows: 6 Data size: 657 Basic stats: COMPLETE Column stats: NONE
        Filter Operator
          predicate: deptno is not null (type: boolean)  //join on 的条件
          Statistics: Num rows: 3 Data size: 328 Basic stats: COMPLETE Column stats: NONE
          Map Join Operator
            condition map:
                 Inner Join 0 to 1   //join 的类型是 inner join
            keys:
              0 deptno (type: int)
              1 deptno (type: int)
            outputColumnNames: _col0, _col1, _col7, _col12  // 输出的 4 个字段
            Statistics: Num rows: 3 Data size: 360 Basic stats: COMPLETE Column stats: NONE
            Select Operator
              expressions: _col0 (type: int), _col1 (type: string), _col7 (type: int), _col12 (type: string)
              outputColumnNames: _col0, _col1, _col2, _col3
              Statistics: Num rows: 3 Data size: 360 Basic stats: COMPLETE Column stats: NONE
              File Output Operator
                compressed: false
                Statistics: Num rows: 3 Data size: 360 Basic stats: COMPLETE Column stats: NONE
                table:
                    input format: org.apache.hadoop.mapred.TextInputFormat
                    output format: org.apache.hadoop.hive.ql.io.HiveIgnoreKeyTextOutputFormat
                    serde: org.apache.hadoop.hive.serde2.lazy.LazySimpleSerDe
Local Work:
  Map Reduce Local Work

Stage: Stage-0
  Fetch Operator
    limit: -1
    Processor Tree:
      ListSink

Time taken: 0.264 seconds, Fetched: 62 row(s)
```

理解 Hive 是如何对每个查询进行解析和计划的复杂细节，对于分析复杂的或者效率低下的查询是非常不错的方式，我们可以在不执行真正 SQL 之前观察查询计划来了解 HQL（Hive QL）语句的执行过程。

2. 并行执行

Hive 会将一个 HQL 语句转换成一个或者多个执行 Stage。默认情况下，Hive 一次只会执行一个 Stage。但是在一些情况下，某个特定的 job 可能包含多个 Stage，而且

这多个 Stage 之间可能并不存在依赖关系，也就是说这些 Stage 是可以并行执行的，这样并行度提高之后能使得整个作业的执行时间缩短。在 Hive 中我们可以通过设置参数来达到并行执行 Stage 的目的，设置方式如下：

```
set hive.exec.parallel=true;                    // 打开任务并行执行
set hive.exec.parallel.thread.number=16;   // 设置同一个 sql 允许最大并行度，默认为 8。
```

3. JVM 重用

JVM 重用是在 MapReduce 调优过程中需要考虑的一个方法，由于 Hive 是基于 MapReduce 的，所以 JVM 重用对于 Hive 作业的性能也是至关重要的，特别是针对很难避免小文件的场景或者 task 特别多的场景，JVM 重用特别有效。

MapReduce 默认是为每个 map 和 reduce task 都开启一个新的 JVM 来执行的，这时 JVM 在启动和销毁时可能会造成相当大的开销，尤其是在执行的 job 包含有成百上千个 task 任务的情况。JVM 重用使得一个 JVM 实例可以在同一个 job 中重新使用 N 次，N 的值可以在 Hadoop 的 mapre-site.xml 文件中进行设置：

```
<property>
  <name>mapred.job.reuse.jvm.num.tasks</name>
  <value>10<value>
</property>
```

也可在 hive 的执行设置：

```
set  mapred.job.reuse.jvm.num.tasks=10;
```

JVM 的一个缺点是，开启 JVM 重用将会一直占用使用到的 task 插槽，以便进行重用，直到任务完成后才能释放。如果某个“不平衡”的 job 中有几个 reduce task 执行的时间要比其他 reduce task 消耗的时间多得多的话，那么保留的插槽就会一直空闲着却无法被其他的 job 使用，直到所有的 task 都结束了才会释放。

4. 推测执行

同 JVM 重用一样，推测执行也是 MapReduce 作业的一个特性。

推测执行（Speculative Execution）是指在集群环境下运行 MapReduce，可能是程序 Bug、负载不均或者其他的一些问题，导致在一个 job 下的多个 task 速度不一致，比如有的任务已经完成，但是有些任务可能只跑了 10%。根据木桶原理，这些任务将成为整个 job 的短板，如果集群启动了推测执行，这时为了最大限度的提高短板，Hadoop 会为该 task 启动备份任务，让 speculative task 与原始 task 同时处理一份数据，哪个先运行完，则将谁的结果作为最终结果，并且在运行完成后 Kill 掉另外一个任务。

推测执行是通过利用更多的资源来换取时间的一种优化策略，但是在资源很紧张的情况下，推测执行也不一定能带来时间上的优化，假设在测试环境中，DataNode 总的内存空间是 40G，每个 task 可申请的内存设置为 1G，现在有一个任务的输入数据为 5G，HDFS 分片为 128M，这样 Map Task 的个数就 40 个，基本占满了所有的 DataNode 节点，如果还因为某些 Map Task 运行过慢，启动了 Speculative Task，这样就可能会影响到 Reduce Task 的执行了，影响了 Reduce 的执行，自然而然就使整个

job 的执行时间延长。所以是否启用推测执行，需要根据资源情况来决定，如果在资源本身就不够的情况下，还要跑推测执行的任务，这样会导致后续启动的任务无法获取到资源，导致无法执行。

Hadoop 的推测执行功能通过如下两个参数在 mapred-site.xml 中控制：

```
<property>
   <name>mapred.map.tasks.speculative.execution</name>
   <value>true<value>
</property>

<property>
   <name>mapred.reduce.tasks.speculative.execution</name>
   <value>true<value>
</property>
```

Hive 的推测功能也可以通过如下设置使其生效：

```
set hive.mapred.map.tasks.speculative.execution=true;
set hive.mapred.reduce.tasks.speculative.execution=true;
```

5. 列裁剪

Hive 在读数据的时候，可以只读取查询中所需要用到的列，而忽略其他列。例如，若有以下查询：

```
SELECT a,b FROM q WHERE e<10;
```

在实施此项查询中，q 表有 5 列（a，b，c，d，e），Hive 只读取查询逻辑中真实需要的 3 列 a、b、e，而忽略列 c，d；这样做节省了读取开销、中间表存储开销和数据整合开销。

裁剪所对应的参数项为：hive.optimize.cp=true（默认值为真）

6. GROUP BY 操作

进行 GROUP BY 操作时需要注意以下几点：

（1）Map 端部分聚合：事实上并不是所有的聚合操作都需要在 reduce 部分进行，很多聚合操作都可以先在 Map 端进行部分聚合，然后 reduce 端得出最终结果。这里需要修改的参数为：

```
// 用于设定是否在 map 端进行聚合，默认值为真
hive.map.aggr=true

// 用于设定 map 端进行聚合操作的条目数
hive.groupby.mapaggr.checkinterval=100000
```

（2）有数据倾斜时进行负载均衡：此处需要设定 hive.groupby.skewindata，当选项设定为 true 时，生成的查询计划有两个 MapReduce 任务。在第一个 MapReduce 中，map 的输出结果集合会随机分布到 reduce 中，每个 reduce 做部分聚合操作并输出结果。这样处理的结果是，相同的 Group By Key 有可能分发到不同的 reduce 中，从而达到

负载均衡的目的；第二个 MapReduce 任务再根据预处理的数据结果按照 Group By Key 分布到 reduce 中（这个过程可以保证相同的 Group By Key 分布到同一个 reduce 中），最后完成最终的聚合操作。

7. 合并小文件

我们知道文件很小但是数量很多时容易在文件存储端造成瓶颈，给 HDFS 带来压力，影响处理效率。为此，可以通过合并 Map 和 Reduce 的结果文件来消除这样的影响。用于设置合并属性的参数有：

```
// 是否合并 Map 输出文件（默认值为真）
hive.merge.mapfiles=true

// 是否合并 Reduce 端输出文件（默认值为假）
hive.merge.mapredfiles=false

// 合并文件的大小
hive.merge.size.per.task=256*1000*1000（默认值为 256000000）
```

8. 设置合适的 reduce 个数

reduce 个数的设定极大影响任务执行效率，不指定 reduce 个数的情况下，Hive 会基于以下两个设定猜测确定一个 reduce 个数：

```
// 每个 reduce 任务处理的数据量，默认为 1000^3=1G
hive.exec.reducers.bytes.per.reducer

// 每个任务最大的 reduce 数，默认为 999
hive.exec.reducers.max
```

计算 reduce 个数的公式很简单 N=min（参数 2，总输入数据量 / 参数 1），如果 reduce 的输入（map 的输出）总大小不超过 1G, 那么只会有一个 reduce 任务。

（1）调整 reduce 个数方法一：调整 hive.exec.reducers.bytes.per.reducer 参数的值。

```
set hive.exec.reducers.bytes.per.reducer=500000000; （500M）
```

（2）调整 reduce 个数方法二：

```
set mapred.reduce.tasks = 15;
```

至此，在学习了以上相关知识后，任务 3 就可以完成了。

本章总结

本章学习了以下知识点：

- MapReduce 编程的不便及 Hive 的产生背景。
- Hive 与 Hadoop 的关系，Hive 与传统关系型数据库的关系。
- Hive 部署及 Hive 中 DDL 与 DML 操作。

- Hive 中内置函数与自定义 UDF 函数的使用。
- Hive 中常见的优化策略。

本章作业

使用 Hive 完成用户访问量 Top5 统计。

数据字段格式：url session_id referer ip end_user_id city_id

分隔符：制表符

第 6 章

离线处理辅助系统

本章重点

※ 数据迁移框架 Sqoop 在大数据中的使用

※ 工作流调度框架 Azkaban 在大数据中的使用

本章目标

※ 使用 Sqoop 导入 MySQL 到 HDFS 和 Hive

※ 使用 Sqoop 导出 HDFS 数据到 MySQL

※ 使用 Azkaban 调度 MR/Hive 作业

本章任务

学习本章，需要完成以下 2 个工作任务。请记录下学习过程中所遇到的问题，可以通过自己的努力或访问 kgc.cn 解决。

任务 1：使用 Sqoop 完成数据迁移

了解 Sqoop 的产生背景及环境搭建，掌握使用 Sqoop 完成从关系型数据库到 Hadoop 生态系统的导入导出。

任务 2：使用 Azkaban 完成作业调度

了解工作流调度系统 Azkaban 的用途，掌握使用 Azkaban 完成 MapReduce、Hive 单一 job 以及多依赖关系 job 的调度。

任务 1　使用 Sqoop 完成数据迁移

关键步骤如下：

➢ 导入 MySQL 数据到 HDFS、Hive。

➢ 导出 HDFS 输入到 MySQL。

6.1.1　Sqoop 简介

1. Sqoop 产生背景

在工作中，我们经常会遇到下面这样的场景：

场景一：将关系型数据库中某张表的数据抽取到 Hadoop（HDFS/Hive/HBase）上；

场景二：将 Hadoop 上的数据导出到关系型数据库中；

那么如何解决这两类问题呢？通常情况下是通过开发 MapReduce 来实现。

导入：MapReduce 输入为 DBInputFormat 类型，输出为 TextOutputFormat

导出：MapReduce 输入为 TextInputFormat 类型，输出为 DBOutputFormat

使用 MapReduce 来处理以上的两个场景时存在如下问题。每次都需要编写 MapReduce 程序，非常麻烦。在没有出现 Sqoop 之前，在实际生产中有很多类似的需求，需要通过编写 MapReduce 去实现，然后形成一个工具，后面慢慢的就将该工具代码整理出一个框架并逐步完善，最终就有了 Sqoop 的诞生。

2. Sqoop 概述

基于 Hadoop 之上的数据传输工具 Sqoop 是 Apache 顶级项目，主要用于 Hadoop 和关系数据库、数据仓库、NoSQL 系统中传递数据。通过 Sqoop 我们可以方便的将数据从关系数据库导入到 HDFS、Hbase、Hive，或者将数据从 HDFS 导出到关系数据库。使用 Sqoop 导入导出处理流程如图 6.1 所示。

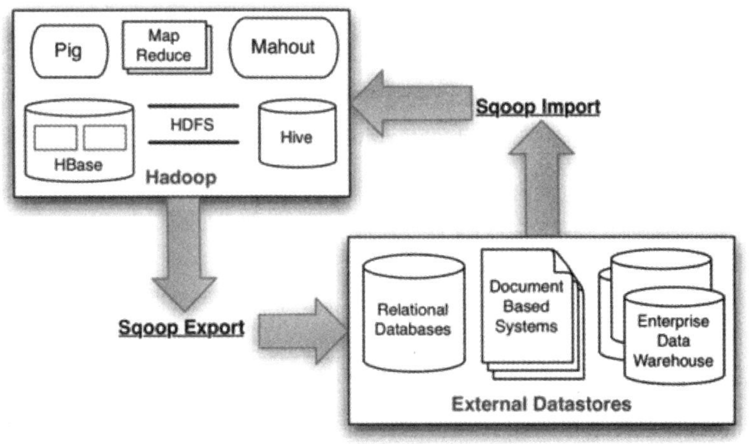

图 6.1　Sqoop 导入导出处理流程

Sqoop 在 HDFS 生态圈中的位置如图 6.2 所示。

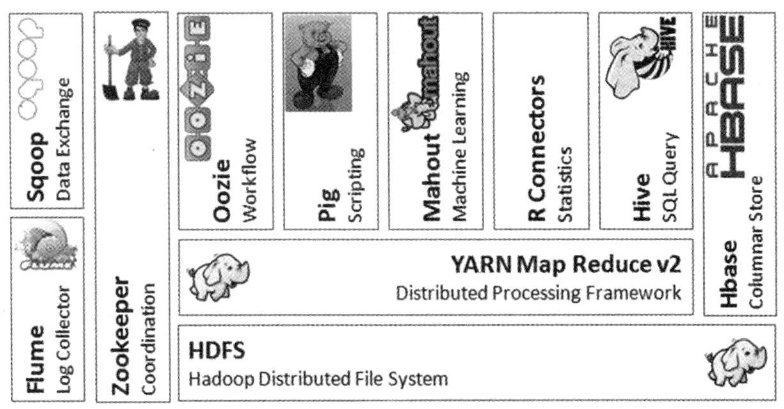

图 6.2　Sqoop 在 Hadoop 生态中的位置

Sqoop 是连接传统关系型数据库和 Hadoop 的桥梁，它不需要开发人员编写相应的 MapReduce 代码，只需要简单的编写配置脚本即可，大大提升了开发效率。

3. Sqoop 版本介绍

2012 年 3 月，Sqoop 从 Apache 的孵化器中毕业，成为 Apache 的 Top-Level Project。Sqoop 版本发展历程如图 6.3 所示。

Sqoop 的版本到目前为止，主要分为 Sqoop1 和 Sqoop2，Sqoop1.4.4 之前的所有版本称为 Sqoop1，之后的版本 Sqoop1.991，Sqoop1.99.2，Sqoop1.99.3 称为 Sqoop2。目前 Sqoop1 的稳定版本是 Sqoop1.4.6，Sqoop2 的最新版本是 Sqoop 1.99.7。两个版本在架构和使用上有很大的区别，本书中我们以 Sqoop1.x 为例进行讲解。

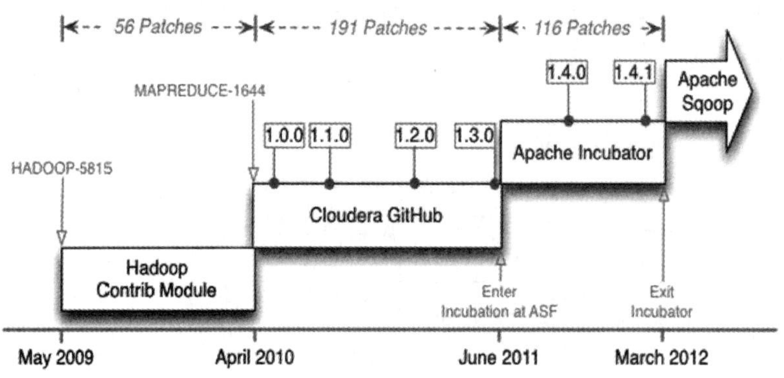

图 6.3 Sqoop 版本发布历程

4. Sqoop 架构

Sqoop1.x 架构如图 6.4 所示。

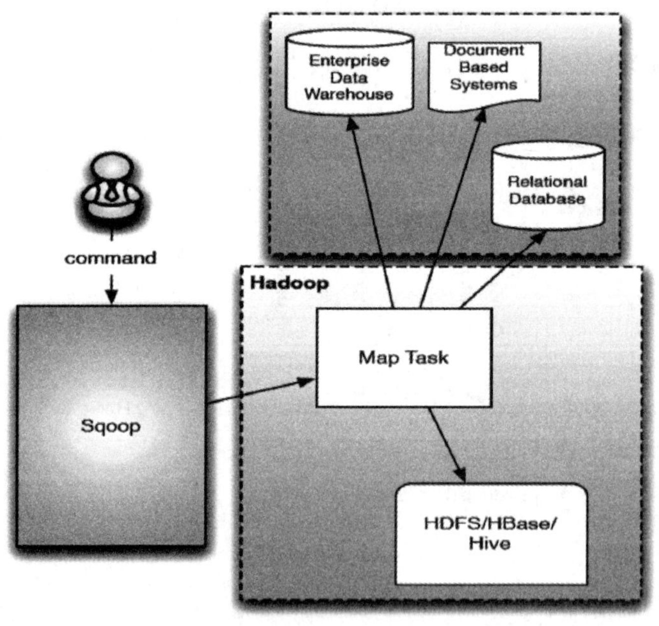

图 6.4 Sqoop1.x 架构

Sqoop 的架构非常简单，其整合了 Hive、HBase 等，通过 map 任务来传输数据，map 负责数据的加载、转换，然后存储到 HDFS、HBase 或者 Hive 中。

（1）从工作模式角度看待：Sqoop 是基于客户端模式的，用户使用客户端模式，只需要在一台机器上。

（2）从 MapReduce 角度看待：Sqoop 只提交一个 map 作业，数据的传输和转换都是使用 Mapper 来完成，而且该 MapReduce 作业仅有 Mapper 并不需要 Reducer，在执行 Sqoop 时可以通过 YARN 监控页面查看到。

（3）从安全角度看待：需要在执行时将用户名或者密码显性指定，也可以在配置文件中配置，总的来说，安全性不是很高。

5. Sqoop 部署

安装 Sqoop 的前提是已经具备 Java 和 Hadoop 的环境。

Sqoop 下载地址：http://archive.cloudera.com/cdh5/cdh/5/

安装步骤：

（1）将 Sqoop 解压到安装目录：Sqoop 安装包存放在 ~/software 目录下，软件安装到 ~/app 目录下。

```
tar -zxvf sqoop-1.4.6-cdh5.5.0.tar.gz -C ~/app/
```

（2）添加环境变量：~/.bash_profile

```
export SQOOP_HOME=/home/hadoop/app/sqoop-1.4.6-cdh5.5.0
export PATH=$SQOOP_HOME/bin:$PATH
```

（3）修改 Sqoop 配置文件：$SQOOP_HOME/conf/sqoop-env.sh

```
cd $SQOOP_HOME/conf
cp sqoop-env-template.sh sqoop-env.sh

# 指定到 Hadoop 安装路径
export HADOOP_COMMON_HOME=/home/hadoop/app/hadoop-2.6.0-cdh5.5.0
export HADOOP_MAPRED_HOME=/home/hadoop/app/hadoop-2.6.0-cdh5.5.0

# 指定到 Hive 安装路径
export HIVE_HOME=/home/hadoop/app/hive-1.1.0-cdh5.5.0
```

（4）拷贝 mysql 驱动 jar 到 $SQOOP_HOME/lib 下。

```
cp ~/software/mysql-connector-java-5.1.27-bin.jar $SQOOP_HOME/lib/
```

（5）Sqoop 配置验证。

```
sqoop-version

Sqoop 1.4.6-cdh5.5.0
```

6. Sqoop 简单使用

（1）示例：Sqoop 帮助命令的使用

```
sqoop help
usage: sqoop COMMAND [ARGS]

Available commands:
  codegen            Generate code to interact with database records
  create-hive-table  Import a table definition into Hive
  eval               Evaluate a SQL statement and display the results
  export             Export an HDFS directory to a database table
  help               List available commands
  import             Import a table from a database to HDFS
  import-all-tables  Import tables from a database to HDFS
  import-mainframe   Import datasets from a mainframe server to HDFS
```

```
job             Work with saved jobs
list-databases    List available databases on a server
list-tables      List available tables in a database
merge           Merge results of incremental imports
metastore        Run a standalone Sqoop metastore
version         Display version information

See 'sqoop help COMMAND' for information on a specific command.
```

（2）示例：查看 Sqoop 版本

sqoop version

```
Sqoop 1.4.6-cdh5.7.0
git commit id
Compiled by jenkins on Wed Mar 23 11:30:51 PDT 2016
```

（3）示例：使用 Sqoop 获取指定 URL 的数据库

根据 sqoop help 命令，我们可以使用 list-databases 命令完成该功能。

sqoop help list-databases

```
usage: sqoop list-databases [GENERIC-ARGS] [TOOL-ARGS]

Common arguments:
   --connect <jdbc-uri>                    Specify JDBC connect string
   --connection-manager <class-name>          Specify connection manager class name
   --connection-param-file <properties-file>      Specify connection parameters file
   --driver <class-name>                   Manually specify JDBC driver class to use
   --hadoop-home <hdir>                Override $HADOOP_MAPRED_HOME_ARG
   --hadoop-mapred-home <dir>             Override $HADOOP_MAPRED_HOME_ARG
   --help                           Print usage instructions
   -P                              Read password from console
   --password <password>                  Set authentication password
   --password-alias <password-alias>          Credential provider password alias
   --password-file <password-file>           Set authentication password file path
   --relaxed-isolation                   Use read-uncommitted isolation for imports
   --skip-dist-cache                    Skip copying jars to distributed cache
   --username <username>                  Set authentication username
   --verbose                         Print more information while working

Generic Hadoop command-line arguments:(must preceed any tool-specific arguments)
Generic options supported are
-conf <configuration file>     specify an application configuration file
-D <property=value>          use value for given property
-fs <local|namenode:port>      specify a namenode
-jt <local|resourcemanager:port>   specify a ResourceManager
-files <comma separated list of files>    specify comma separated files to be copied to the map reduce
cluster
```

```
-libjars <comma separated list of jars>    specify comma separated jar files to include in the classpath.
-archives <comma separated list of archives>    specify comma separated archives to be unarchived on the compute machines.
```

既然要访问数据库，有几个参数是必不可少的：数据库 URL、用户名和密码，使用 Sqoop 操作数据库道理也是一样的，必须要指定这几个参数。

```
sqoop  list-databases \
--connect jdbc:mysql://localhost:3306 \
--username root \
--password root
```

（4）示例：使用 Sqoop 获取指定 URL 的数据库中的所有表

```
sqoop  list-tables \
--connect jdbc:mysql://localhost:3306/sqoop \
--username root \
--password root
```

6.1.2　导入 MySQL 数据到 HDFS

1. MySQL 数据准备

创建 Sqoop：

```
CREATE DATABASE sqoop;
```

创建部门表 dept 并导入数据：

```
DROP TABLE dept;
CREATE TABLE dept(
DEPTNO int(2) PRIMARY KEY,
DNAME VARCHAR(14) ,
LOC VARCHAR(13)
) ;

INSERT INTO dept VALUES (10,'ACCOUNTING','NEW YORK');
INSERT INTO dept VALUES (20,'RESEARCH','DALLAS');
INSERT INTO dept VALUES (30,'SALES','CHICAGO');
INSERT INTO dept VALUES (40,'OPERATIONS','BOSTON');
```

创建员工表 emp 并导入数据：

```
DROP TABLE emp;
CREATE TABLE emp(
EMPNO int(4) PRIMARY KEY,
ENAME VARCHAR(10),
JOB VARCHAR(9),
MGR int(4),
HIREDATE DATE,
SAL int(7),
COMM int(7),
DEPTNO int(2),
```

```
foreign key(deptno) references dept(DEPTNO));

INSERT INTO emp VALUES(7369,'SMITH','CLERK',7902,'1980-12-17',800,NULL,20);
INSERT INTO emp VALUES(7499,'ALLEN','SALESMAN',7698,'1981-2-20',1600,300,30);
INSERT INTO emp VALUES(7521,'WARD','SALESMAN',7698,'1981-2-22',1250,500,30);
INSERT INTO emp VALUES(7566,'JONES','MANAGER',7839,'1981-4-2',2975,NULL,20);
INSERT INTO emp VALUES(7654,'MARTIN','SALESMAN',7698,'1981-9-28',1250,1400,30);
INSERT INTO emp VALUES(7698,'BLAKE','MANAGER',7839,'1981-5-1',2850,NULL,30);
INSERT INTO emp VALUES(7782,'CLARK','MANAGER',7839,'1981-6-9',2450,NULL,10);
INSERT INTO emp VALUES(7788,'SCOTT','ANALYST',7566,'87-7-13',3000,NULL,20);
INSERT INTO emp VALUES(7839,'KING','PRESIDENT',NULL,'1981-11-17',5000,NULL,10);
INSERT INTO emp VALUES(7844,'TURNER','SALESMAN',7698,'1981-9-8',1500,0,30);
INSERT INTO emp VALUES(7876,'ADAMS','CLERK',7788,'87-7-13',1100,NULL,20);
INSERT INTO emp VALUES(7900,'JAMES','CLERK',7698,'1981-12-3',950,NULL,30);
INSERT INTO emp VALUES(7902,'FORD','ANALYST',7566,'1981-12-3',3000,NULL,20);
INSERT INTO emp VALUES(7934,'MILLER','CLERK',7782,'1982-1-23',1300,NULL,10);
```

2. 导入表的所有字段

使用 Sqoop 导入操作，我们可以通过 Sqoop 的 help 命令查看应该如何使用，重要的参数如下面代码段所示，后面的案例都是基于这些参数进行设计。

```
sqoop help import

usage: sqoop import [GENERIC-ARGS] [TOOL-ARGS]
// 通用参数
Common arguments:
   --connect <jdbc-uri>
   --password <password>
   --username <username>

// 导入控制参数
Import control arguments:
   --as-parquetfile
   --as-sequencefile
   --columns <col,col,col...>
   --compression-codec <codec>
   --delete-target-dir
   --direct
   -e,--query <statement>
   -m,--num-mappers <n>
   --mapreduce-job-name <name>
   --table <table-name>
   --target-dir <dir>
   --where <where clause>
   -z,--compress

// 输出格式参数控制
```

```
Output line formatting arguments:
  --fields-terminated-by <char>
  --lines-terminated-by <char>

// 输入格式参数控制
Input parsing arguments:
  --input-enclosed-by <char>
  --input-escaped-by <char>
  --input-fields-terminated-by <char>
  --input-lines-terminated-by <char>

// 导入到 Hive 表相关参数
Hive arguments:
  --create-hive-table
  --hive-database <database-name>
  --hive-import
  --hive-overwrite
  --hive-partition-key <partition-key>
  --hive-partition-value <partition-value>
  --hive-table <table-name>
```

```
sqoop import \
--connect jdbc:mysql://localhost:3306/sqoop \
--username root --password root \
--table emp  -m 1
```

说明：

（1）使用 --connect 指定要导入数据的数据库。

（2）使用 --username 和 --password 指定数据库的用户名和密码。

（3）使用 --table 指定需要导入的数据表。

（4）使用 -m 指定导入数据的并行度，Sqoop 默认的并行度是 4，此处我们将其设置为 1，有多少个并行度，在 HDFS 上最终输出的文件个数就是并行度的个数。

（5）使用 Sqoop 从关系型数据库中导入数据到 HDFS 时，默认的路径是 /user/ 用户名 / 表名。

（6）Sqoop 默认从关系型数据库中导入数据到 HDFS 的分隔符是逗号。

执行完之后我们可以在 HDFS 上查看导出的结果：

```
// 查看在 HDFS 上的结果导出路径
hadoop fs -ls /user/hadoop/emp/

// 查看导出结果
hadoop fs -text /user/hadoop/emp/part-*

7369,SMITH,CLERK,7902,1980-12-17,800,null,20
```

```
7499,ALLEN,SALESMAN,7698,1981-02-20,1600,300,30
7521,WARD,SALESMAN,7698,1981-02-22,1250,500,30
7566,JONES,MANAGER,7839,1981-04-02,2975,null,20
7654,MARTIN,SALESMAN,7698,1981-09-28,1250,1400,30
7698,BLAKE,MANAGER,7839,1981-05-01,2850,null,30
7782,CLARK,MANAGER,7839,1981-06-09,2450,null,10
7788,SCOTT,ANALYST,7566,1987-07-13,3000,null,20
7839,KING,PRESIDENT,null,1981-11-17,5000,null,10
7844,TURNER,SALESMAN,7698,1981-09-08,1500,0,30
7876,ADAMS,CLERK,7788,1987-07-13,1100,null,20
7900,JAMES,CLERK,7698,1981-12-03,950,null,30
7902,FORD,ANALYST,7566,1981-12-03,3000,null,20
7934,MILLER,CLERK,7782,1982-01-23,1300,null,10
```

注意：

当再次执行 Sqoop 导入操作时，会显示如下错误信息：输出文件已经存在。

ERROR tool.ImportTool: Encountered IOException running import job: org.apache.hadoop.mapred.FileAlreadyExistsException: Output directory hdfs://hadoop000:8020/user/hadoop/emp already exists

对于这个错误输出，有 MapReduce 编程基础的小伙伴们应该知道原因，当 MapReduce 作业输出时，如果输出结果已经存在，那么就会报错。解决办法是可以手工将存在的路径删除，但是每次都需要手工删除是非常麻烦的，在 Sqoop 中提供了可以通过参数（--delete-target-dir）指定的方式让其从输出路径自动删除，指定了该参数，那么同一个 Sqoop 脚本就可以执行多次也不会再报错。

```
sqoop import \
--connect jdbc:mysql://localhost:3306/sqoop \
--username root --password root \
--table emp  -m 1 \
--delete-target-dir
```

3. 导入指定字段的表并指定目标地址

```
sqoop import \
--connect jdbc:mysql://localhost:3306/sqoop \
--username root --password root \
--columns "EMPNO,ENAME,JOB,SAL,COMM" \
--target-dir  emp_column \
--mapreduce-job-name FromMySQLToHDFS \
--table emp  -m 1 \
--delete-target-dir
```

说明：

（1）使用 --columns 指定要导入的字段。

（2）使用 --target-dir 指定导入的 HDFS 上的目标地址。

（3）使用 --mapreduce-job-name 指定该作业的名称，可以通过 YARN 的页面查看。

4．导入表数据并使用指定压缩格式以及存储格式

```
sqoop import \
--connect jdbc:mysql://localhost:3306/sqoop \
--username root --password root \
--columns "EMPNO,ENAME,JOB,SAL,COMM" \
--mapreduce-job-name FromMySQLToHDFS \
--target-dir  emp_parquet \
--as-parquetfile \
--compression-codec org.apache.hadoop.io.compress.SnappyCodec \
--table emp  -m 1 \
--delete-target-dir
```

说明：

（1）使用 --as-parquet 参数指定导出为 Parquet 格式，当然也支持 SequenceFile 等其他格式。

（2）使用 --compression-codec 指定压缩使用的 codec 编码，在 Sqoop 中默认是使用压缩的，所以此处只需要指定 codec 即可。

5．导入表数据使用指定的分隔符

```
sqoop import \
--connect jdbc:mysql://localhost:3306/sqoop \
--username root --password root \
--columns "EMPNO,ENAME,JOB,SAL,COMM" \
--mapreduce-job-name FromMySQLToHDFS \
--target-dir  emp_column_split \
--fields-terminated-by '\t' --lines-terminated-by '\n' \
--table emp  -m 1 \
--delete-target-dir
```

说明：

（1）使用 --fields-terminated-by 设置字段之间的分隔符。

（2）使用 --lines-terminated-by 设置行之间的分隔符。

6．导入指定条件的数据

```
sqoop import \
--connect jdbc:mysql://localhost:3306/sqoop \
--username root --password root \
--columns "EMPNO,ENAME,JOB,SAL,COMM" \
--mapreduce-job-name FromMySQLToHDFS \
--target-dir  emp_column_where \
--fields-terminated-by '\t' --lines-terminated-by '\n' \
--where 'SAL>2000' \
--table emp  -m 1 \
--delete-target-dir
```

说明：使用 --where 条件指定 emp 表中满足条件的数据。

7. 导入指定查询语句的数据

```
sqoop import \
--connect jdbc:mysql://localhost:3306/sqoop \
--username root --password root \
--mapreduce-job-name FromMySQLToHDFS \
--target-dir  emp_column_query \
--fields-terminated-by '\t' --lines-terminated-by '\n' \
--query 'SELECT * FROM emp WHERE empno>=7900 AND $CONDITIONS' \
--delete-target-dir
```

说明：

（1）使用 --query 参数指定查询语句，就能将 query 中的查询结果导入到 HDFS 中。

（2）在 --query 指定 SQL 的条件中需要添加 $CONDITIONS，这是固定写法。

8. eval 的使用

eval 可以根据 SQL 语句进行操作。

```
//Sqoop 帮助
sqoop help
eval: Evaluate a SQL statement and display the results
sqoop eval --help
sqoop eval --connect jdbc:mysql://localhost:3306/sqoop \
--username root --password root \
--query 'select * from emp where deptno=10'

// 直接使用 sql 查询 mysql
sqoop eval --connect jdbc:mysql://localhost:3306/sqoop \
--username root --password root  \
--query "select * from info"
```

9. --options-file 的使用

前面介绍了 Sqoop 的使用方式都是直接以 Sqoop 脚本的方式运行，这种方式使用起来比较麻烦。那么在 Sqoop 中提供了 --options-file 的参数，我们可以将 Sqoop 脚本封装到一个文件中，然后使用 --options-file 指定封装后的脚本进行执行，这样就更加方便后期的维护。

```
// 创建 emp.opt 文件
import
--connect
jdbc:mysql://localhost:3306/sqoop
--username
root
--password
root
--table
emp
--target-dir
EMP_OPTIONS_FILE
-m
```

```
2

// 执行脚本
sqoop --options-file ./emp.opt

// 查看执行结果
hadoop fs -ls /user/hadoop/EMP_OPTIONS_FILE
hadoop fs -text /user/rocky/EMP_OPTIONS_FILE/part-m-*
```

6.1.3　导出 HDFS 数据到 MySQL

在导出前需要先创建待导出表的结构，如果导出的表在数据库中不存在则报错；如果重复导出数据多次，表中的数据则会重复。

1．准备导出表

在 MySQL 数据库中创建要导出表，我们直接根据 emp 表创建导出表的结构即可。

```
create table emp_demo as select * from emp where 1=2;
```

2．导出表的所有字段

使用 Sqoop 导出操作，我们可以通过 Sqoop 的 help 命令查看应该如何使用，重要的参数如下面代码段所示，后面的案例都是基于这些参数进行设计。

```
sqoop help export

usage: sqoop export [GENERIC-ARGS] [TOOL-ARGS]

// 通用参数
Common arguments:
   --connect <jdbc-uri>
   --password <password>
   --username <username>

// 导出控制参数
Export control arguments:
--batch
--columns <col,col,col...>
--direct
--export-dir <dir>
-m,--num-mappers <n>
--mapreduce-job-name <name>
--table <table-name>

// 输入文件参数配置
Input parsing arguments:
   --input-fields-terminated-by <char>
   --input-lines-terminated-by <char>
```

```
// 输出文件参数配置
Output line formatting arguments:
    --fields-terminated-by <char>
    --lines-terminated-by <char>

sqoop export \
--connect jdbc:mysql://localhost:3306/sqoop \
--username root --password root \
--table emp_demo \
--export-dir /user/hadoop/emp \
-m 1
```

注意：

每执行一次，就会插入数据到 MySQL 中，所以在工作中使用时要先根据条件将表中的数据删除再导出。

3. 导出表的指定字段

```
sqoop export \
--connect jdbc:mysql://localhost:3306/sqoop \
--username root --password root \
--table emp_demo \
--columns "EMPNO, ENAME, JOB, SAL, COMM" \
--export-dir /user/hadoop/emp_column  \
-m 1
```

注意：

为了测试出结果，建议先删除目标表的数据（DELETE FROM emp_demo）。

4. 导出表时指定分隔符

```
sqoop export \
--connect jdbc:mysql://localhost:3306/sqoop \
--username root --password root \
--table emp_demo \
--columns "EMPNO, ENAME, JOB, SAL, COMM" \
--export-dir /user/hadoop/emp_column_split  \
--fields-terminated-by '\t' --lines-terminated-by '\n' \
-m 1
```

注意：

使用 --fields-terminated-by 和 --lines-terminated-by 参数指定数据行、列的分隔符。

5. 批量导出

```
sqoop export \
-Dsqoop.export.records.pre.statement=10 \
--connect jdbc:mysql://localhost:3306/sqoop \
--username root --password root \
--table emp_demo \
--export-dir /user/hadoop/emp
```

注意：

（1）默认情况下读取一行 HDFS 文件的数据，就 insert 一条记录到关系型数据库中，造成性能低下；

（2）可以使用批量导出，使用参数 -Dsqoop.export.records.pre.statement 指定，一次导出指定数据到关系型数据库中。

6.1.4　导入 MySQL 数据到 Hive

将 MySQL 数据导入到 Hive 的执行原理：先将 MySQL 的数据导出到 HDFS 上，然后再使用 load 函数将 HDFS 的文件加载到 Hive 表中。

1. 导入表的所有字段到 Hive 中

```
sqoop import \
--connect jdbc:mysql://localhost:3306/sqoop \
--username root --password root \
--delete-target-dir \
--table emp \
--hive-import  --create-hive-table  --hive-table emp_import \
-m 1
```

说明：

（1）使用 --hive-import 表示将数据导入到 Hive 中。

（2）使用 --create-hive-table 表示是否自动创建 hive 表，在生产中一般都不使用该参数，而是通过手工事先创建好，因为自动创建的方式表字段类型可能有些差别。

（3）使用 --hive-table 指定要导入的 Hive 的表名称。

（4）如果要导入到指定的 Hive 数据库，可以通过 --hive-database 参数指定。

2. 导入表的指定字段到 Hive 中

先在 Hive 中创建我们需要导入的 Hive 表：

```
create table emp_column(
empno int,
ename string,
job string,
mgr int,
hiredate string,
```

```
sal double,
comm double,
deptno int
)
row format delimited fields terminated by '\t' lines terminated by '\n'
stored as textfile;
```

使用 Sqoop 导入 MySQL 表中指定的字段到 Hive 表中：

```
sqoop import \
--connect jdbc:mysql://localhost:3306/sqoop \
--username root --password root \
--delete-target-dir \
--table emp \
--columns "EMPNO,ENAME,JOB,SAL,COMM" \
--fields-terminated-by '\t' --lines-terminated-by '\n' \
--hive-import --hive-overwrite --hive-table emp_column \
-m 1
```

说明：使用 --hive-overwrite 表示是否覆盖已有数据。

6.1.5 Sqoop 中 Job 的使用

我们可以将常用的 Sqoop 脚本定义成任务，方便其他人调用。

Job 的相关命令如下：

（1）创建 job： --create

（2）删除 job：--delete

（3）执行 job：--exec

（4）查看 job：--show

（5）列出所有 job：--list

创建 job：

```
sqoop job --create myjob -- \
import --connect jdbc:mysql://localhost:3306/sqoop \
--username root --password root \
--delete-target-dir \
--table emp
```

执行 job：

```
sqoop job --exec myjob
```

至此，在学习了以上相关知识后，任务 1 就可以完成了。

任务 2 工作流调度框架 Azkaban

关键步骤如下：

➢ Azkaban 部署。

➢ 使用 Azkaban 进行各类作业的调度。

6.2.1 Azkaban 简介

1. 为什么需要工作流调度系统

业务场景描述：某个业务系统每天产生 100G 原始数据，我们每天都要对其进行处理，处理步骤如下：

（1）通过 Hadoop 先将原始数据同步到 HDFS 上。

（2）借助 MapReduce 计算框架对原始数据进行转换，生成的数据以分区表的形式存储到多张 Hive 表中。

（3）需要对 Hive 中多个表的数据进行 JOIN 处理，得到一个明细数据 Hive 大表。

（4）将明细数据进行复杂的统计分析，得到结果报表信息。

（5）需要将统计分析得到的结果数据同步到业务系统中，供业务调用使用。

一个完整的数据分析系统通常都是由大量任务单元组成：Shell 脚本程序、java 程序、MapReduce 程序、Hive 脚本等；各任务单元之间存在时间先后及前后依赖关系；为了很好地组织这样的复杂执行计划，需要一个工作流调度系统来调度执行。

2. Azkaban 概述及特点

Azkaban 就是完成工作流调度的（其实主要还是用于对 Hadoop 生态圈的任务的支持），它是由 Linkedin 实现并开源的，主要用在一个工作流内以一个特定的顺序运行一组工作和流程，它的配置是通过简单的 key/value 对的方式，通过配置中的 dependencies 来设置依赖关系，这个依赖关系必须是无环的，否则会被视为无效的工作流。

Azkaban 的特点：

（1）兼容所有版本的 Hadoop。

（2）基于 Web 的易用 UI。

（3）简单的 Web 和 HTTP 工作流上传。

（4）项目工作空间。

（5）工作流调度。

（6）模块化和插件化。

（7）支持认证和授权。

（8）可跟踪用户行为。

（9）失败和成功时的邮件提醒。

（10）SLA 警告和自动终止。

（11）失败作业的重试。

3. 常见的工作流系统对比

目前市场上有许多工作流调度器，在 Hadoop 领域，常见的工作流调度器有

Oozie、Azkaban、Cascading、Hamake 等。

表 6-1 对上述四种 Hadoop 工作流调度器的关键特性进行了比较，尽管这些工作流调度器能够解决的需求场景基本一致，但在设计理念、目标用户、应用场景等方面还是存在显著的区别，在做技术选型的时候可以参考。

表 6-1　各种不同调度框架对比

特性	Hamake	Oozie	Azkaban	Cascading
工作流描述语言	XML	XML	text file with key/ value pairs	Java API
依赖机制	data-driven	explicit	explicit	explicit
是否要 Web 容器	No	Yes		
进度跟踪	console/log messages	web page	web page	web page
Hadoop job 调度支持	no	yes	yes	yes
运行模式	command	daemon	daemon	API
Pig 支持	yes	yes	yes	yes
事件通知	no	yes	yes	yes
需要安装	no	yes	yes	no
支持的 Hadoop 版本	0.18+	0.20+	currently unknown	0.18+
重试支持	no	workflownode evel	yes	yes
运行任意命令	yes	yes	yes	yes
Amazon EMR 支持	yes	no	currently unknown	yes

6.2.2　Azkaban 部署

Azkaban 包含如下三个组件：MySQL 服务器、Web 服务器和 Executor 服务器，如图 6.5 所示。其中 MySQL 用于存储一些项目信息、执行计划、执行情况等信息；Web 服务器使用 Jetty 对外提供 Web 服务，使用户可以通过 Web 页面方便的管理；Executor 服务器是负责具体的工作流的提交和执行，可以启动多个执行服务器，它们通过 MySQL 数据库来协调任务的执行。

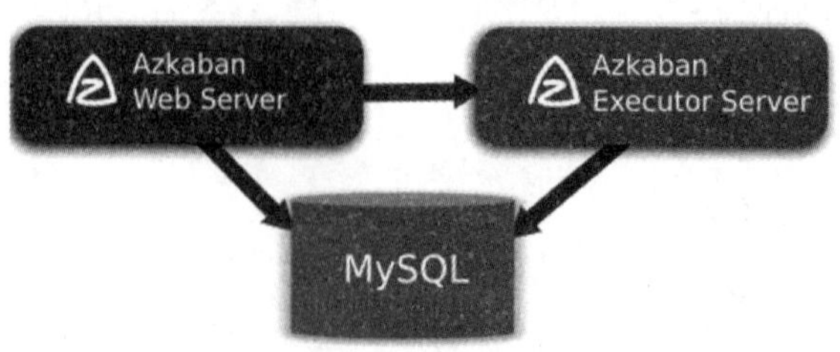

图 6.5　Azkaban 核心组件

1. Azkaban Web 服务器解压

Azkaban 下载地址：https://azkaban.github.io/downloads.html

Azkaban 存放目录：相应软件存放在 ~/software/azkaban

```
// 解压安装包到 ~/app 目录下
tar -zxvf azkaban-web-server-2.5.0.tar.gz -C ~/app
```

2. Azkaban Executor 服务器解压

```
// 解压安装包到 ~/app 目录下
tar -zxvf azkaban-executor-server-2.5.0.tar.gz -C ~/app
```

3. Azkaban SQL 脚本解压

```
// 解压 SQL 脚本
tar -zxvf azkaban-sql-script-2.5.0.tar.gz
```

将解压的 SQL 导入到 MySQL 中：

```
// 创建 azkaban 数据库
mysql> create database azkaban;
Query OK, 1 row affected (0.03 sec)

// 切换数据库
mysql> use azkaban;
Database changed

// 执行 sql 脚本
mysql> source /home/hadoop/software/azkaban/azkaban-2.5.0/create-all-sql-2.5.0.sql
```

4. 配置 SSL

配置命令：

```
keytool -keystore keystore -alias jetty -genkey -keyalg RSA
```

运行此命令后，会提示输入当前生成 keystore 的密码（本案例的密码我们设置为 000000）及相应信息，输入的密码请牢记，信息如下：

```
输入 keystore 密码：
再次输入新密码：
您的名字与姓氏是什么？
 [Unknown]:
您的组织单位名称是什么？
 [Unknown]:
您的组织名称是什么？
 [Unknown]:
您所在的城市或区域名称是什么？
 [Unknown]:
您所在的州或省份名称是什么？
 [Unknown]:
该单位的两字母国家代码是什么
 [Unknown]:   CN
CN=Unknown, OU=Unknown, O=Unknown, L=Unknown, ST=Unknown, C=CN 正确吗？
```

```
[否]:  y

输入 <jetty> 的主密码
    （如果和 keystore 密码相同，按回车）：
再次输入新密码：
```

完成上述工作后，将在当前目录生成 keystore 证书文件拷贝到 azkaban-web-server 根目录中。

5. Azkaban Web 服务器配置

配置文件目录为：~/app/azkaban-web-2.5.0/conf/azkaban.properties

```
#Azkaban Personalization Settings
azkaban.name=Test                          # 服务器 UI 名称，用于服务器上方显示的名字
azkaban.label=My Local Azkaban             # 描述
azkaban.color=#FF3601                      # UI 颜色
azkaban.default.servlet.path=/index
web.resource.dir=web/                      # 默认根 web 目录
default.timezone.id=Asia/Shanghai          # 默认时区改为亚洲 / 上海，默认为美国

#Azkaban UserManager class
user.manager.class=azkaban.user.XmlUserManager   # 用户权限管理默认类
user.manager.xml.file=conf/azkaban-users.xml     # 用户配置

#Loader for projects
executor.global.properties=conf/global.properties   # global 配置文件所在位置
azkaban.project.dir=projects

database.type=mysql            # 数据库类型
mysql.port=3306                # 端口号
mysql.host=localhost           # 数据库连接 IP
mysql.database=azkaban         # 数据库实例名
mysql.user=root                # 数据库用户名
mysql.password=root            # 数据库密码
mysql.numconnections=100       # 最大连接数

# Velocity dev mode
velocity.dev.mode=false

# Jetty 服务器属性 .
jetty.maxThreads=25            # 最大线程数
jetty.ssl.port=8443            #Jetty SSL 端口
jetty.port=8081                #Jetty 端口
jetty.keystore=keystore        #SSL 文件名
jetty.password=000000          #SSL 文件密码
jetty.keypassword=000000       #Jetty 主密码 与 keystore 文件相同
```

```
jetty.truststore=keystore           #SSL 文件名
jetty.trustpassword=000000          # SSL 文件密码

# 执行服务器属性
executor.port=12321                 # 执行服务器端口
```

6. Azkaban Executor 服务器配置

配置文件目录为：~/app/azkaban-executor-2.5.0/conf/azkaban.properties

```
#Azkaban
default.timezone.id=Asia/Shanghai   # 时区

# Azkaban JobTypes 插件配置
azkaban.jobtype.plugin.dir=plugins/jobtypes      #jobtype 插件所在位置

#Loader for projects
executor.global.properties=conf/global.properties
azkaban.project.dir=projects

# 数据库设置
database.type=mysql                 # 数据库类型 ( 目前只支持 mysql)
mysql.port=3306                     # 数据库端口号
mysql.host=localhost                # 数据库 IP 地址
mysql.database=azkaban              # 数据库实例名
mysql.user=root                     # 数据库用户名
mysql.password=root                 # 数据库密码
mysql.numconnections=100            # 最大连接数

# 执行服务器配置
executor.maxThreads=50              # 最大线程数
executor.port=12321                 # 端口号 ( 如修改 , 请与 web 服务中一致 )
executor.flow.threads=30            # 线程数
```

7. Azkaban Web 服务器启动

在 Azkaban Web 服务器目录下执行启动命令

```
bin/azkaban-web-start.sh
```

注意：

Azkaban Web 服务器启动需在 Web 服务器根目录运行。

8. Azkaban Executor 服务器启动

在 Azkaban Executor 服务器目录下执行启动命令

```
bin/azkaban-executor-start.sh
```

> **注意：**
> Azkaban Executor 服务器启动需在 Executor 服务器根目录运行。

启动完成后，在浏览器中输入 https:// 服务器 IP 地址 :8443，即可访问 Azkaban 服务了。登录的用户名和密码使用默认的 azkaban/Azkaban，登录界面如图 6.6 所示。

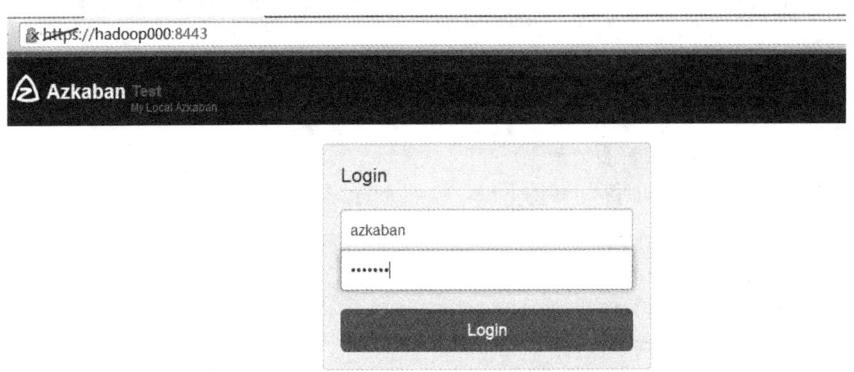

图 6.6　Azkaban 登录界面

该页面中的 Test 以及 My Local Azkaban 等字样都可以在 azkaban.properties 配置文件中进行设置。

6.2.3　Azkaban 实战

1．command 类型单一 Job 工作流

（1）创建 Job 描述文件：command.job。

```
#command.job
type=command
command=echo "Hello World"
```

（2）将 Job 资源文件打包成 zip 文件。

```
zip first.zip command.job
```

（3）通过 Azkaban 的 Web 管理平台创建 Project 并上传 Job 压缩包。如图 6.7 ～图 6.9 所示。

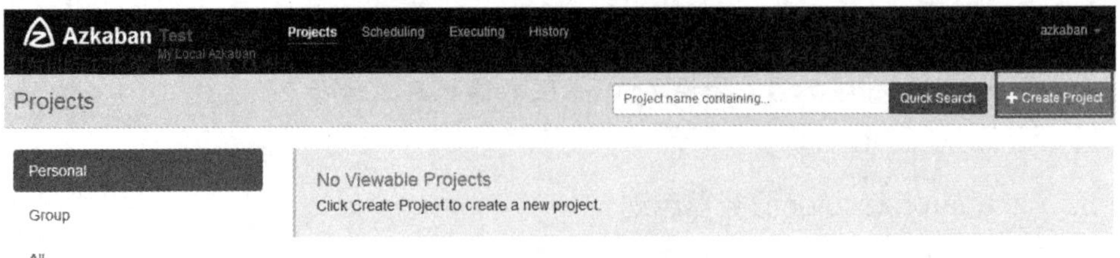

图 6.7　Azkaban Project 列表页面

Create Project
Name　HelloAzkaban
Description　This is my first Azkaban Project
Cancel　Create Project

图 6.8　Azkaban 创建 Project 页面

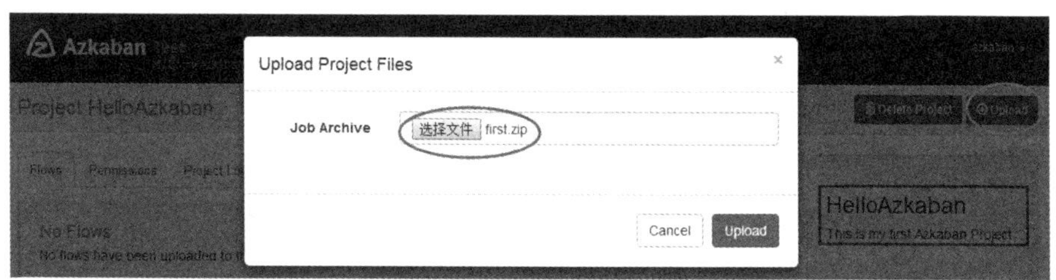

图 6.9　Azkaban 上传 Project zip 文件页面

（4）执行该 Job，如图 6.10 所示。

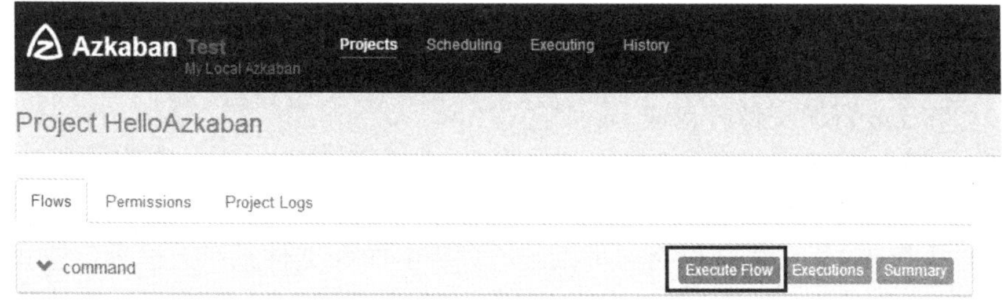

图 6.10　Azkaban Job 执行页面

2. command 类型多 Job 工作流

（1）创建有依赖关系的多个 Job 描述文件。

第一个 job：step1.job

```
# step1.job
type=command
command=echo foo
```

第二个 job：　step2.job

```
# step2.job
type=command
dependencies=step1
command=echo bar
```

（2）将所有 job 资源文件打到一个 zip 包中：second.zip。

（3）通过 Azkaban 的 Web 管理平台创建 Project 并上传 Job 压缩包。

（4）执行该 Job。

通过图 6.11 我们能看到 step2 是依赖于 step1 的。

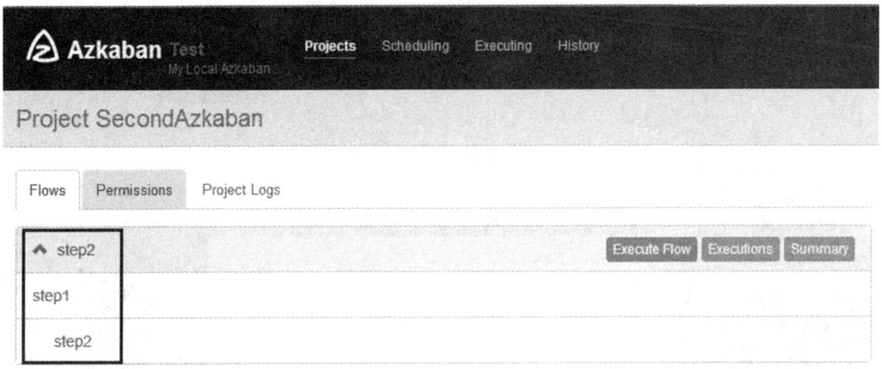

图 6.11　Azkaban Project 依赖关系图

3. HDFS job

（1）创建 Job 描述文件：hdfs.job。

```
# hdfs.job
type=command
command=/home/hadoop/app/hadoop-2.6.0-cdh5.7.0/bin/hadoop fs -mkdir /azkaban_job
```

（2）将 Job 资源文件打包成 zip 文件。

```
zip hdfs.zip hdfs.job
```

（3）通过 Azkaban 的 Web 管理平台创建 Project 并上传 Job 压缩包。

（4）执行该 Job，执行成功后可以查看到在 HDFS 文件系统上已经创建我们所需要的 azkaban_job 文件夹。

```
hadoop fs -ls /
drwxr-xr-x   - hadoop supergroup   /azkaban_job
```

4. MapReduce job

MapReduce 任务在 Azkaban 中依然使用 command 的 job 类型来执行。

（1）创建 job 描述文件 mapreduce.job 及 MapReduce 程序 jar 包（示例中直接使用 Hadoop 自带的 example jar）。

```
# mapreduce.job
type=command
command=/home/hadoop/app/hadoop-2.6.0-cdh5.7.0/bin/hadoop jar /home/hadoop/app/hadoop-2.6.0-cdh5.7.0/share/hadoop/mapreduce/hadoop-mapreduce-examples-2.6.0-cdh5.7.0.jar wordcount /hello.txt /wc_azkaban_out/
```

（2）将 job 资源文件打包成 zip 文件。

```
zip mapreduce.zip mapreduce.job
```

3）通过 Azkaban 的 Web 管理平台创建 Project 并上传 Job 压缩包。

4）执行该 Job，执行成功后可以查看到在 HDFS 文件系统上有词频的统计分析结果。

5. Hive.job

Hive 任务在 Azkaban 中依然使用 command 的 job 类型来执行。

（1）创建 job 描述文件（hive.job）和 Hive 脚本（hive.hql）。

```
# hive.job
type=command
command=/home/hadoop/app/hive-1.1.0-cdh5.7.0/bin/hive -f 'hive.hql'

# hive.hql
use default;
create table emp_stat as select deptno, count(1) from emp group by deptno;
```

（2）将 job 资源文件打包成 zip 文件。

```
zip hive.zip hive.job hive.hql
```

（3）通过 Azkaban 的 Web 管理平台创建 Project 并上传 Job 压缩包。

（4）执行该 Job，执行成功后可以通过 Hive 控制台查询结果。

```
hive (default)> select * from emp_stat;
OK
10    3
20    5
30    6
```

至此，在学习了以上相关知识后，任务 2 就可以完成了。

本章总结

本章学习了以下知识点：

- Sqoop 概述、架构以及环境部署。
- 使用 Sqoop 将关系型数据库表数据导入到 HDFS 和 Hive。
- 使用 Sqoop 将 HDFS 数据导出到 MySQL。
- 调度框架在大数据场景中的使用。
- 使用 Azkaban 完成 HDFS、MapRedue、Hive 作业的调度。

本章作业

使用 Sqoop 以增量的方式导入数据：只导入 empno>7788（不包括 7788）的数据到 HDFS 文件系统上。

随手笔记

第 7 章 Spark 入门

本章重点

※ Scala 的基本使用
※ Spark 及生态栈核心组件
※ Spark 源码及环境部署
※ 使用 Spark 完成词频统计

本章目标

※ 掌握 Scala 的基本使用
※ 获取 Spark 源码并根据指定 Hadoop 版本编译
※ 使用 Spark 完成词频统计

本章任务

学习本章，需要完成以下 4 个工作任务。请记录下学习过程中所遇到的问题，可以通过自己的努力或访问 kgc.cn 解决。

任务 1：初识 Spark

Spark 和 Hadoop 对比的优势体现在哪些地方，了解 Spark 生态栈中各个组件的适用场景。

任务 2：Scala 入门

掌握 Scala 的基本使用：函数的定义、面向对象的常用操作、集合的使用、高阶函数的使用。

任务 3：获取 Spark 源码并进行编译

通过官网或者 GitHub 获取 Spark 源码，并能指定自己所需要的 Hadoop、YARN 版本对 Spark 进行编译，使编译出来的 Spark 能够满足线上环境的需求。

任务 4：第一次与 Spark 亲密接触

使用 Spark 完成词频统计分析。

任务 1　初识 Spark

关键步骤如下：

- Spark 概述。
- Spark 特点。
- 认识 Spark 生态圈的核心组件。

7.1.1　Spark 概述

1. Spark 是什么

Spark 是软件基金会旗下的一个顶级项目，也是 Apache 软件基金会旗下最活跃的开源项目之一，诞生于加州大学伯克利分校的 AMP 实验室，是一个开源的基于内存的分布式计算框架。由于 Spark 是基于内存的，相对于 MapReduce 等计算框架大大提高了大数据处理的实时性，同时 Spark 也提供了高容错性和可扩展性。

2. Spark 发展历程

2009 年诞生于加州大学伯克利分校 AMP 实验室。

2010 年正式开源。

2013 年 6 月正式成为 Apache 孵化项目。

2014 年 2 月成为 Apache 顶级项目。

2014 年 5 月正式发布 Spark1.0 版本。

2014 年 10 月 Spark 打破 MapReduce 保持的排序记录。

2015 年发布了 1.3、1.4、1.5 版本。

2016 年发布 1.6、2.x 版本。

7.1.2　Spark 优点

1. 速度快

与 Hadoop 的处理框架 MapReduce 对比，基于内存的数据处理使用 Spark 来处理要比用 MapReduce 快 100 个数量级以上，即使是基于硬盘的数据处理 Spark 也要比 MapReduce 快 10 个数量级以上。Spark 与 Hadoop 在逻辑回归计算的性能对比如图 7.1 所示。

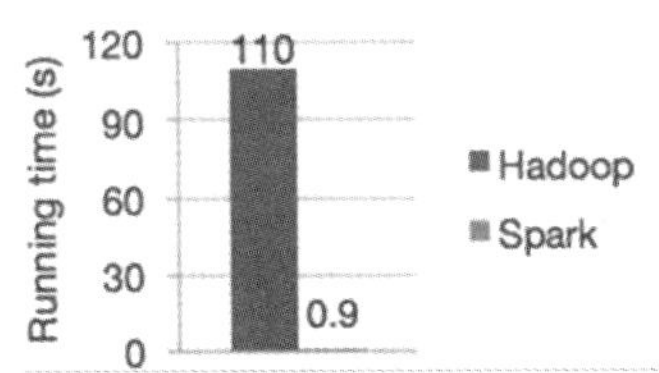

图 7.1　Spark 与 Hadoop 在逻辑回归计算的性能对比图

Spark 提供了高效的 DAG 执行引擎，支持以内存的方式来提高处理数据流的速度。

2. 易用性

Spark 应用程序支持使用 Java、Scala、Python、R 语言进行快速开发，并且提供了超过 80 多种的高级别 API 操作的实现，这使得 Spark 使用者能够根据自己所掌握的开发语言非常快速的构建并行应用程序。Spark 还提供交互式的 Scala、Python、R 语言的 shell，使得我们开发和测试更加方便快捷。使用 Python API 完成 Spark 版本的词频统计如图 7.2 所示。

```
text_file = spark.textFile("hdfs://...")

text_file.flatMap(lambda line: line.split())
    .map(lambda word: (word, 1))
    .reduceByKey(lambda a, b: a+b)
```

Word count in Spark's Python API

图 7.2　用 Python API 完成 Spark 版本的词频统计

了解过 MapReduce 编程模型后都知道，开发完 MapReduce 代码后需要打包、上传到服务器、测试等操作，即使修改一个小功能，想在生产环境中进行测试，需要经过的操作步骤也是非常繁琐的。而 Spark 提供了交互式的 shell，我们可以直接把功能代码在 shell 中进行验证即可，这对于开发来说是非常便捷的。

3. 通用性

Spark 提供了一个强有力的一栈式通用的解决方案（One Stack to rule them all），如图 7.3 所示。使用 Spark 能完成批处理、交互式查询（Spark SQL）、实时流处理（Spark Streaming）、图计算（GraphX）及机器学习（MLlib）。Spark 内部的这些组件都可以在一个 Spark 应用程序中无缝对接、综合使用。

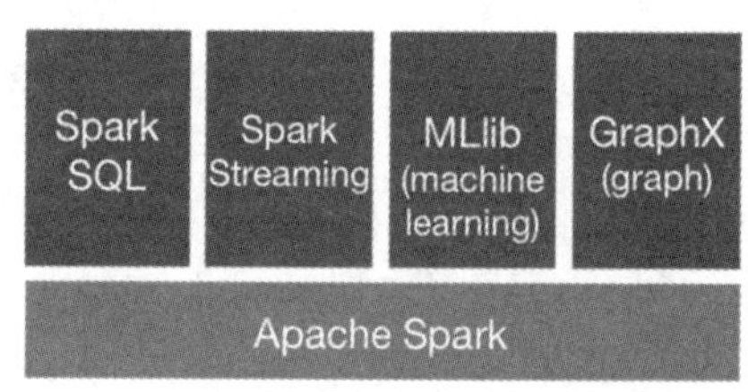

图 7.3　基于 Spark 的一栈式解决方案

在 Spark 未出现之前，要在一个栈内同时完成数种大数据分析任务，就不得不与多套大数据系统打交道，加大了开发与运维复杂性，比如说使用 MapReduce 进行离线处理，使用 Storm 进行离线处理，使用 Mahout 进行机器学习等，这样就需要搭建多套处理框架的集群，学习多套开发框架的 API，都无形加大了开发或者公司的运营成本。相信大家经常听到一句话来形容 Spark：One stack to rule them all，也就是说可以在一套软件栈内完成前面所描述的各种场景的大数据需求。

4. 随处运行

Spark 与其他开源产品的兼容性也做得非常出色，如图 7.4 所示。比如说，Spark 可以使用 Hadoop 的 YARN、Mesos 作为资源管理和调度；Spark 可以处理 Hadoop 能支持的数据，包括 HDFS、Cassandra、HBase 和 S3 等，这对于公司已使用 Hadoop 进行数据处理来说是特别重要的，因为不需要做任何数据迁移就能直接使用 Spark 来进行数据的处理，即使原来的数据存储在 HDFS 或者 S3 上，Spark 也能够很好的兼容，这就大大减少了数据的迁移工作所带来的成本开销。

图 7.4　Spark 能兼容多种外部框架

Spark 除了支持运行在 YARN 或者 Mesos 之上，也提供了自己的资源调度和管理系统，这就是所谓的 Standalone 模式；当然为了本地开发和测试 Spark 应用程序方便，Spark 也提供了 Local 运行模式。这几种运行模式的代码是一样的，只要在提交 Spark 应用的作业时通过参数指定要运行在何种调度系统上即可。Spark 不仅能处理 HDFS 或者 S3 上的数据，还能处理本地的数据，这样进一步降低了 Spark 的使用门槛，只要在本地通过开发工具（比如 Eclipse 或者 IDEA）搭建好 Spark 所依赖的相应 jar 包，就能很方便的使用 Spark 进行数据处理。

7.1.3　Spark 生态系统 BDAS

1. Spark

Spark 是整个 BDAS 的核心组件，是一个分布式计算引擎（官方的说法：Lighting-fast cluster computing），不仅实现了 MapReduce 的 map 函数和 reduce 函数，还提供了更高层次、更丰富的算子，比如：filter、join、sum 等操作，能够使得我们开发分布式程序的入门门槛进一步降低而且开发速度更快。

Spark 中的分布式编程模型是 RDD（Resilient Distributed Datasets：弹性分布式数据集），换句话说 Spark 都是将数据包装成 RDD 来进行操作的，比如 Spark 可以兼容处理 Hadoop 上的 HDFS 数据文件，那么这个 HDFS 数据文件就是包装成 Spark 所认识的 RDD 来完成数据操作的。Spark 还实现了序列化、应用任务调度（如图 7.5 所示）等功能。

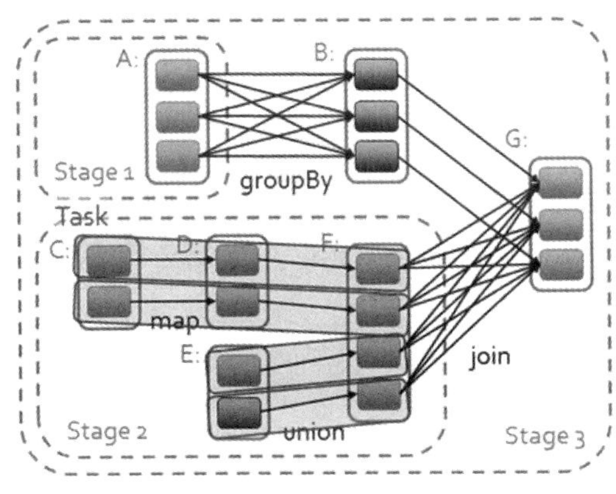

图 7.5　Spark 作业调度机制

Spark 作业在执行过程中会将数据进行分区拆分，一个分区对应一个 task，然后将作业转换成 DAG（有向无环图）进行拆分、进行作业的调度和执行，更多细节后续章节将会详细介绍。

2. Spark SQL

Spark SQL 是 2014 年 4 月在 Spark1.0 版本中发布的，是 Spark 的核心组件之一。

在早些时候，离线批处理大多数都是通过 MapReduce 编程模型完成的，但是由于编程的繁琐性，后来就诞生了 Hive，由于 Hive 底层的执行引擎也是基于 MapReduce 的，故其执行效率也不会很高。后来随着 Spark 的诞生，有人就想尝试将 Hive 运行在 Spark 之上。随后社区中就诞生了 Shark，但是由于 Shark 对 Hive 的依赖过多，不方便后续的发展，所以后来也就停止开发和维护了，之后就诞生了 Spark SQL。Spark SQL 诞生之初的目的之一就是想接过 Shark 的接力棒，继续为 Spark 用户提供高性能的 SQL on Hadoop 的解决方案，并为 Spark 带来通用、高效、多元一体的结构化数据处理能力。

按照 Spark 官方文档的定义：Spark SQL is a Spark module for structured data processingSpark SQL is a Spark module for structured data processing，Spark SQL 是一个用于处理结构化数据的 Spark 组件，该定义强调的是“结构化数据”，而非“SQL”。

在 Spark1.2 版本中推出了外部数据源的概念，可以让 Spark SQL 对接更多的外部输入（RDBMS、NoSQL、JSON、Parquet、S3 等）与输出资源（与输入类似），进行整合读写操作，如图 7.6 所示。比如直接使用 Spark SQL 对 Oracle、MySQL、DB2 等关系型数据库、HBase、Parquet 等直接读写操作。Spark 官方自带了一些外部数据源的实现，社区中也有非常多的外部数据源的实现，比如：Redis、MongoDB 等，可以关注 http://spark-packages.org 了解更多。

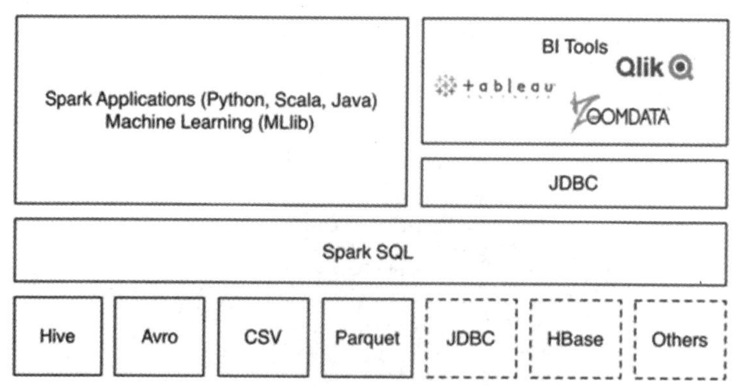

图 7.6 Spark SQL 提供的外部数据源

在 Spark1.3 版本中更加完整地表达了 Spark SQL 的愿景：Write less code（让开发者用更精简的代码来开发应用程序）、Read less data（在处理处理过程中尽量少的读数据）、Let the optimizer do the hard work（让 Spark SQL 自动优化执行过程，以达到降低开发成本，提升数据分析执行效率的目的，能够做到小白写的代码和高手写的代码的执行性能一样）。

3. Spark Streaming

Spark Streaming 是 Spark Core API 的一个扩展，可以实现高吞吐量、具备容错机制的准实时流处理系统。可以支持多种数据源获取数据，包括 Kafka、Flume、

Twitter、ZeroMQ 以及 TCP socket 等，从数据源端获取数据之后，可以使用 map、reduce、join、window 等高层次 API 函数进行复杂的数据处理，最后还可以将处理结果存储到文件系统、关系型数据库、NoSQL 等其他系统中，如图 7.7 所示。

图 7.7　Spark Streaming 支持的输入源和输出媒介

Spark Streaming 在内部的处理机制是：接收实时流的数据，并根据一定的时间间隔拆分成一批批的数据，然后通过 Spark Engine 处理这些批数据，最终得到处理后的一批批结果数据，如图 7.8 所示。

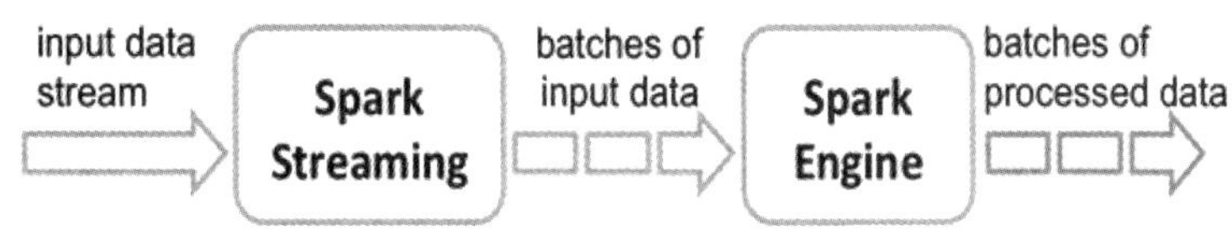

图 7.8　Spark Streaming 数据切割处理机制

4. Spark GraphX

Spark GraphX 是一个分布式图处理框架，它基于 Spark 平台提供对图计算和图挖掘易用且简洁的一个子系统，使得用户对分布式图处理的需求处理起来更便捷，尤其是当用户进行多轮迭代时，基于 Spark 内存计算的优势更为明显。由于 Spark 的一栈式解决方案使得 Graph 能够结合 Spark 中的其他子框架（比如 Spark SQL、Spark Streaming 等），可以方便且高效地完成图计算的一整套流水作业。

5. Spark MLlib

MLlib 是构建在 Spark 上的分布式机器学习库，充分利用了 Spark 的内存计算和适合迭代型计算的优势，将性能大幅度提升。由于在 Spark 中提供了大量丰富的算子，这使得机器学习的算法开发也不再像以前那么复杂和繁琐。MLlib 模块中提供了一些常用的机器学习算法和库在 Spark 平台上的实现，同时包括相关的测试和数据生成器。Spark MLlib 支持 4 种常见的机器学习问题：包括分类、回归、聚类和协同过滤。在 Spark 官方网站中展示了 Logistic Regression 算法在 Spark 和 Hadoop 中运行的性能比较，可以看出在 Logistic Regression 的运算场景下，Spark 比 Hadoop 快了 100 个数量级，如图 7.1 所示。

6. Spark R

R 语言是一种自由软件编程语言与操作环境，主要用于统计分析、绘图、数据挖掘。那么如何在 Spark 中使用 R 语言呢？ Spark 社区中就此诞生了 SparkR 这个模块。SparkR 为 R 提供了轻量级的 Spark 前端的 R 包，并且提供了一个分布式的 data frame 数据结构，它解决了 R 中的 data frame 只能在单机中使用的瓶颈，它和 R 中的 data frame 一样支持许多操作，比如 select、filter、aggregate 等等，这能够使得用户进行大数据的开发和基于单机的开发 R 语音并没有任何区别，能让熟悉 R 语言的用户非常快速地了解 SparkR 的使用。

7. Alluxio

Alluxio 的前身 Tachyon 是一个基于内存的分布式文件系统，它是架构在底层分布式文件系统和上层分布式计算框架之间的一个中间件，Alluxio 在大数据分布式系统中所处的位置如图 7.9 所示，主要职责是以文件形式在内存或其他存储设施中提供数据的存取服务。

图 7.9　Alluxio 在大数据分布式系统中所处的位置

在大数据领域，最底层的是分布式文件系统，用于存储要处理的输入数据和处理后的输出数据，工作中用的比较多的有 Apache HDFS、Amazon S3 等。对于一些分布式计算框架，如 Spark、Flink 等，往往都是直接从分布式文件系统中进行数据的读写，效率比较低，性能消耗比较大。如果我们将分布式执行架构于底层分布式文件系统与上层分布式计算框架之间，以内存的方式将文件对外提供读写访问服务，那么 Alluxio 可以为那些大数据应用提供一个数量级的加速，而且它只要提供通用的数据访问接口，就能很方便的切换底层分布式文件系统。该项目的前景很被看好，社区活跃度也非常高，可以适当关注下该项目的发展。

至此，在学习了以上相关知识后，任务 1 就可以完成了。

任务 2　Scala 入门

关键步骤如下：

➢ 安装 Scala。

- 了解 Scala 的变量和常量、数据类型。
- 掌握 Scala 函数的定义。
- 掌握 Scala 面向对象的使用。
- 掌握 Scala 中集合的使用。
- 掌握 Scala 高阶函数的使用。

7.2.1　Scala 介绍

Spark 的内核部分代码是使用 Scala 语言开发的，所以在使用 Spark 开发之前需要提前配置好 Scala 环境。

1．Scala 概述

Scala 是一门多范式的编程语言，也是一种类似 Java 的编程语言，设计初衷是实现可伸缩的语言、并集成面向对象编程和函数式编程的各种特性。由于 Spark 主要是使用 Scala 语言开发的，所以建议大家先安装 Scala 环境。

2．Scala 下载

Scala 官方网站：http://www.scala-lang.org，可以选择所需要的操作系统的 Scala 版本，比如 Mac OS、Unix、Windows，直接点击对应的超链接下载即可。本书选用的 Scala 版本是 2.10.4 版本，官网地址如图 7.10 所示，下载 scala-2.10.4.tgz 即可。

www.scala-lang.org/download/2.10.4.html

You can find the installer download links for other operating systems, as well as documentation and source code archives for Scala 2.10.4 below.

Archive	System	Size
scala-2.10.4.tgz	Mac OS X, Unix, Cygwin	28.55M
scala-2.10.4.msi	Windows (msi installer)	60.00M
scala-2.10.4.zip	Windows	28.60M
scala-2.10.4.deb	Debian	24.83M
scala-2.10.4.rpm	RPM package	24.83M
scala-docs-2.10.4.txz	API docs	3.65M
scala-docs-2.10.4.zip	API docs	32.46M
scala-sources-2.10.4.zip	sources	
scala-tool-support-2.10.4.tgz	Scala Tool Support (tgz)	25K
scala-tool-support-2.10.4.zip	Scala Tool Support (zip)	46K

图 7.10　Scala 官网下载页面

3．Scala 安装

解压下载好的 scala-2.10.4.tgz，为了后续使用方便，建议添加到系统环境变量中。

事先安装好 jdk，采用 jdk1.7.0_79 安装即可。

软件存放位置：/home/hadoop/software

（1）解压。

```
tar -zxvf scala-2.10.4.tgz -C ~/app
```

（2）添加 Scala 到系统环境变量（~/.bash_profile）中。

```
export SCALA_HOME=/home/hadoop/app/scala-2.10.4
export PATH=$SCALA_HOME/bin:$PATH
```

（3）使得配置生效。

```
source ~/.bash_profile
```

（4）检测 Scala 是否安装成功。

```
scala –version
```

如果有如下信息输出：Scala code runner version 2.10.4 -- Copyright 2002-2013, LAMP/EPFL 则表示安装成功。

4. Scala 简单入门

示例：

```
# 整数相加
scala> 1+3
res0: Int = 4  #res0 表示变量名，Int 表示类型，输出值是 4。

# 变量乘法
scala> res0*3
res1: Int = 12

# 变量相乘
scala> res0*res1
res2: Int = 48

# 输出文本
// println 是 Scala 预定义导入的类，所以可以直接使用，其他非预定义的类，需要手动导入
scala> println("hello world!")
hello world!

#Scala 程序
vi HelloWorld.scala
object HelloWorld {
  def main(args: Array[String]) {
    println("Hello, world!")
  }
}

// 编译 Scala 代码
scalac HelloWorld.scala
```

```
// 执行 Scala
scala HelloWorld
```

5. 值与变量

值 (val) : 赋值后不可变，类似于 Java 中的 final 变量，值一旦初始化了就不能再改变。

val 值名称 : 类型 = xxx

变量 (var) : 赋值后可以改变，生命周期中可以被多次赋值。

var 变量名称 : 类型 = xxx

示例：

```
val money:Int = 100   //Int = 100
money = 200   //error: reassignment to val

var name : String = "hello"
name = "world"
name = "welcome"                    // 一般不需要显式指定类型，因为 Scala 编译器会自动推断出
                                    // 变量的类型，必要的时候可以指定
```

6. 常用数据类型

Scala 与 Java 有着相同的数据类型，表 7-1 列出了 Scala 支持的数据类型。

表 7-1　Scala 数据类型

数据类型	描述
Byte	8 位有符号补码整数。数值区间为 -128 到 127
Short	16 位有符号补码整数。数值区间为 -32768 到 32767
Int	32 位有符号补码整数。数值区间为 -2147483648 到 2147483647
Long	64 位有符号补码整数。数值区间为 -9223372036854775808 到 9223372036854775807
Float	32 位 IEEE754 单精度浮点数
Double	64 位 IEEE754 单精度浮点数
Char	16 位无符号 Unicode 字符，区间值为 U+0000 到 U+FFFF
String	字符序列
Boolean	true 或 false
Unit	表示无值，和其他语言中 void 等同。用作不返回任何结果的方法的结果类型。Unit 只有一个实例值，写成 ()
Null	null 或空引用
Nothing	Nothing 类型在 Scala 的类层级的最低端；它是任何其他类型的子类型
Any	Any 是所有其他类的超类
AnyRef	AnyRef 类是 Scala 里所有引用类（reference class）的基类

示例：

```
var a:Int = 100
val b:Float = 1.1f
```

```
// 可以使用 asInstanceOf[T] 方法来强制类型转换
scala> def i = 10.asInstanceOf[Double]
i: Double

scala> i
res0: Double = 10.0

// 使用 isInstanceOf[T] 方法来判断类型
scala> val b = 10.isInstanceOf[Int]
b: Boolean = true

scala> val b = 10.isInstanceOf[Double]
b: Boolean = false
```

7.2.2 Scala 函数

1. Scala 函数的定义语法

在 Scala 中使用 def 关键字定义函数，语法如图 7.11 所示。

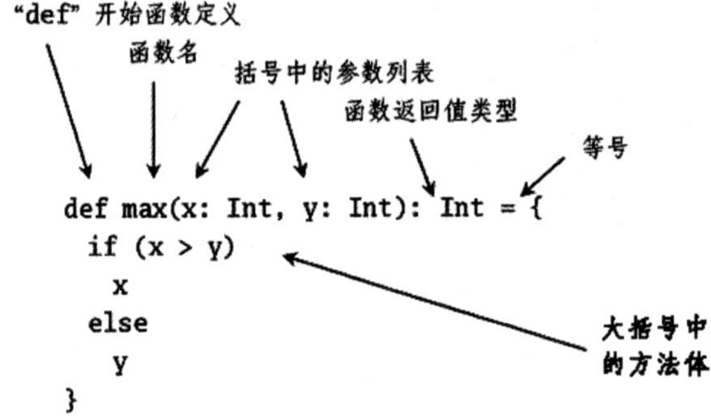

图 7.11　Scala 函数定义

2. 有返回值方法的定义

```
def 方法名 ( 参数名 : 参数类型 ) : 返回类型 = {
  // 括号内的叫做方法体

  // 方法体内最后一行为返回值，不需要使用 return
}
```

示例：

代码 7.1　Scala 中函数的定义和使用

```
package com.kgc.bigdata.spark.scala

/**
 * 函数的定义
```

```
 */
object FunctionApp {

  def main(args: Array[String]) {
    def add(x: Int, y: Int): Int = {
      x + y       // 最后一行就是返回值，不需要使用 return
    }
    println(add(1, 2))

    def three() = 1 + 2
    three()
    three       // 当函数没有参数时，可以省略大括号
  }
}
```

3. 没有返回值方法的定义

```
def 方法名 ( 参数名 : 参数类型 ) {
  // 方法体
}
示例：
def sayHello() {
  println("say hello....")
}

sayHello()
sayHello      // 当调用的函数没有参数，方法的括号也可以省略
```

7.2.3　Scala 面向对象

Scala 面向对象基本上与 Java SE 中 OOP（面向对象编程）非常类似。

1. 类 & 属性 & 方法的定义

示例：

代码 7.2　Scala 中类 & 属性 & 方法的使用

```
class SimpleObjectDemo {
}

class People {
  // 定义属性
  var name: String = ""
  val age: Int = 10

  // 定义方法
  def eat(): String = {
    name + " eat..."
```

```
  }

  def watchFootball(teamName: String) {
    println(name + " is watching match of " + teamName)
  }
}

object SimpleObjectDemo {
  def main(args: Array[String]) {
    val people = new People() // 创建对象
    people.name = "Messi" // 为 name 赋值
    println("name is : " + people.name)
    println("name is : " + people.name + " , age is " + people.age)

    //people.age = 27  // 编译报错，因为 age 是 val 类型，值不能被修改

    // 函数调用
    println("invoke eat method : " + people.eat)

    // 编译报错：当调用的方法有输入参数时，一定需要带括号并传递输入参数
    //println("invoke watchFootball method : " + people.watchFootball()) // 需要带输入参数
    println("invoke watchFootball method : " + people.watchFootball("Barcelona"))
  }
}
```

2. 构造方法

示例：

代码 7.3 Scala 中构造方法的使用

```
class ConstrutorExtendsDemo {
}

class Person(val name: String, val age: Int) {
  println("Person constructor enter ~~~~~~")
  val school = "kgc"
  println("Person constructor leave ~~~~~~")
}

object ConstrutorExtendsDemo extends App {
  // 调用主构造器
  var person = new Person("zhangsan", 21)
  println("name is:" + person.name + " , age is: " + person.age + " , school is: " + person.school)
}
```

3. 继承

示例：

代码 7.4 Scala 中继承的使用

```
class Student(name: String, age: Int, var major: String) extends Person(name, age) {
  println("Student constructor enter ~~~~~~")
```

```
 println("Student constructor leave ~~~~~~")
}

object ConstrutorExtendsDemo extends App {
  // 初始化子类对象
  var student = new Student("wangwu", 15, "Math")
  println("name is:" + student.name + " , age is: " + student.age + " , major is: " + student.major + " ,
school is: " + student.school)
  println(student);
}
```

注意：

（1）子类构造方法触发之前要先触发其父类的构造方法。

（2）父类中已有的字段无需使用 val/var 修饰，只有新增的字段才需要 val/var 修饰。

4．抽象类

Scala 中抽象类的特点：

（1）类的一个或者多个方法没有完整的实现（只有定义，没有实现）。

（2）声明抽象方法不需要加 abstract 关键字，只需要不写方法体。

（3）子类重写父类的抽象方法时不需要加 override。

（4）子类重写父类的抽象属性时不需要加 override。

（5）父类可以声明抽象字段（没有初始值的字段）。

示例：

代码 7.5　Scala 中抽象类的使用

```
class AbstractDemo {
}

abstract class Person2 {
 // 属性和方法不需要添加 abstract 关键字
 def speak

 val name: String
 var age: Int
}


class Student2 extends Person2 {
 def speak() {
  // 返回值为 Unit
  println("speak~~~")
 }
```

```
  val name = "zhangsan"
  var age = 100
}

object AbstractDemo extends App {
  val s = new Student2
  s.speak
  println("name is:" + s.name + " , age is: " + s.age)
}
```

7.2.4 Scala 集合

Scala 的所有集合类都可以在 scala.collection 包中找到，其体系架构如图 7.12 所示。

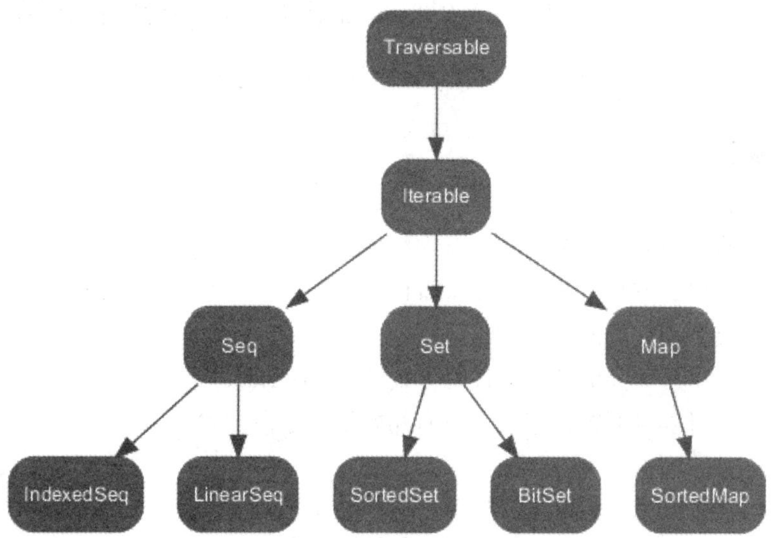

图 7.12　Scala 集合体系架构

注意：

在 Scala 的集合中通常用两种，一种是可变的、一种是不可变的。它们的区别在于集合的长度是否可以调整，对于不可变的在定义时指定长度后就不可调整。

1. 数组

Array：和 Java 中的 Array 类似，也是长度不可变的数组。

（1）定长数组 (长度不可变)：数组采用 () 访问，而不是 []，下标从 0 开始。如下代码直接在 scala 控制台运行。

```
// 数组创建
val a = new Array[String](5)
```

```
println(a) // 返回的是数组的 hashcode
a.length //Int = 5
a(1) = "hello" // 为指定的 index 位置的元素进行赋值
a

// 不用 new，直接将值写在数组中
val b = Array("aa", "bb", "cc")

b(1) // 取出 idnex 为 1 的值，String = bb
b(1) = "dd" // 修改数组中的元素
b(1)
b
b(3) // 报错：java.lang.ArrayIndexOutOfBoundsException: 3

// 数组常见算法
var c = Array(2,3,4,5,6,7,8,9)
c.sum
c.min
c.max
```

（2）变长数组 (长度可变)：ArrayBuffer

```
// 创建变长数组
val c = scala.collection.mutable.ArrayBuffer[Int]()

// 变长数组常用操作：+=/++=/insert/remove/toArray/sum/max/reverse

// += 可以添加一个或者多个元素
c += 1 // 每次产生的都是一个新的数组
c += 2
c += (3, 4, 5) // 一次添加多个元素
c ++= Array(6, 7, 8) //++ 可以放置一个 Array 进去

c.insert(0, 0) // 在指定的位置插入指定的数据
c.remove(1) // 删除指定位置的数据
c.remove(0, 3) // 删除范围数据，从指定位置开始，删除几个数据：第 0 个开始删除 3 个
c.trimEnd(2) // 移除最后的两个：从尾部截断指定个数的元素

// 变成定长数组
c.toArray //Array[Int] = Array(4, 5, 6, 7, 8)
c.toArray.sum //Int = 30
c.toArray.min //Int = 4

// 数组的遍历
for (i <- 0 until c.length) println(c(i)) // 普通遍历
for (ele <- c) println(ele) // 增强 for 循环遍历
```

2．List

示例：

```
// 创建变长 List
val l5 = scala.collection.mutable.ListBuffer[Int]()
```

```
// 增加元素
l5 += 2
l5 += (3, 4, 5)
l5 ++= List(6, 7, 8, 9)

// 删减元素
l5 -= 2  //l5.type = ListBuffer(3, 4, 5, 6, 7, 8, 9)
l5 -= 3  //l5.type = ListBuffer(4, 5, 6, 7, 8, 9)
l5 -= (1, 4)   //l5.type = ListBuffer(5, 6, 7, 8, 9)
l5 --= List(5, 6, 7, 8)   //l5.type = ListBuffer(9)

// 遍历
for(ele <- l5) println(ele)
```

3. Map

key-value 映射，和 Java 的 Map 非常类似。

示例：

```
// 创建不可变 Map
val a = Map("zhangsan" -> 27, "lisi" -> 26)
a("zhangsan")
a("zhangsan")=30 // 报错，因为 a 是不可变的 map

// 可变 Map 创建方式：用箭头
val b = scala.collection.mutable.Map("zhangsan" -> 27, "lisi" -> 26)

// 创建一个空的 HashMap
val c = scala.collection.mutable.HashMap[String, Int]()

// 取值 map(key)
a("zhangsan")  //Int = 27
a("abc")  //java.util.NoSuchElementException: key not found: abc

// 取值更好的方式 map.getOrElse(key,default)，有就取没有就用默认值
a.getOrElse("xx", 10)  //Int = 10

// 更新元素
b("spring") = 6
b("spring")

// 添加元素
b += ("bb" -> 4, "cc" -> 6)

// 删减元素
b -= "bb"

// 遍历
```

```
for ((key, value) <- b) {
  println("key is " + key + ",value is " + value)
}

for (ele <- b.keySet) {
  println("key is " + ele + ",value is " + b.getOrElse(ele, 0))
}
```

7.2.5　Scala 进阶

Scala 中，由于函数是一等公民，因此可以直接将某个函数传入其他函数，作为参数。这个功能是极其强大的，也是 Java 这种面向对象的编程语言所不具备的；接收其他函数作为参数的函数，也被称作高阶函数（higher-order function）。

1．函数作为其他函数的参数或者返回值

在讲解案例之前，我们先了解下 Scala 中的匿名函数。Scala 中，函数也可以不需要命名，此时函数被称为匿名函数；Scala 定义匿名函数的语法规则就是：(参数名 : 参数类型) => 函数体。

示例：

```
val sayHelloFunc = (name: String) => println("Hello: " + name)

// 接收函数作为函数的参数
def greeting(func:(String)=>Unit, name:String): Unit = {
 func(name)
}

greeting(sayHelloFunc, "zhangsan")

// 将函数作为返回值
def getGreetingFunc(message:String) = (name:String)=>println(message + " , " + name)
val greetingFunc = getGreetingFunc("hello")
greetingFunc("zhangsan")
```

2．高阶函数的类型推断

示例：

```
val l = List(1, 2, 3, 4, 5, 6, 7, 8)

println(l.map((x: Int) => x * 2))       //map 是逐个去操作集合中的每个元素，最原始的写法

println(l.map((x) => x * 2))            // 只有一个参数时，类型可以省略，参数类型推断

println(l.map(x => x * 2))              // 只有一个参数，可以省去括号

println(l.map(2 * _))                   //_ 是 list 中的每个参数，只有一个参数时，而且参数是
                                        // 确定的，可用 _ 代替
```

类型推断总结：

（1）高阶函数可以自动推断出参数类型，而不需要写明类型。

（2）对于只有一个参数的函数，还可以省去其小括号。

（3）如果仅有的一个参数在右侧的函数体内只使用一次，则还可以将接收参数省略，并且将参数用“_”来替代，诸如“2 * _”的这种语法，必须掌握！ spark 源码中大量使用了这种语法！

3. Scala 常用高阶函数

示例：

代码 7.6　Scala 中高阶函数的使用

```
/**
 * Scala 高阶函数的使用
 */
object ScalaOperate {

 def main(args: Array[String]) {
  val l = List(1, 2, 3, 4, 5, 6, 7, 8)

  //map：对传入的每个元素都进行映射，返回一个处理后的元素
   //foreach：对传入的每个元素都进行处理，但是没有返回值，比如这里对里面的每个元素都做打印操作
  l.map(_ * 2).foreach(println)

  //filter：对传入的每个元素都进行条件判断，如果对元素判断后为 true，则保留该元素，否则过滤掉该元素
  l.map(_ * 2).filter(_ > 8).foreach(println)
  println("------------------")

  // 取前 4 个
  l.take(4).foreach(println)
  println("------------------")

   //reduce 函数：即先对元素 1 和元素 2 进行处理，然后将结果与元素 3 处理，再将结果与元素 4 处理，依次类推
  println(l.reduce(_ + _)) //36
  println(l.reduce(_ - _)) //-34

  // 取集合中的最大值、最小值、和、记录数、平均数等
  println(l.max)
  println(l.count(_ > 3))
  println(l.min)
  println(l.sum)
  println("------------------")

  //zip：对应位置的元素组合成一个元素
  val a = List(1, 2, 3, 4)
```

```
val b = List("A", "B", "C", "D")
println(a zip b) //List((1,A), (2,B), (3,C), (4,D))

val c = List("A", "B", "C", "D", "E")
println(a zip c) //List((1,A), (2,B), (3,C), (4,D))

val d = List(1, 2, 3, 4, 5)
// 只有当两者的个数相同时才能匹配上
println(d zip c) //List((1,A), (2,B), (3,C), (4,D), (5,E))

// 将学生姓名和成绩关联
List("zhangsan", "lisi", "wangwu").zip(List(100, 90, 75, 83))

//flatten：将所有元素都压到一起
val f = List(List(1, 2), List(3, 4), List(5, 6)) //list 中嵌套 list
println(f.flatten) //List(1, 2, 3, 4, 5, 6)

//flatMap=map+flatten
println(f.flatMap(_.map(_ * 2))) //List(2, 4, 6, 8, 10, 12)

// 注意 map 和 flatMap 的区别：map 是对每个元素进行某个操作，flatMap 是先压到一个元素中去再做 map 操作
println(f.map(_.map(_ * 2))) //List(List(2, 4), List(6, 8), List(10, 12))

}

}
```

至此，在学习了以上相关知识后，任务 2 就可以完成了。

任务 3　获取 Spark 源码并进行编译

关键步骤如下：

- 下载 Spark 源码。
- 编译 Spark 源码。

7.3.1　获取 Spark 源码

1．获取 Spark 源码方式一

通过 Spark 的官网：http://spark.apache.org/ 根据你所需要的 Spark 版本直接进行下载。这里采用的 Spark 版本是 1.6.1，官网下载页面如图 7.13 所示。

2．获取 Spark 源码方式二

通过 GitHub 进行下载，因为 Spark 是一个开源项目，所有代码都托管在 GitHub

之上，地址是 http://github.org/apache/spark，Spark 在 GitHub 主页如图 7.14 所示。

图 7.13　Spark 源码官网下载页面

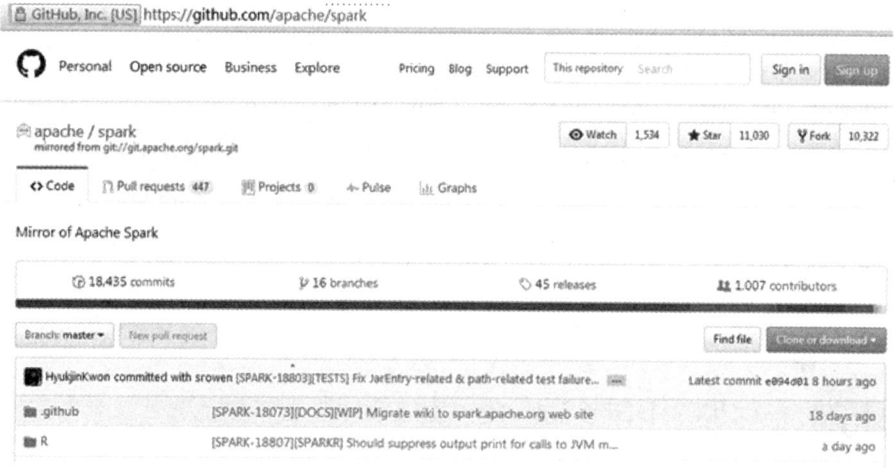

图 7.14　Spark 源码 GitHub 主页

可以通过 releases 中点击下载自己所需要的版本，或者直接通过 Git 进行下载。

```
git clone git://github.com/apache/spark.git
git clone git://github.com/apache/spark.git -b branch-1.6
```

7.3.2　Spark 源码编译

Spark 官方提出的编译注意事项：Spark1.6 版本要求的 Maven 不能低于 3.3.3，Java 不能低于 1.7。

1. Maven 编译

Spark 为我们内置了一个 Maven，存放在 Spark 源码的 build 目录下。但是还是建议大家都搭建一个 Maven，毕竟大数据很多其他框架也是需要编译的。

编译命令：

```
build/mvn -Pyarn -Phadoop-2.4 -Dhadoop.version=2.4.0 -DskipTests clean package
```

因为 Spark 是支持 Hadoop 的，而 Hadoop 又有多个不同的版本，包括社区版、商业发行版等，所以我们在编译 Spark 时，建议大家通过 -P 来指定 Spark 源码中 pom.xml 中对应支持的 Hadoop 大版本的 Profile，Hadoop 版本与 Profile 的对应关系见表 7-2，使用 -D 来指定 Hadoop 的小版本号，如果想让你的 Spark 能运行在 YARN 上，那么需要使用 -P 把 YARN 对应的 Profile 也加上。常用 Hadoop 版本与 Maven 编译命令的对应关系参见表 7-3。

表 7-2　Hadoop 版本与 Profile 的对应关系

Hadoop 版本	对应的 profile
1.x to 2.1.x	hadoop-1
2.2.x	hadoop-2.2
2.3.x	hadoop-2.3
2.4.x	hadoop-2.4
2.6.x +	hadoop-2.6

表 7-3　Hadoop 版本与 Maven 编译命令的对应关系

Hadoop 版本	Maven
Apache Hadoop 1.2.1	mvn -Dhadoop.version=1.2.1 -Phadoop-1 -DskipTests clean package
Cloudera CDH 4.2.0 with MapReduce v1	mvn -Dhadoop.version=2.0.0-mr1-cdh4.2.0 -Phadoop-1 -DskipTests clean package
Apache Hadoop 2.2.X	mvn -Pyarn -Phadoop-2.2 -DskipTests clean package
Apache Hadoop 2.3.X	mvn -Pyarn -Phadoop-2.3 -Dhadoop.version=2.3.0 -DskipTests clean package
Apache Hadoop 2.4.X or 2.5.X	mvn -Pyarn -Phadoop-2.4 -Dhadoop.version=VERSION -DskipTests clean package
不同的 HDFS and YARN 版本	mvn -Pyarn -Phadoop-2.3 -Dhadoop.version=2.3.0 -Dyarn.version=2.2.0 -DskipTests clean package

本章采用的 Hadoop 版本为 hadoop-2.6.0-cdh5.7.0，所以编译脚本如下：

```
mvn -Pyarn -Phadoop-2.6 -Dhadoop.version=2.6.0-cdh5.7.0 -DskipTests clean package
```

如果在编译过程中遇到如下的错误：

```
[INFO]Compiling 203 Scala sources and 9 Java sources to spark/core/target/scala-2.10/classes...
[ERROR] PermGen space -> [Help 1]
[INFO] Compiling 203 Scala sources and 9 Java sources to spark/core/target/scala-2.10/classes...
[ERROR] Java heap space -> [Help 1]
```

问题是内存不足导致的，我们可以通过 MAVEN_OPTS 的设置来解决：

```
export MAVEN_OPTS="-Xmx2g -XX:MaxPermSize=512M -XX:ReservedCodeCacheSize=512m"
```

2. make-distribution.sh 编译

make-distribution.sh 命令存放在 Spark 源码的根目录中，我们可以使用 make-distribution.sh --help 来查看。其实 make-distribution.sh 底层也是使用 Maven 进行编译的，但是 make-distribution.sh 方式进行编译的一个好处是，编译成功后在 Spark 源码的根目录下就有对应的 tar.gz 包，以后我们进行 Spark 环境部署时就可以直接使用该 tar.gz 进行 Spark 安装。

编译命令：

```
make-distribution.sh --name 2.6.0-cdh5.7.0 --tgz  -Phadoop-2.6 -Dhadoop.version=2.6.0-cdh5.7.0
Pyarn
```

参数说明：

（1）--name NAME：和 --tgz 结合可以生成 spark-$VERSION-bin-$NAME.tgz 的部署包，默认 NAME 为 Hadoop 的版本号。

（2）--tgz：在根目录下生成 spark-$VERSION-bin.tgz，默认不生成。

至此，在学习了以上相关知识后，任务 3 就可以完成了。

任务 4　第一次与 Spark 亲密接触

关键步骤如下：

- Spark 环境部署。
- 使用 Spark 完成词频统计分析。

7.4.1　Spark 环境部署

1. 解压 Spark 并配置到系统环境变量

（1）解压编译完成的 Spark 的 tar.gz 包。

```
tar -zxvf spark-1.6.1-bin-2.6.0-cdh5.7.0.tgz
```

（2）添加 Spark 到系统环境变量（~/.bash_profile）中。

```
export SPARK_HOME=/Users/rocky/bigdata/software/ spark-1.6.1-bin-2.6.0-cdh5.7.0
export PATH=$SPARK_HOME/bin:$PATH
```

（3）使得配置生效。

```
source ~/.bash_profile
```

2. 修改 Spark 配置文件

（1）修改 Spark 配置文件 1($SPARK_HOME/conf/spark-env.sh)，如果 spark-env.sh 文件不存在，则根据 spark-env.sh.template 配置文件拷贝一份并修改其文件名为 spark-env.sh。

```
export SPARK_MASTER_IP=localhost    # 配置 Master 节点的 hostname，单机用 localhost 即可
export SPARK_WORKER_CORES=1    #WorkNode 分出几核给 spark 使用
export SPARK_WORKER_INSTANCES=1 #WorkNode 使用几个 spark 实例，一般一个就行了
export SPARK_WORKER_MEMORY=1G #WorkNode 分出多少内存给 spark 使用
export SPARK_WORKER_PORT=8888    # 指定 spark 运行时的端口号
```

（2）修改 Spark 配置文件 2($SPARK_HOME/conf/slaves)，如果 slaves 文件不存在，则根据 slaves.template 配置文件拷贝一份并修改其文件名为 slaves，该文件配置 worknode 节点 hostname，一行配置一个，单机则用 localhost 即可。

3. 启动 Spark

$SPARK_HOME 下的 sbin 和 bin 说明：

（1）sbin：存放的是启动和停止 Spark 集群等的命令。

（2）bin：存放的是应用程序（spark-shell）启动和停止等的命令。

启动 Spark 集群（sbin 目录下）：start-all.sh

启动检测：jps 命令查看输出，如果有 Master 和 Worker 进程则表示启动成功。

浏览器访问：http://MASTER_IP:8080/，页面如图 7.15 所示。

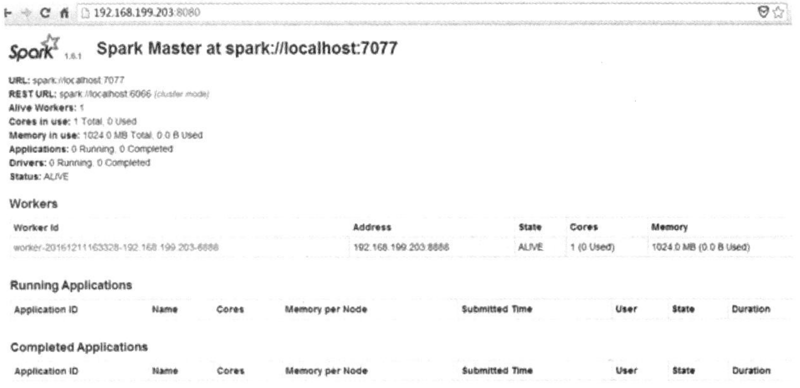

图 7.15　Spark 启动成功后页面

7.4.2　Spark 完成词频统计分析

按照如上步骤完成 Spark 环境部署后，我们就通过 Spark 自带的 wordcount 案例来了解下 Spark 是如何处理词频统计分析的。

1. 准备测试数据

准备存放数据：/home/hadoop/data/hello.txt

```
hello  world  welcome
hello  welcome
```

2. 启动 spark-shell

spark-shell 是 Spark 自带的一个交互式工具，我们可以将代码直接在 spark-shell 中

运行，存放于 $SPARK_/HOME/bin 目录下。spark-shell 的详细用法参见：spark-shell --help。

启动 spark-shell：spark-shell --master spark://hadoop000:7077

参数描述：--master 用于指定 Spark 的 Master 节点的地址，默认运行在 7077 端口。

启动成功后，我们可以访问 http://master_ip:8080 页面，如图 7.16 所示。

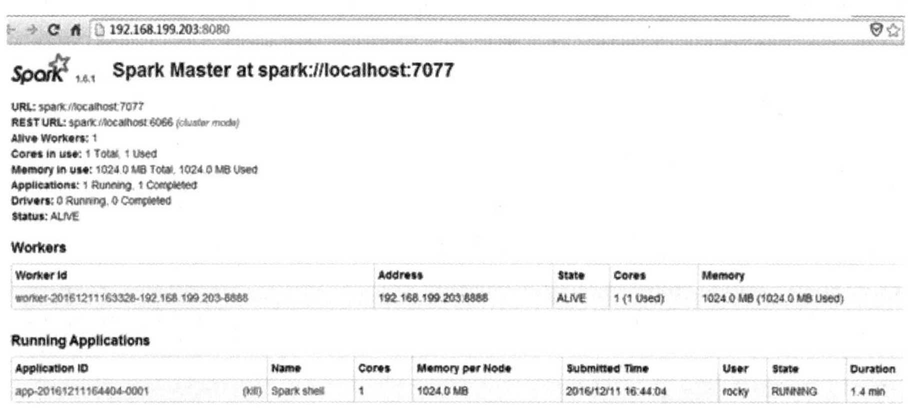

图 7.16　spark-shell 启动成功后在 Spark UI 中的展示

从图中我们在 Running Applications 中能看到有一个正在运行的 Application，名称为 Spark shell，这个其实就是通过 spark-shell 启动产生的。默认使用了 1Core、1024M 的内存、该 Application 提交的用户、当前正在运行的状态、该 Application 从启动到现在一共运行了多长时间等信息。为什么是使用了 1Core、1024M 的内存呢？可以通过 spark-shell --help 查看更加详细的配置描述。

3. 使用 Spark 进行词频统计

在启动成功的 spark-shell 交互式命令行中输入如下代码：

```
sc.textFile("hdfs://hadoop000:8020/data/hello.txt").flatMap(x=>x.split("\t")).map(x=>(x,1))
.reduceByKey(_+_).collect
```

执行完成后我们就能在控制台上查看到最终的词频统计结果：(hello,2), (welcome,2), (world,1)。当前我们只需要能将该段 scala 代码在 spark-shell 中执行完成就行，具体是代码是什么意思，在 RDD 章节中会有详细的介绍。

当然，现在我们只是将统计结果在控制台中展示出来，其实在工作中是会将各种统计结果存放在文件系统、关系型数据库等存储媒介上。

至此，在学习了以上相关知识后，任务 4 就可以完成了。

本章总结

本章学习了以下知识点：

➢　Spark 是什么以及优点。

- Spark 生态栈 BDAS 组件。
- Scala 环境部署及使用。
- 获取 Spark 源码。
- Spark 源码编译（为了能匹配生产环境的 Hadoop 或者 Hive 环境，一定要事先编译 Spark）。
- Spark 环境部署。
- 使用 Spark 进行词频统计。

本章作业

在 Spark 词频统计的基础上对统计结果按照单词出现次数降序排列（自行查阅资料完成）。

随手笔记

第8章

Spark Core

本章重点

※ RDD 是什么、如何创建
※ RDD 的常用操作：转换、动作、缓存
※ Spark 应用程序的开发

本章目标

※ 掌握 Spark 应用程序的开发
※ 掌握 Spark 的运行架构

本章任务

学习本章，需要完成以下 3 个工作任务。请记录下学习过程中所遇到的问题，可以通过自己的努力或访问 kgc.cn 解决。

任务 1：Spark 的基石 RDD

认识 RDD 是什么、有哪些特点，掌握 RDD 的创建方式有哪些、RDD 的常用转换和操作。

任务 2：RDD 进阶

掌握 RDD 的缓存选择策略，了解 Spark 中共享变量的使用、Spark 的核心概念以及运行架构。

任务 3：基于 RDD 的 Spark 编程

掌握 Spark Core 的编程模型并能进行 Spark 应用程序的开发。

任务 1 Spark 的基石 RDD

关键步骤如下：

- RDD 是什么。
- RDD 的特点。
- RDD 的创建方式。
- RDD 的常用操作：Transformation 和 Action。

8.1.1 RDD 概述

1. RDD 是什么

弹性分布式数据集（RDD，Resilient Distributed Datasets），它具备像 MapReduce 等数据流模型的容错特性，能在并行计算中高效地进行数据共享进而提升计算性能。RDD 中提供了一些转换操作，在转换过程中记录了“血统”关系，而在 RDD 中并不会存储真正的数据，只是数据的描述和操作描述。

RDD 是只读的、分区记录的集合。RDD 只能基于在稳定物理存储中的数据集和其他已有的 RDD 上执行确定性操作来创建。这些确定性操作称之为转换，如 map、filter、groupBy、join 等。RDD 不需要物化，RDD 含有如何从其他 RDD 衍生（即计算）出本 RDD 的相关信息（即 Lineage），据此可以从物理存储的数据计算出相应的 RDD 分区。

2. RDD 的特性

RDD 有五大特性。

（1）一系列的分区信息（Partition）。对于 RDD 来说，每个分区都会被一个任务处理，这决定了并行度。用户可以在创建 RDD 时指定 RDD 的分区个数，如果没有设置则采用默认值。对应于 RDD 源码中的方法是：

```
protected def getPartitions: Array[Partition]
```

（2）由一个函数计算每一个分片。Spark 中的 RDD 的计算是以分片为单位的，每个 RDD 都会实现 compute 函数以达到这个目的。

```
def compute(split: Partition, context: TaskContext): Iterator[T]
```

（3）RDD 之间的依赖关系。RDD 的每次转换都会生成一个新的 RDD，那么多个 RDD 之间就有前后的依赖关系。在某个分区的数据丢失时，Spark 可以通过这层依赖关系重新计算丢失的分区数据，而不需要从头对 RDD 的所有分区数据进行重新计算。对应于 RDD 源码中的方法是：

```
protected def getDependencies: Seq[Dependency[_]] = deps
```

（4）Partitioner 是 RDD 中的分区函数，类似于 Hadoop 中的 Partitoner，使得数据按照一定的规则分配到指定的 Reducer 上去处理。当前 Spark 中有两种类型的分区函数，一个是基于 Hash 的 HashPartitioner，另一个是基于范围的 RangePartitioner。对于普通数据的 Partitioner 为 None，当遇到的 RDD 数据是 key-value 才会有 Partitioner，比如在使用 join 或者 group by 时。对应于 RDD 源码中的方法是：

```
@transient val partitioner: Option[Partitioner] = None
```

（5）最佳位置列表。一个 RDD 会对应有多个 Partitioner，那么这些 Partitioner 最佳的计算位置是在哪。对于 HDFS 文件来说，这个列表保存的是每个 Partition 所在的 Block 的位置。按照“移动数据不如移动计算”的理念，Spark 在进行任务调度时会尽可能地将计算任务分派到其所在处理数据块的存储位置。对应于 RDD 源码中的方法是:

```
protected def getPreferredLocations(split: Partition): Seq[String] = Nil
```

8.1.2　RDD 常用创建方式

有三种方式创建 RDD。

1. 由集合创建 RDD

Spark 会将集合中的数据拷贝到集群上去，形成一个分布式的数据集合，也就是一个 RDD；相当于集合中的部分数据会到一个节点上，而另一部分数据会到其他节点上；然后就可以用并行的方式来操作这个分布式数据集合。

```
val rdd = sc.parallelize(List(1,2,3,4,5,6))
rdd.count

val rdd = sc.parallelize(List(1,2,3,4,5,6), 5)
rdd.count
```

上面两种写法结果是一样的，只是分区数不一样，通过 WebUI 可以发现他们的 task 数量不一样。在 RDD 的特性中我们知道，有多少个 partition 就对应有多少个 task，他们之间是一一对应的。

说明：

（1）Spark 默认会根据集群的情况来设置 partition 的数量，但是也可以在调用 parallelize() 方法时，传入第二个参数，来设置 RDD 的 partition 数量；比如 parallelize(arr, 10)。

（2）Spark 会为每一个 partition 运行一个 task 来进行处理，通过 WebUI 可以查看。

2. 加载文件成 RDD

Spark 支持使用任何 Hadoop 所支持的存储系统上的文件创建 RDD，比如说 HDFS、Cassandra、HBase 以及本地文件；通过调用 SparkContext 的 textFile() 方法，可以针对本地文件或 HDFS 文件创建 RDD。通过读取文件来创建 RDD，文件中的每一行就是 RDD 中的一个元素。

准备处理的数据：hello.txt，存放在目录：/home/hadoop/data/，分隔符是制表符。

```
hello	world	hello
hello	welcome	world

//Spark 处理本地文件
val distFile = sc.textFile("file:///home/hadoop/data/hello.txt")
distFile.count

//Spark 处理 HDFS 上的文件
cd ~/data
hadoop fs -put hello.txt /		// 上传本地文件到 HDFS
val distFile = sc.textFile("hdfs://hadoop000:8020/hello.txt")
distFile.count
```

有几个事项需要注意：

（1）针对本地文件的话，如果是在本地测试，有一份文件即可；如果是在 Spark 集群上测试本地文件，那么需要将文件拷贝到所有 worker 节点上。因为 Spark 是分布式执行的，任务会被分配到不同的节点上去执行，如果要执行任务的节点上都没有要处理的本地文件，那么也就无从谈起如何处理了。

（2）Spark 的 textFile() 方法支持针对目录、压缩文件以及通配符进行 RDD 创建。

```
textFile("/my/directory")
textFile("/my/directory/*.txt")
textFile("/my/directory/*.gz")
```

（3）Spark 默认会为 HDFS 文件的每一个 block 创建一个 partition，但是也可以通过 textFile() 的第二个参数手动设置分区数量，只能比 block 数量多，不能比 block 数量少。在 Spark 中一个 partition 对应一个 task，对应的 partition 个数增加间接 task 数量就会增加，可能会导致输出的小文件数量增加，所以在生产中该参数要根据输入的数据量以及输出文件的大小来进行合理的设置。

Spark 的 textFile() 除了可以针对上述几种普通的文件创建 RDD 之外，还有一些特殊的方法来创建 RDD：

（1）SparkContext.wholeTextFiles() 方法，可以针对一个目录中的大量小文件，返回 <filename, fileContent> 组成的 pair，作为一个 PairRDD，而不是普通的 RDD。普通的 textFile() 返回的 RDD 中，每个元素就是文件中的一行文本。

（2）SparkContext.sequenceFile[K, V]() 方法，可以针对 SequenceFile 创建 RDD，K 和 V 泛型类型就是 SequenceFile 的 key 和 value 的类型。K 和 V 要求必须是 Hadoop 的序列化类型，比如 IntWritable、Text 等。

（3）SparkContext.hadoopRDD() 方法，对于 Hadoop 的自定义输入类型，可以创建 RDD。该方法接收 JobConf、InputFormatClass、Key 和 Value 的 Class。

（4）SparkContext.objectFile() 方法，可以针对之前调用 RDD.saveAsObjectFile() 创建的对象序列化的文件，反序列化文件中的数据，并创建一个 RDD。

以上创建 RDD 方式的使用场景：

（1）使用程序中的集合创建 RDD，主要用于进行测试，可以在实际部署到集群运行之前，使用集合构造测试数据，来测试后面的 Spark 应用程序的执行结果是否正确。

（2）使用本地文件创建 RDD，主要用于进行测试。

（3）使用 HDFS 文件创建 RDD，应该是最常用的生产环境处理方式，主要可以针对 HDFS 上存储的大数据，进行离线批处理操作。

3．通过 RDD 的转换形成新的 RDD

在 RDD 的转换章节讲解。

8.1.3　RDD 的转换

1．RDD 转换概述

RDD 转换创建如图 8.1 所示。RDD 中所有转换都是 lazy 的，也就是说它们并不会直接计算结果。相反地，它们只是记录了作用于 RDD 上的操作。只有当遇到一个动作（Action）时才会进行计算。这个设计让 Spark 能够更加有效的运行。

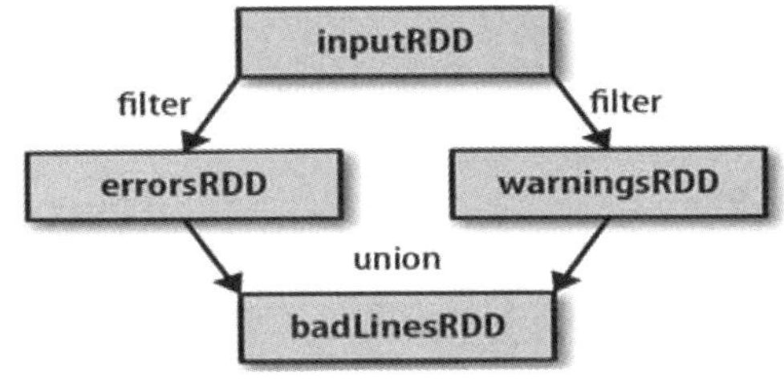

图 8.1　RDD 转换创建

2. 常用 RDD 的转换操作

常用的 RDD 转换操作如表 8-1 所示。

表 8-1　RDD 的常用转换算子

算子	描述
map(func)	JDBC 连接 URL 对调用 map 的 RDD 数据集中的每个 element 都使用 func，然后返回一个新的 RDD，这个返回的数据集是分布式的数据集
filter(func)	对调用 filter 的 RDD 数据集中的每个元素都使用 func，然后返回一个包含使 func 为 true 的元素构成的 RDD
flatMap(func)	和 map 差不多，但是 flatMap 生成的是多个结果
mapPartitions(func)	和 map 很像，但是 map 是每个 element，而 mapPartitions 是每个 partition
sample(withReplacement,faction,seed)	抽样
union(otherDataset)	返回一个新的 dataset，包含源 dataset 和给定 dataset 的元素的集合
distinct([numTasks])	返回一个新的 dataset，这个 dataset 含有的是源 dataset 中的 distinct 的 element
groupByKey(numTasks)	返回 (K,Seq[V])，也就是 Hadoop 中 reduce 函数接受的 key-value 的 list
reduceByKey(func,[numTasks])	就是用一个给定的 reducefunc 再作用于 groupByKey 产生的 (K,Seq[V]), 比如求和、求平均数
sortByKey([ascending],[numTasks])	按照 key 来进行排序，是升序还是降序，ascending 是 boolean 类型
join(otherDataset,[numTasks])	当有两个 KV 的 dataset(K,V) 和 (K,W)，返回的是 (K,(V,W)) 的 dataset，numTasks 为并发的任务数
cogroup(otherDataset,[numTasks])	当有两个 KV 的 dataset(K,V) 和 (K,W)，返回的是 (K,Seq[V],Seq[W]) 的 dataset，numTasks 为并发的任务数
cartesian(otherDataset)	笛卡尔积就是 m*n

（1）map 算子

map 对 RDD 中的每个元素都执行一个指定的函数来产生一个新的 RDD；任何原 RDD 中的元素在新 RDD 中都有且只有一个元素与之对应；输入分区与输出分区一对一，即：有多少个输入分区，就有多少个输出分区。

```
# 把原 RDD 中每个元素都乘以 2 来产生一个新的 RDD
val a = sc.parallelize(1 to 9)

//x => x*2 是一个函数，x 是传入参数即 RDD 的每个元素，x*2 是返回值
val b = a.map(x => x*2)
a.collect
```

```
b.collect

//map 也可以把 Key 变成 Key-Value 对
val a = sc.parallelize(List("dog", "tiger", "lion", "cat", "panther", " eagle"))
val b = a.map(x => (x, 1))
b.collect
```

RDD 的操作虽然到现在为止只学了一个 map，和 Scala 的编程是否一模一样？确实是这样的，Spark 能够让我们开发分布式应用程序和开发单机版应用程序一样，这也是 Spark 很强大的一点。Scala 的 map 是单机处理数据的，但是 Spark 中相同的 map API 处理的确是分布式的计算，让开发者可以做到无缝从单机模式开发转移到大数据分布式开发。

（2）filter 算子

对元素进行过滤，对每个元素应用 function 函数，返回值为 true 的元素保留在 RDD 中，返回值为 false 的将被过滤掉。

```
val a = sc.parallelize(1 to 10)
a.filter(_ % 2 == 0).collect                // 求偶数
a.filter(_ < 4).collect                     // 求小于 4 的元素

//map 综合 filter 编程：链式编程的使用
val rdd = sc.parallelize(List(1,2,3,4,5,6))
val mapRdd = rdd.map(2 * _)                 //map 是对里面的每个数据进行转换，乘以 2
mapRdd.collect

val filterRdd = mapRdd.filter( _ > 5)       // 求大于 5 的值
filterRdd.collect
```

（3）mapValues

原 RDD 中的 Key 保持不变，与新的 Value 一起组成新的 RDD 中的元素。因此，该函数只适用于元素为键值对的 RDD。

```
val a = sc.parallelize(List("dog", "tiger", "lion", "cat", "panther", " eagle"))
val b = a.map(x => (x.length, x))
b.mapValues("x" + _ + "x").collect          // 等同于 everyInput =>"x" + everyInput + "x"
```

8.1.4　RDD 的动作

1. RDD 动作概述

本质上在 Actions 算子中通过 SparkContext 执行提交作业的 runJob 操作，触发了 RDD DAG 的执行。

2. 常用 RDD 的动作操作

RDD 中所有动作都是 eager 的，也就是遇到动作（Action）就会立刻计算。RDD 中常用的 RDD 动作操作如表 8-2 所示。

表 8-2　RDD 的常用动作算子

算子	描述
reduce(func)	聚集，但是传入的函数是两个参数输入返回一个值，这个函数必须是满足交换律和结合律的
collect()	一般在 filter 或者足够小的结果的时候，再用 collect 封装返回一个数组
count()	返回的是 dataset 中的 element 的个数
first()	返回的是 dataset 中的第一个元素
take(n)	返回前 n 个元素
takeSample(withReplacement,num,seed)	抽样返回一个 dataset 中的 num 个元素，随机种子 seed
saveAsTextFile(path)	把 dataset 写到一个 textfile 中，或者 HDFS，或者 HDFS 支持的文件系统中，Spark 把每条记录都转换为一行记录，然后写到 file 中
saveAsSequenceFile(path)	只能用在 key-value 对上，然后生成 SequenceFile 写到本地或者 Hadoop 文件系统
countByKey()	返回的是 key 对应的个数的一个 map，作用于一个 RDD
foreach(func)	对 dataset 中的每个元素都使用 func

（1）collect

返回 RDD 中所有的元素到 Driver 端，打印在控制台。

```
val a = sc.parallelize(1 to 9, 3)
val b = a.map(x => x*2)
a.collect
```

（2）count

返回 RDD 中的元素数量。

```
val a = sc.parallelize(List("zhangsan", "lisi", "wangwu", "zhaoliu", "tianqi"))
a.count
```

（3）reduce

根据函数，对 RDD 中的元素进行两两计算，返回计算结果。

```
val a = sc.parallelize(1 to 100)
a.reduce((x,y) => x+y))
a.reduce(_ + _)  //5050

var b = sc.parallelize(Array(("A",0),("A",2),("B",1),("B",2),("C",1)))
b.reduce((x,y) => {(x._1 + y._1,  x._2 + y._2) })    // (AABBC,6)
```

（4）first

返回 RDD 元素中的第一个元素，不排序。

```
val a = sc.parallelize(List("zhangsan", "lisi", "wangwu", "zhaoliu", "tianqi"))
a.first  //zhangsan
```

（5）take

返回 RDD 中前 N 个元素，不排序。输入是什么顺序，输出就是什么顺序。

```
sc.parallelize(List("zhangsan", "lisi", "wangwu", "zhaoliu", "tianqi")).take(2) // Array(zhangsan, lisi)
sc.parallelize(1 to 100).take(10) // Array(1, 2, 3, 4, 5, 6, 7, 8, 9, 10)
```

（6）lookup

用于 (K,V) 类型的 RDD, 指定 K 值，返回 RDD 中该 K 对应的所有 V 值。

```
var rdd = sc.parallelize(List(('a',1),('a',2),('b',3),('b',4)))
rdd.lookup('a')  // WrappedArray(1, 2)
```

（7）最值

返回最大值、最小值。

```
val y = sc.parallelize(10 to 30)
y.max          // 求最大值
y.min          // 求最小值
```

（8）保存 RDD 数据到文件系统

```
var rdd = sc.parallelize(1 to 10,2)
rdd.saveAsTextFile("hdfs://hadoop000:8020/data/rddsave/")
```

8.1.5　RDD 的依赖

1. Lineage

RDD 的一大卖点就是有依赖关系存储在每一个 RDD 中。当每一个 RDD 计算时发现 parent RDD 的数据丢失了，那它就会从 parent RDD 重新计算一遍以恢复出 parent 数据；如果一直没找到，那么就会找到根 RDD，有可能是 HadoopRDD，就会从 HDFS 上读出数据一步步恢复出来。当然如果完全找不到数据，那么就恢复不出来了。RDD 的这种依赖关系称之为 RDD 的 Lineage 信息。RDD 的 Lineage 好比人的进化过程，如图 8.2 所示。

图 8.2　RDD Lineage 类比图

RDD 最重要的特性之一就是 Lineage，描述了一个 RDD 是如何从父 RDD 计算得来的。RDD 实现了基于 Lineage 的容错机制，RDD 的转换关系构成了 compute chain，可以把这个 compute chain 认为是 RDD 之间演化的 lineage，在部分计算结果丢失时，只需要根据这个 lineage 重算即可。

Lineage 一直增长，直到遇到 action，才会把前面累积的所有 transformation 一次性执行。每个 RDD 是知道他是从哪个父 RDD 演化而来的，这是 Spark 容错的核心。如果某个 RDD 丢失了，则可通过 Lineage 从父 RDD 快速并行计算得出。

2. Dependency

在 Spark 中，每一个 RDD 是对于数据集在某一状态下的表现形式，比如说：map、filter、group by 等都算一次操作，这个状态有可能是从前一状态转换而来的；因此换句话说一个 RDD 可能与之前的 RDD(s) 有依赖关系。

根据依赖关系的不同，可以将 RDD 分成两种不同的类型：宽依赖和窄依赖。RDD 依赖关系如图 8.3 所示。

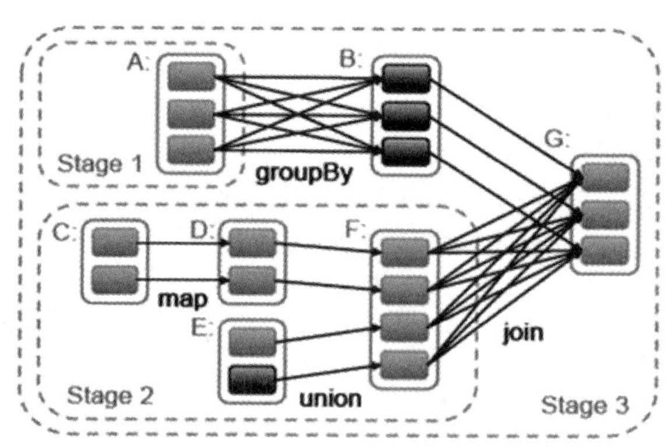

图 8.3 RDD 依赖关系图

图中方框描述：外面的大方框是一个 RDD，里面的小方块是 RDD 中的 partition，多个 partition 组成一个 RDD。

3. 窄依赖

定义：一个父 RDD 的 partition 至多被子 RDD 的某个 partition 使用一次。如图 8.4 所示。

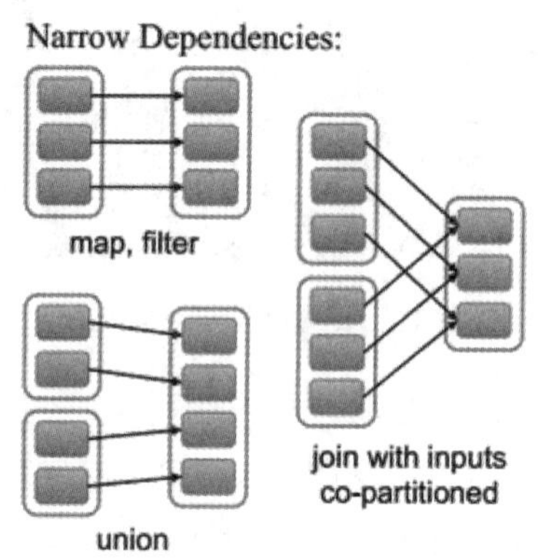

图 8.4 RDD 窄依赖

不需要 shuffle，partition 范围不会改变，一个 partition 经过 transform 后还是一个 partition，虽然内容发生了变化。可以进行 pipeline 计算，快速完成。

容错：某个 partition 挂了，快速将丢失的 partition 并行计算出来。窄依赖可以在单节点上完成运算，非常高效。容错和计算速度都比宽依赖强。

4. 宽依赖

定义：一个父 RDD 的 partition 会被子 RDD 的 partition 使用多次。只能前面的算好后才能进行后续的计算，只有等到父 partition 的所有数据都传输到各个节点后才能计算（经典的 mapreduce 场景）。如图 8.5 所示。

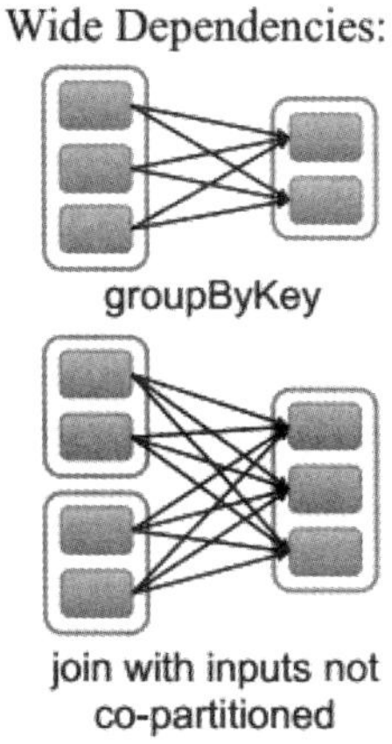

Wide Dependencies:

groupByKey

join with inputs not co-partitioned

图 8.5　RDD 宽依赖图

容错：某个 partition 挂了，要计算前面所有的父 partition，代价很大。Spark 可以把宽依赖的结果集通过 StorageLevel 设置数据持久化到磁盘或者内存或者内存和磁盘都存储，当 partiton 挂了后直接从持久化（磁盘或者内存）中读取即可。

5. 宽依赖对比窄依赖

相比于宽依赖，窄依赖对优化很有利，主要基于以下两点：

（1）宽依赖往往对应着 shuffle 操作，需要在运行过程中将同一个父 RDD 的分区传入到不同的子 RDD 分区中，中间可能涉及多个节点之间的数据传输；而窄依赖的每个父 RDD 的分区只会传入到一个子 RDD 分区中，通常可以在一个节点内完成转换。

（2）当 RDD 分区丢失时（某个节点故障），spark 会对数据进行重算。

对于窄依赖，由于父 RDD 的一个分区只对应一个子 RDD 分区，这样只需要重算和子 RDD 分区对应的父 RDD 分区即可，所以这个重算对数据的利用率是 100% 的；

对于宽依赖，重算的父 RDD 分区对应多个子 RDD 分区，这样实际上父 RDD 中只有一部分的数据是被用于恢复这个丢失的子 RDD 分区的，另一部分对应子 RDD 的其他未丢失分区，这就造成了多余的计算。一般情况，宽依赖中子 RDD 分区通常来自多个父 RDD 分区，极端情况下，所有的父 RDD 分区都要进行重新计算。

如图 8.6 所示，b1 分区丢失，则需要重新计算 a1、a2 和 a3，这就产生了冗余计算 (a1,a2,a3 中对应 b2 的数据)。

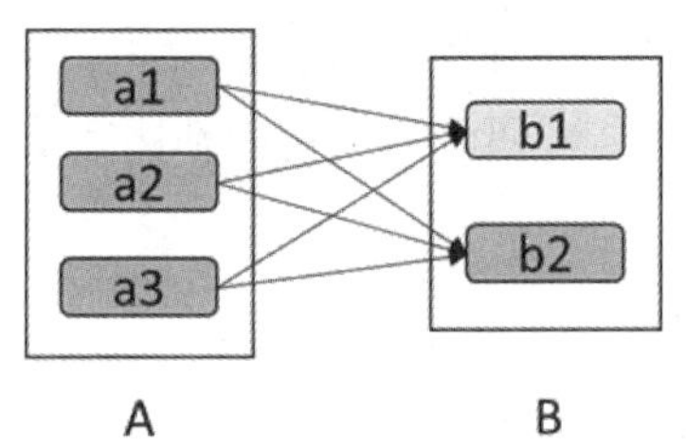

图 8.6　RDD 宽依赖容错图

至此，在学习了以上相关知识后，任务 1 就可以完成了。

任务 2　RDD 进阶

关键步骤如下：

- 认知 RDD 缓存的优点。
- 掌握 RDD 缓存策略的选择。
- 认知共享变量的使用。
- 掌握 Spark 的运行架构。

8.2.1　RDD 缓存

1．缓存概述

通过对 Spark RDD 的学习我们知道 RDD 的转换是 lazy 的，而有时候我们希望能够多次使用同一个 RDD，如果简单地对 RDD 调用操作，Spark 每次都会重算 RDD 以及它的所有依赖，这在迭代算法中消耗很大，此时我们可以让 Spark 对数据进行缓存或者持久化操作。

当 Spark 持久化存储一个 RDD 时，如果一个有持久化数据的节点发生故障，Spark 会在需要用到缓存数据时重算丢失的数据分区，为此可以把数据备份到多个节点避免这种情况发生。

Spark 中一个很重要的能力是将数据缓存（或称为持久化），在多个操作间都可以访问这些持久化的数据。当持久化一个 RDD 时，每个节点会将本节点计算的数据块存储到内存、磁盘、以及存储多副本，具体的缓存策略可以根据 StorageLevel 进行设置，在该数据上的其他 action 操作将直接使用内存中的数据。这样会让以后的 action 操作计算速度加快（通常运行速度会加速 10 倍）。缓存是迭代算法和快速的交互式使用的重要工具。

RDD 可以使用 persist() 方法或 cache() 方法进行持久化。数据将会在第一次 action 操作时进行计算，并在各个节点的内存中缓存。Spark 的缓存具有容错机制，如果一个缓存的 RDD 的某个分区丢失了，Spark 将按照原来的计算过程，自动重新计算并进行缓存。

2. 是否使用缓存对比

（1）不使用缓存

不使用缓存的情况如图 8.7 所示，执行流程分析：

（1）从 HDFS 读取数据。

（2）执行第一次 count 操作，肯定会从 HDFS 上读取数据，形成 linesRDD，然后再针对 linesRDD 执行 count 操作，从而统计出 HDFS 文件的行数。

（3）执行第二次 count 操作，还是会从 HDFS 上读取数据，形成 linesRDD，然后再针对 linesRDD 执行 count 操作，从而统计出 HDFS 文件的行数。发现这里会读取多次 HDFS 上的文件并进行统计操作。

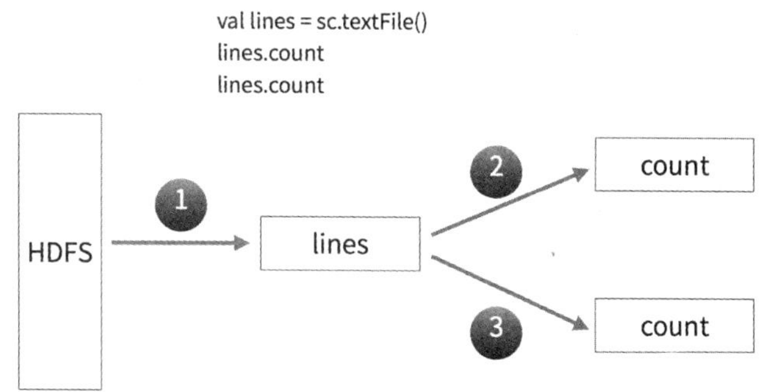

图 8.7　不使用缓存

默认情况下，这种针对大量数据的 action 操作都是非常耗时的，那么多来几次这样的 action 操作，性能就会降低很多。在 Spark 中，如果对某个 RDD 后面进行多次操作，可能每次都要重新计算一个 RDD，就会反复消耗大量的时间，从而大大降低了整体性能，一定要避免这种情况。

（2）使用缓存

使用缓存的情况如图 8.8 所示，执行流程分析：

（1）从 HDFS 读取数据。

（2）对 linesRDD 进行持久化操作，需要注意的是 cache 是 lazy 的。

（3）执行第一次 count 操作，肯定会从 HDFS 上读取数据，形成 linesRDD，然后再针对 linesRDD 执行 count 操作，从而统计出 HDFS 文件的行数；由于触发了 action 操作，那么就会把 linesRDD 的数据进行持久化；虽然第一次 count 操作执行完了，但是也不会清除掉 lines RDD 中的数据，反而将数据缓存到内存或者磁盘中。

（4）此时执行第二次 count 操作，就不会重新从 HDFS 上读取数据，而是直接从 lines RDD 所在的节点的内存或者磁盘中取出 linesRDD 的数据，进行 count 操作；这样就不需要多次计算同一个 RDD，在大数据场景下，可以大幅度提升 Spark 应用的性能。

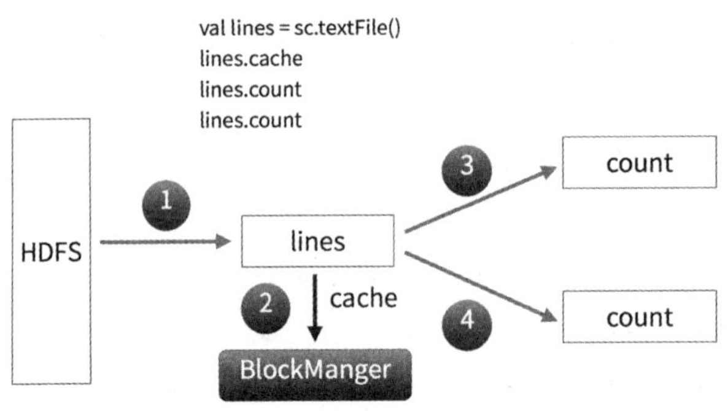

图 8.8 使用缓存

3. 缓存策略

每个持久化的 RDD 可以使用不同的存储级别进行缓存，例如，持久化到磁盘、已序列化的 Java 对象形式持久化到内存（可以节省空间）、跨节点间复制、以 off-heap 的方式存储在 Alluxio（以前叫 Tachyon，类似的产品还有 Apache Ignite，有兴趣的同学可以到 Apache Ignite 官网进行学习）。这些存储级别通过传递一个 StorageLevel 对象（Scala、Java、Python）给 persist() 方法进行设置。cache() 方法是使用默认存储级别的快捷设置方法，默认的存储级别是 StorageLevel.MEMORY_ONLY（将反序列化的对象存储到内存中）。详细的存储级别如下：

（1）MEMORY_ONLY：将 RDD 以反序列化 Java 对象的形式存储在 JVM 中。如果内存空间不够，部分数据分区将不再缓存，在每次需要用到这些数据时重新进行计算。这是默认的级别。

（2）MEMORY_AND_DISK：将 RDD 以反序列化 Java 对象的形式存储在 JVM 中。如果内存空间不够，将未缓存的数据分区存储到磁盘，在需要使用这些分区时从磁盘读取。

（3）MEMORY_ONLY_SER：将 RDD 以序列化的 Java 对象的形式进行存储（每个分区为一个 byte 数组）。这种方式会比反序列化对象的方式节省很多空间，尤其是在使用 fast serializer 时会节省更多的空间，但是在读取时会增加 CPU 的计算负担。

（4）MEMORY_AND_DISK_SER：类似于 MEMORY_ONLY_SER，但是溢出的分区会存储到磁盘，而不是在用到它们时重新计算。

（5）DISK_ONLY：只在磁盘上缓存 RDD。

（6）MEMORY_ONLY_2,MEMORY_AND_DISK_2, 等等：与上面的级别功能相同，只不过每个分区在集群中两个节点上建立副本。

（7）OFF_HEAP：以序列化的格式（serialized format）将 RDD 存储到 Tachyon。相比于 MEMORY_ONLY_SER，OFF_HEAP 降低了垃圾收集（garbage collection）的开销，使得 executors 变得更小，而且共享了内存池，在使用大堆（heaps）和多应用并行的环境下有更好的表现。此外，由于 RDD 存储在 Tachyon 中，executor 的崩溃不会导致内存中缓存数据的丢失。在这种模式下，Tachyon 中的内存是可丢弃的。因此，

Tachyon 不会尝试重建一个在内存中被清除的分块。如果你打算使用 Tachyon 进行 off heap 级别的缓存，Spark 与 Tachyon 当前可用的版本相兼容。详细的版本配对使用建议请参考 Tachyon 的说明。

在 shuffle 操作中（例如 reduceByKey），即便是用户没有调用 persist 方法，Spark 也会自动缓存部分中间数据。这么做的目的是，在 shuffle 的过程中某个节点运行失败时，不需要重新计算所有的输入数据。如果用户想多次使用某个 RDD，强烈推荐在该 RDD 上调用 persist 方法。

4. 如何选择存储级别

Spark 的存储级别的选择，核心问题是在内存使用率和 CPU 效率之间进行权衡。建议按下面的过程进行存储级别的选择。

（1）如果使用默认的存储级别（MEMORY_ONLY），存储在内存中的 RDD 没有发生溢出，那么就选择默认的存储级别。默认存储级别可以最大程度的提高 CPU 的效率，可以使在 RDD 上的操作以最快的速度运行。

（2）如果内存不能全部存储 RDD，那么使用 MEMORY_ONLY_SER，并挑选一个快速序列化库将对象序列化，以节省内存空间。使用这种存储级别，计算速度仍然很快。

（3）除了在计算该数据集的代价特别高，或者在需要过滤大量数据的情况下，尽量不要将溢出的数据存储到磁盘。因为，重新计算这个数据分区的耗时与从磁盘读取这些数据的耗时差不多。

（4）如果想快速还原故障，建议使用多副本存储界别（例如，使用 Spark 作为 web 应用的后台服务，在服务出故障时需要快速恢复的场景下）。所有的存储级别都通过重新计算丢失的数据的方式，提供了完全容错机制。但是多副本级别在发生数据丢失时，不需要重新计算对应的数据库，可以让任务继续运行。

（5）在高内存消耗或者多任务的环境下，还处于实验性的 OFF_HEAP 模式有下列几个优势：它支持多个 executor 使用 Tachyon 中的同一个内存池；显著减少了内存回收的代价；如果个别 executor 崩溃掉，缓存的数据不会丢失。

5. 移除数据

Spark 自动监控各个节点上的缓存使用率，并以最近最少使用的方式（LRU）将旧数据块移除内存。如果想手动移除一个 RDD，而不是等待该 RDD 被 Spark 自动移除，可以使用 RDD.unpersist() 方法。

8.2.2 共享变量（Shared Variables）

1. 共享变量概述

通常情况下，一个传递给 Spark 操作（例如 map 或 reduce）的方法是在远程集群上的节点执行的。方法在多个节点执行过程中使用的变量，是同一份变量的多个副本。

这些变量以副本的方式拷贝到每个机器上，各个远程机器上变量的更新并不会传回 driver 程序。然而，为了满足两种常见的使用场景，Spark 提供了两种特定类型的共享变量：广播变量（broadcast variables）和累加器（accumulators）。

2. 广播变量（broadcast variables）

广播变量允许开发者将一个只读变量缓存到每台机器上，而不是给每个任务传递一个副本。例如，广播变量可以用一种高效的方式给每个节点传递一份比较大的数据集副本。在使用广播变量时，Spark 也尝试使用高效广播算法分发变量，以降低通信成本。

Spark 的 action 操作是通过一些列的阶段（stage）进行执行的，这些阶段（stage）是通过分布式的 shuffle 操作进行切分的。Spark 自动广播在每个阶段内任务需要的公共数据。这种情况下广播的数据使用序列化的形式进行缓存，并在每个任务运行前进行反序列化。这明确说明，只有在跨越多个阶段的多个任务会使用相同的数据，或者在使用反序列化形式的数据特别重要的情况下，使用广播变量会有比较好的效果。

广播变量通过在一个变量 v 上调用 SparkContext.broadcast(v) 方法进行创建。广播变量是 v 的一个封装器，可以通过 value 方法访问 v 的值。代码示例如下：

```
scala> val broadcastVar = sc.broadcast(Array(1, 2, 3))
broadcastVar: org.apache.spark.broadcast.Broadcast[Array[Int]] = Broadcast(0)

scala> broadcastVar.value
res0: Array[Int] = Array(1, 2, 3)
```

广播变量创建之后，在集群上执行的所有的函数中，应该使用该广播变量代替原来的 v 值。所以，每个节点上的 v 最多分发一次。另外，对象 v 在广播后不应该再被修改，以保证分发到所有的节点上的广播变量有同样的值（例如，在分发广播变量之后，又对广播变量进行了修改，然后又需要将广播变量分发到新的节点）。

3. 累加器（accumulators）

累加器只允许关联操作进行 "added" 操作，因此在并行计算中可以支持特定的计算。累加器可以用于实现计数（类似在 MapReduce 中那样）或者求和。原生 Spark 支持数值型的累加器，开发者可以添加新的支持类型。创建累加器并命名之后，在 Spark 的 UI 界面上将会显示该累加器。这样可以帮助理解正在运行的阶段运行情况（注意，在 Python 中还不支持）。

一个累加器可以通过在原始值 v 上调用 SparkContext.accumulator(v)。然后，集群上正在运行的任务就可以使用 add 方法或 += 操作对该累加器进行累加操作。只有 driver 程序可以读取累加器的值，读取累加器的值使用 value 方法。

下面代码将数组中的元素进行求和：

```
scala> val accum = sc.accumulator(0, "My Accumulator")
accum: spark.Accumulator[Int] = 0

scala> sc.parallelize(Array(1, 2, 3, 4)).foreach(x => accum += x)
...
```

```
10/09/29 18:41:08 INFO SparkContext: Tasks finished in 0.317106 s

scala> accum.value
res2: Int = 10
```

上面的代码示例使用的是 Spark 内置的 Int 类型的累加器，开发者可以通过集成 AccumulatorParam 类创建新的累加器类型。AccumulatorParam 接口有两个方法：zero 方法和 addInPlace 方法。zero 方法给数据类型提供了一个 0 值，addInPlace 方法能够将两个值进行累加。例如，假设我们有一个表示数学上向量的 Vector 类，我们可以写成：

```
object VectorAccumulatorParam extends AccumulatorParam[Vector] {
  def zero(initialValue: Vector): Vector = {
    Vector.zeros(initialValue.size)
  }
  def addInPlace(v1: Vector, v2: Vector): Vector = {
    v1 += v2
  }
}

val vecAccum = sc.accumulator(new Vector(...))(VectorAccumulatorParam)
```

8.2.3　Spark 核心概念

1. Application

构建在 spark 上的应用程序，由 driver program 和集群上的 executor 组成。是 SparkContext 的实例。每一个 Application 都运行在一组独立的 Executor 进程上。

2. Application jar

包含 Spark 应用程序的 jar。有时候用户需要创建一个包含其应用程序和其依赖的 jar。该 jar 不包含 Hadoop 和 Spark 的 jar，但是运行时需要。

3. Driver program

运行应用程序的 main 函数以及创建 SparkContext 的进程

4. Cluster manager

获取集群资源的外部服务 (如 standalone manager、Mesos、 YARN)。

5. Deploy mode

driver 进程运行模式的区别。在 cluster 模式下，框架在集群的内部启动 driver。在 client 模式下，由 submitter 在集群的外部启动 driver。

6. Worker node

在集群中能够运行应用程序代码的任何节点。

7. Executor

在 Work Node 上为应用程序运行而启动的进程。该进程运行各个 task，并且在内存或者磁盘上存储数据，这些数据可以供各个 task 访问。每个应用程序都有自己的 Executor。一个 Executor 对应一个 JVM 实例。

8. Task

发送到 executor 上的 work 执行单元。一个 Task 对应 JVM 里面的一个线程。

9. Job

由多个 task 组成的并行计算模型。可以使用 Spark 的 action（如：save,collect）来得到结果。在 driver 的日志文件中可以看到 Job 的信息。

10. Stage

每一个 Job 都会被分成很多个小的 task 的集合。这些小的 task 称为 stage。这些 stage 互相依赖。如 map stage 和 reduce stage。在 driver 的 log 中可以看到 stage 的信息。

8.2.4 Spark 运行架构

1. 架构组件

Spark 应用在集群上作为独立的进程组来运行，在 main 程序中通过 SparkContext 来协调（称之为 driver 程序）。具体的说，为了运行在集群上，SparkContext 可以连接至几种类型的 Cluster Manager（既可以用 Spark 自己的 Standlone Cluster Manager，或者 Mesos，也可以使用 YARN），它们会分配应用的资源。一旦连接上，Spark 获得集群中节点上的 Executor，这些进程可以运行计算并且为应用存储数据。接下来，它将发送应用代码（通过 JAR 或者 Python 文件定义传递给 SparkContext）至 Executor。最终，SparkContext 将发送 Task 到 Executor 以运行。Spark 运行架构如图 8.9 所示。

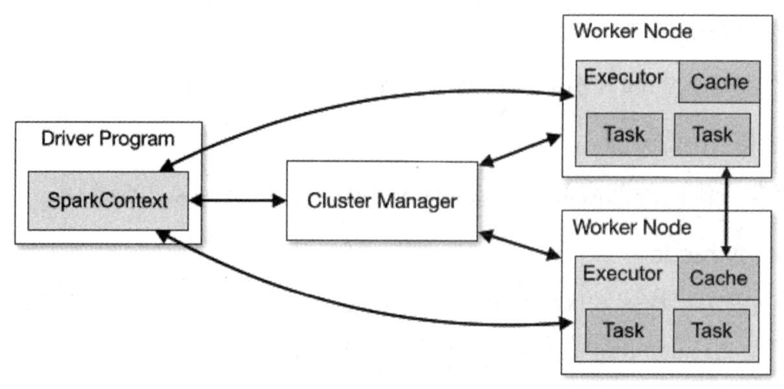

图 8.9 Spark 运行架构图

有几个关于这个架构需要注意的地方：

（1）每个应用获取到它自己的 Executor 进程，它们会保持在整个应用的生命周期中并且在多个线程中运行 task（任务）。这样做的优点是把应用互相隔离，在调度方面（每个 driver 调度它自己的 task）和 Executor 方面（来自不同应用的 task 运行在不同的 JVM 中）。然而，这也意味着若是不把数据写到外部的存储系统中，数据就不能够被不同的 Spark 应用（SparkContext 的实例）之间共享。

（2）Spark 是不知道底层的 Cluster Manager 到底是什么类型的。只要它能够获得 Executor 进程，并且它们可以和彼此之间通信，那么即使是在一个也支持其他应用的 Cluster Manager（例如，Mesos/YARN）上来运行，也是相对简单的。

（3）driver 程序必须在自己的生命周期内监听和接受来自它的 Executor 的连接请求。同样的，driver 程序必须可以从 worker 节点上网络寻址。

（4）因为 driver 调度了集群上的 task，更好的方式应该是在相同的局域网中靠近 worker 的节点上运行。如果不喜欢发送请求到远程的集群，倒不如打开一个 RPC 至 driver 并让它就近提交操作，而不是从很远的 worker 节点上运行一个 driver。

2. Spark 运行模式

系统当前支持三种 Cluster Manager：

（1）Standalone：包含在 Spark 中使得它更容易来安装集群的一个简单的 Cluster Manager。

（2）Mesos：一个通用的 Cluster Manager，它也可以运行 Hadoop MapReduce 和其他服务应用。

（3）Hadoop YARN Hadoop 2 中的 resource manager（资源管理器）。

不管采用什么运行模式，代码都是一样的，只是在提交的时候使用参数指定即可，具体在 Spark 应用程序开发案例中讲解。

至此，在学习了以上相关知识后，任务 2 就可以完成了。

任务 3 基于 RDD 的 Spark 编程

关键步骤如下：

- 使用 IDEA+MAVEN 构建 Spark 应用程序开发环境
- 基于 Spark Core 开发应用程序

8.3.1 开发前置准备

1. 开发 Spark 应用程序典型步骤

Spark 应用程序开发流程如图 8.10 所示。具体步骤如下：

（1）从文件系统读取文件或者从集合中将元素加载成 RDD。

（2）对 RDD 做各种 transformation 操作。

（3）遇到 action 触发 job 的执行。

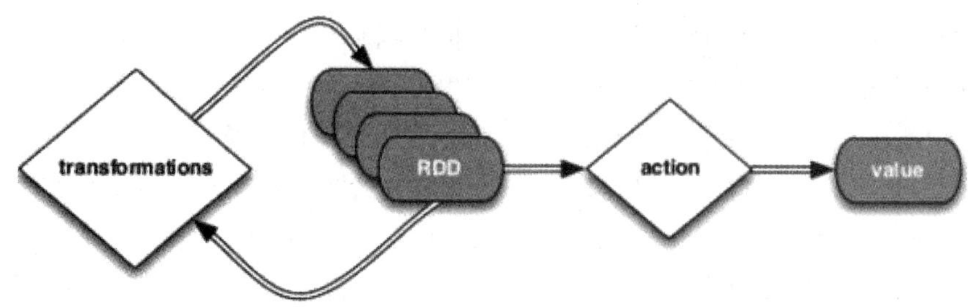

图 8.10　Spark 应用程序开发流程

2. 开发环境介绍

使用 IDEA 作为开发工具，使用 Maven 构建 Scala 应用程序。

Maven 的 pom.xml 添加如下依赖：

```
<properties>
    <scala.version>2.10.4</scala.version>
    <spark.version>1.6.1</spark.version>
    <hadoop.version>2.6.0-cdh5.7.0</hadoop.version>
</properties>

<dependency>
    <groupId>org.apache.spark</groupId>
    <artifactId>spark-core_2.10</artifactId>
    <version>${spark.version}</version>
</dependency>

// 后续操作需要操作 HDFS 文件，所以需要添加 Hadoop 的依赖
<dependency>
    <groupId>org.apache.hadoop</groupId>
    <artifactId>hadoop-client</artifactId>
    <version>${hadoop.version}</version>
</dependency>
```

8.3.2　使用 Spark Core 开发词频计数 WordCount

需求：统计 HDFS 文件系统上的某个文件的词频。

数据格式：制表符作为分隔符。

1. 实现思路

（1）首先需要将文本文件中的每一行转化成一个个的单词。

（2）其次是对每一个出现的单词进行计数。

（3）最后就是把所有相同单词的计数相加得到最终的结果。

2. 对应的 Spark 实现

（1）flatMap 算子把一行文本 split 成多个单词。

（2）使用 map 算子把单个的单词转化成一个有计数的 Key-Value 对，即 word -> (word,1)。

（3）使用 reduceByKey 算子把相同单词的计数相加得到最终结果。

3. 代码实现

代码 8.1　WordCount 使用 Spark 实现

```
object WordCount {
  def main(args: Array[String]) {
    val sparkConf = new SparkConf
    sparkConf.setAppName("WordCount")
    val sc = new SparkContext(sparkConf)

    val textFile = sc.textFile(args(0))
      val wordCounts = textFile.flatMap(line => line.split("\t")).map((word => (word, 1))).
reduceByKey(_ + _)

    // 将执行结果输出到控制台上，便于观察
    wordCounts.collect.foreach(println)
    sc.stop()
  }
}
```

4. 代码说明

（1）args0 表示要统计的文件或者文件夹，通过外部参数传递进来。

（2）lines.flatMap(_.split('\t'))：将输入文件扁平化（变成了 1 个 Seq 或者 Array），再用制表符分隔；。

（3）map((_,1))：扁平化后每个单词出现次数均为 1。

（4）reduceByKey(_+_)：把相同 key 的值加起来。

（5）setAppName：用来设定 Spark 应用程序的名字的方法。

（6）sparkConf.setAppName("WordCount")：此处采用了硬编码的方式对 appName 进行了设置，在开发上建议通过传递参数进去，在 spark-submit 命令中使用 --name 进行指定。

5. 打包

使用 maven 进行程序的打包，并上传到服务器的目录中。

```
mvn clean package -DskipTest
```

6. 准备测试数据

```
// 在 HDFS 上创建文件夹
hadoop fs -mkdir -p /data/wordcount/

// 上传测试数据到 HDFS 文件系统上
cd ~/data
hadoop fs -put hello.txt /data/wordcount/
```

hello.txt 的内容如下：

```
hello  world  welcome
hello  welcome
```

7. 提交到集群上运行

```
spark-submit \
--class com.kgc.bigdata.spark.core.WordCount \
--master spark://hadoop000:7077 \
/home/hadoop/lib/spark-1.0-SNAPSHOT.jar \
/data/wordcount/
```

参数说明：

（1）--master：指定要连接的 Spark Cluster。

本机：local　local[n]

Standalone： spark://host:port

YARN：yarn-client　yarn-cluster

Mesos：mesos://host:port

（2）--class：指定要运行的类的全称。

（3）指定要运行的 jar 包。

（4）将参数传递到 Spark 应用程序中去，多个参数之间使用逗号分隔。

执行结果：

```
(hello,2)
(welcome,2)
(world,1)
```

8. 调整一：将结果保存到 HDFS 文件系统中

```
wordCounts.saveAsTextFile(args(1))
```

重新编译，提交执行。

```
spark-submit \
--class com.kgc.bigdata.spark.core.WordCount \
--master spark://hadoop000:7077 \
/home/hadoop/lib/spark-1.0-SNAPSHOT.jar \
/data/wordcount/ /output/wc/
```

观察日志信息发现：mapred.FileInputFormat: Total input paths to process : 1

表示这个作业本次需要处理的文件个数为 1，即 hello.txt。

查看执行结果：

```
hadoop fs -text /output/wc/part-*
(hello,2)
(welcome,2)
(world,1)
```

9. 调整二：输入的是多个文件

多准备几个测试数据：

```
cd ~/data
hadoop fs -put hello.txt /data/wordcount/2
hadoop fs -put hello.txt /data/wordcount/3
hadoop fs -put hello.txt /data/wordcount/4
```

此时 /data/wordcount 下一共有 4 个文件。

提交执行：

```
spark-submit \
--class com.kgc.bigdata.spark.core.WordCount \
--master spark://hadoop000:7077 \
/home/hadoop/lib/spark-1.0-SNAPSHOT.jar \
/data/wordcount/  /output/wc2/
```

观察日志信息发现：mapred.FileInputFormat: Total input paths to process : 4

表示这个作业本次需要处理的文件个数为 4。

查看执行结果：

```
hadoop fs -text /output/wc2/part-*
(hello,8)
(welcome,8)
(world,4)
```

10. 调整三：输入文件夹下的文件模式匹配

提交执行：

```
spark-submit \
--class com.kgc.bigdata.spark.core.WordCount \
--master spark://hadoop000:7077 \
/home/hadoop/lib/spark-1.0-SNAPSHOT.jar \
/data/wordcount/*.txt  /output/wc3/
```

注意：

/data/wordcount/ 下包含 txt 的文件只有一个，其他三个文件都没有后缀名。

观察日志信息发现：mapred.FileInputFormat: Total input paths to process : 1

表示这个作业本次需要处理的文件个数为 1，即 hello.txt。

查看执行结果：

```
hadoop fs -text /output/wc3/part-*
(hello,2)
(welcome,2)
(world,1)
```

8.3.3 使用 Spark Core 进行年龄统计

需求：求平均年龄

数据格式：共两列分别是 ID+" "+ 年龄

分隔符：制表符

1. 实现思路

（1）首先需要对源文件对应的 RDD 进行处理，也就是将它转化成一个只包含年龄信息的 RDD。

（2）其次是计算元素个数即为总人数。

（3）然后是把所有年龄数加起来，最后平均年龄 = 总年龄 / 人数。

2. 对应的 Spark 实现

（1）我们需要使用 map 算子把源文件对应的 RDD 映射成一个新的、只包含年龄数据的 RDD，显然需要对在 map 算子的传入函数中使用 split 方法，得到数组后只取第二个元素即为年龄信息。

（2）计算数据元素总数需要对于第一步映射的结果 RDD 使用 count 算子。

（3）使用 reduce 算子对只包含年龄信息的 RDD 的所有元素用加法求和。

（4）使用除法计算平均年龄即可。

3. 代码实现

代码 8.2 使用 Spark 完成年龄统计

```
object AvgAgeCalculator {
  def main(args: Array[String]) {

    // 先本地测试
    val sparkConf = new SparkConf().setAppName("AvgAgeCalculator").setMaster("local[2]")

    // 再调整到集群上测试
    // val sparkConf = new SparkConf().setAppName("AvgAgeCalculator")

    val sc = new SparkContext(sparkConf)

    val dataFile = sc.textFile("/data/sample_age_data.txt")

    val ageData = dataFile.map(line => line.split(" ")(1))  // 第一步
    val count = dataFile.count()  // 第二步
    val totalAge = ageData.map(age => age.toInt).reduce(_+_)  // 第三步
    val avgAge = totalAge / count  // 第四步

    println("TotalAge is: " + totalAge +
      " , Number of People: " + count +
```

```
    " , Average Age is : " + avgAge)

  sc.stop()
 }
}
```

sample_age_data.txt 数据存放于【案例代码】文件夹中。

上一章节的 WordCount 案例我们是提交到集群上运行的，本次案例我们就以本地运行为例。

至此，在学习了以上相关知识后，任务 3 就可以完成了。

本章总结

本章学习了以下知识点:

- RDD 是什么，有哪些特点（面试常考题）。
- RDD 常用的三种创建方式。
- RDD 的常用操作：Transformation、Action、Cache。
- 共享变量的使用。
- Spark 的核心概念。
- Spark 运行架构。
- Spark 应用程序的开发。

本章作业

使用 Spark Core 完成用户访问量 Top5 统计。

数据字段格式：url　session_id　referer　ip　end_user_id　city_id

分隔符：制表符

随手笔记

第 9 章 Spark SQL

本章重点

※ 使用 DataFrame 进行编程
※ Spark SQL 操作外部数据源
※ Spark 自定义 UDF 函数
※ Spark SQL 常见调优策略

本章目标

※ 掌握使用 Spark SQL 完成各种数据源的操作
※ 掌握 Spark UDF 函数的开发

本章任务

学习本章，需要完成以下 3 个工作任务。请记录下学习过程中所遇到的问题，可以通过自己的努力或访问 kgc.cn 解决。

任务 1：Spark SQL 前世今生

了解在 SQL on Hadoop 中的常见框架及了解 Spark SQL 的诞生背景。

任务 2：Spark SQL 编程

认识 Spark SQL 编程的入口点 SQLContext 及 HiveContext，掌握 DataFrame 的常用操作。

任务 3：Spark 进阶

使用 Spark SQL 来处理各种不同的外部数据源，在 Spark SQL 中自定义函数的使用以及 Spark SQL 常见调优。

任务 1　Spark SQL 前世今生

关键步骤如下：

- 为什么 SQL 如此受欢迎。
- 认识 SQL on Hadoop 的常见框架。
- Spark SQL 能做什么。

9.1.1　为什么需要 SQL

1. SQL 是什么

SQL 是 Structured Query Language（结构化查询语言）的缩写。SQL 是专为数据库而建立的操作命令集，是一种功能齐全的数据库语言。在使用它时，只需要发出“做什么”的命令，“怎么做”是不用使用者考虑的。SQL 功能强大、简单易学、使用方便，已经成为了数据库操作的基础，并且现在几乎所有的数据库均支持 SQL。

2. 为什么需要 SQL

SQL 是一种用来进行数据分析的标准，已经存在多年。

在大数据的背景下，随着数据规模的日渐增大，原有的分析技巧是否就过时了呢？答案显然是否定的，原来的分析技巧在既有的分析维度上依然保持有效，当然对于新的数据我们想挖掘出更多有意思有价值的内容，这个目标可以交给数据挖掘或者机器学习去完成。

那么原有的数据分析人员如何快速的转换到大数据的平台上来呢，去重新学一种脚本，还是直接使用 Java 编写 MapReduce 作业？直接使用 Scala 或 Python 去编写 RDD，显然这样的代价太高，学习成本太大。数据分析人员希望底层存储机制和分析引擎的变换不要对上层分析的应用有直接的影响，用一句话来表达就是："直接使用 SQL 语句来对数据进行分析"。

9.1.2 常用的 SQL on Hadoop 框架

1. Apache Hive

Hive 是原始的 SQL-on-Hadoop 解决方案。它是一个开源的 Java 项目，能够将 SQL 转换成一系列可以在 Hadoop 集群运行的标准 MapReduce。Hive 通过一个 metastore（本身就是一个数据库）存储表模式、分区和位置以期提供像 MySQL 一样的功能。它支持大部分 MySQL 语法，同时使用相似的 database/table/view 约定组织数据集。

Hive 是一个几乎所有的 Hadoop 机器都安装了的实用工具。Hive 环境很容易建立，不需要很多基础设施。鉴于它的使用成本很低，我们几乎没有理由将其拒之门外。但需要注意的是，Hive 的查询性能通常很低，这是因为它会把 SQL 转换为运行得较慢的 MapReduce 任务。

Tez 是由 Hortonworks 公司主导发起的一个分布式计算框架，用于解决因为使用 MapReduce 而导致的响应时间慢的问题，Hive on Tez 作为 Hortonworks Stinger（Hortonworks 改进 Hive 的项目代号）的一部分，已经在 Hive 0.13 版本中支持。Tez 现已在一些公司的线上环境中得以使用，也得到很好的认可。

2. Cloudera Impala

Impala 是一个针对 Hadoop 的开源的"交互式"SQL 查询引擎。它由 Cloudera 构建，后者是目前市场上最大的 Hadoop 供应商之一。和 Hive 一样，Impala 也提供了一种可以针对已有的 Hadoop 数据编写 SQL 查询的方法。与 Hive 不同的是它并没有使用 MapReduce 执行查询，而是使用了自己的执行守护进程集合，这些进程需要与 Hadoop 数据节点安装在一起。

Impala 的设计目标是作为 Apache Hive 的一个补充，因此如果你需要比 Hive 更快的数据访问那么它可能是一个比较好的选择，特别是当你部署了一个 Cloudera、MapR 或者 Amazon Hadoop 集群的时候。但是，为了最大限度地发挥 Impala 的优势，需要将数据存储为特定的文件格式（Parquet），这个转变可能会比较痛苦。另外，还需要在集群上安装 Impala 守护进程，这意味着它会占用一部分的资源。

3. Presto

Presto 是一个用 Java 语言开发的、开源的"交互式"SQL 查询引擎。它由 Facebook 构建，即 Hive 最初的创建者。Presto 采用的方法类似于 Impala，即提供交互式体验的同时依然使用已存储在 Hadoop 上的数据集。它也需要安装在许多“节点”上，类似于 Impala。

Presto 的目标和 Cloudera Impala 一样。但是与 Impala 不同的是它并没有被一个主要的供应商支持，所以很不幸在使用 Presto 的时候无法获得企业支持。但是有一些知名的、令人尊敬的技术公司已经在产品环境中使用它了，它大概是有社区的支持。与 Impala 相似的是，它的性能也依赖于特定的数据存储格式（RCFile）。在部署 Presto 之前需要仔细考虑自己是否有能力支持并调试 Presto，如果对它的这些方面满意并且相信 Facebook 并不会遗弃开源版本的 Presto，那么放心使用它。

4. Shark

Shark 是由 UC Berkeley 大学使用 Scala 语言开发的一个开源 SQL 查询引擎。与 Impala 和 Presto 相似的是，它的设计目标是作为 Hive 的一个补充，同时在它自己的工作节点集合上执行查询而不是使用 MapReduce。与 Impala 和 Presto 不同的是 Shark 构建在已有的 Apache Spark 数据处理引擎之上。Spark 现在非常流行，它的社区也在发展壮大。可以将 Spark 看作是一个比 MapReduce 更快的可选方案。

5. Apache Drill

Apache Drill 是一个针对 Hadoop 的、开源的“交互式”SQL 查询引擎。Drill 现在由 MapR 推动，尽管他们现在也支持 Impala。Apache Drill 的目标与 Impala 和 Presto 相似——对大数据集进行快速的交互式查询，同时它也需要安装工作节点（drillbits）。不同的是 Drill 旨在支持多种后端存储（HDFS、HBase、MongoDB），同时它的一个重点是复杂的嵌套数据集（例如 JSON）。随着 Apache Drill 1.0 版本的发布（这是一个里程碑版本），该版本提升了 SQL-on-Hadoop 的安全性能，此外，它还解决了 Hadoop 上自助服务 SQL 查询的空缺，尤其是复杂动态 NoSQL 数据类的查询。

6. Apache Phoenix

Apache Phoenix 是一个用于 Apache HBase 的开源 SQL 引擎。它的目标是通过一个嵌入的 JDBC 驱动对存储在 HBase 中的数据提供低延迟查询。与之前介绍的其他引擎不同的是，Phoenix 提供了 HBase 数据的读、写操作。Phoenix 的优点在于可以使用 SQL 的方式来访问 HBase 表中的数据，大大降低了使用门槛，缺点在于一旦创建表的 Schema 信息则不能更改。

9.1.3 Spark SQL 概述

1. Spark SQL 发展史

由于基于内存的分布式计算框架 Spark 的出现，Spark 的执行效率比 MapReduce 的执行效率高很多，那么能否将 Hive 跑在 Spark 之上呢？Shark 的初衷就是：让 Hive 跑在 Spark 之上。

Shark 的本质是通过 Hive 的 hql 解析，把 hql 翻译成 Spark 上的 RDD 操作，然后通过 Hive 的 metadata 获取数据库里的表信息，实际上是 HDFS 上的数据和文件，会由 Shark 获取并放到 Spark 上运算，Shark 的特点是快，兼容 Hive。Shark 一经推出就取得了非常不俗的成绩，迎得了极好的口碑，性能上比 Hive 快出不少。

Shark 为了实现兼容 Hive，在 HQL 方面重用了 Hive 中 HQL 的解析、逻辑执行计划翻译、执行计划优化等逻辑，可以近似认为仅将物理执行计划从 MR 作业替换成了 Spark 作业（辅以内存列式存储等各种和 Hive 关系不大的优化）；同时还依赖 Hive Metastore 和 Hive SerDe（用于兼容现有的各种 Hive 存储格式）。这一策略导致了两个问题：一是执行计划优化完全依赖于 Hive，不方便添加新的优化策略；二是因为 MR 是进程级并行，写 Hive 代码的时候不是很注意线程安全问题，导致 Shark 不得不使用另外一套独立维护的打了补丁的 Hive 源码分支。这对于 Shark 的发展非常不便，于是在 2014 年 7 月 1 日的 Spark Summit 上，Databricks 宣布终止对 Shark 的开发，将重点放到 Spark SQL 上。Shark 停止后的发展路线如图 9.1 所示。

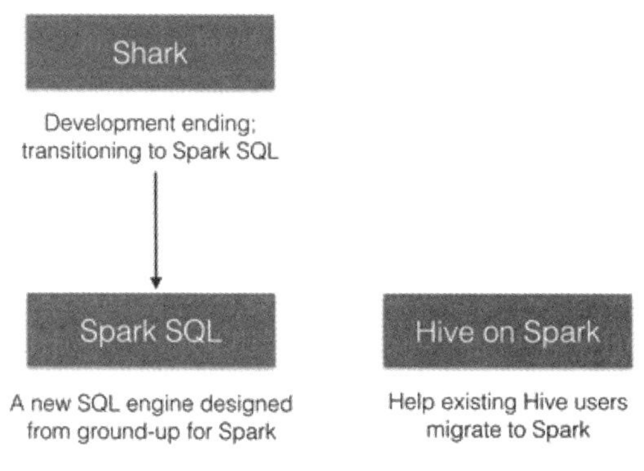

图 9.1　Shark 停止后的发展路线

终止 Shark 的原因：Databricks 表示，Shark 更多是对 Hive 的改造，替换了 Hive 的物理执行引擎，因此会有一个很快的速度。然而，不容忽视的是，Shark 继承了大量的 Hive 代码，给优化和维护带来了大量的麻烦；因此，为了更好的发展，给用户提供一个更好的体验，Databricks 宣布终止 Shark 项目，从而将更多的精力放到 Spark SQL 上。Spark SQL 不只是针对 Hive 中的数据，而且可以支持其他很多数据源的查询（关系型数据库、JSON、Parquet 文件等）。

2. Spark SQL 概述

Spark SQL 是 Spark 的核心组件之一，于 2014 年 4 月随 Spark 1.0 版一同面世。它是基于 Spark，按照关系型数据的方式管理和操作大数据，除了致力于覆盖 Shark 的所有功能外，还提供了 SQL API 和灵活的程序扩展。Spark SQL 内部实现了一个核心模块，社区将其命名为 Catalyst。作为 Shark 的继任者，Spark SQL 的主要功能之一便是访问现存的 Hive 数据。在与 Hive 进行集成的同时，Spark SQL 也提供了 JDBC/ODBC 接口。Tableau、Qlik 等第三方工具可以通过该接口接入 Spark SQL，借助 Spark 进行数据处理。

Spark SQL 是一个结构化数据处理的 Spark 组件，和 Spark RDD 的编程不同，Spark SQL 提供了更高层级的接口使得我们更加方便的处理和计算数据，事实上，Spark SQL 底层用了更多的优化方案。在 Spark SQL 中，不仅可以使用 SQL 进行数据处理，还能使用 API 的方式进行处理和分析数据，而且还能够直接访问 Hive 已有的数据以及其他的一些外部数据源（比如操作 Parquet、JSON、RDBMS 等）。

至此，在学习了以上相关知识后，任务 1 就可以完成了。

任务 2 Spark SQL 编程

关键步骤如下：

- 掌握 Spark SQL 的编程入口 SQLContext 或 HiveContext 的创建方式。
- 认知 DataFrame 是什么。
- 掌握 DataFrame 的常用操作。
- 掌握 RDD 和 DataFrame 互操作。

9.2.1 Spark SQL 编程入口

1. SQLContext

Spark SQL 提供了所有功能编程使用的入口点：SQLContext 或者该类的子类。为了创建 SQLContext，需要事先准备好一个 SparkContext，我们可以查看 SQLContext 的源码：

```
class SQLContext private[sql](
  @transient val sparkContext: SparkContext,
  @transient protected[sql] val cacheManager: CacheManager,
  @transient private[sql] val listener: SQLListener,
  val isRootContext: Boolean)
  extends org.apache.spark.Logging with Serializable {

  self =>

  def this(sparkContext: SparkContext) = {
    this(sparkContext, new CacheManager, SQLContext.createListenerAndUI(sparkContext), true)
  }

  def this(sparkContext: JavaSparkContext) = this(sparkContext.sc)
  ...
}
```

Scala 语言创建 SQLContext 实例代码如下：

```
val sc: SparkContext // 已经存在的 SparkContext
val sqlContext = new org.apache.spark.sql.SQLContext(sc)
```

```
// 使用隐式转换将 RDD 转换成 DataFrame
import sqlContext.implicits._
```

Java 语言创建 SQLContext 实例代码如下：

```
JavaSparkContext sc = ...; // 已经存在的 SparkContext.
SQLContext sqlContext = new org.apache.spark.sql.SQLContext(sc);
```

Python 语言创建 SQLContext 实例代码如下：

```
from pyspark.sql import SQLContext
sqlContext = SQLContext(sc)
```

R 语言创建 SQLContext 实例代码如下：

```
sqlContext <- sparkRSQL.init(sc)
```

2. HiveContext

在使用 Spark SQL 进行编程时除了 SQLContext，还可以创建 HiveContext 对象，它包含更多的功能，例如 HiveQL 解析器支持更完善的语法、使用 Hive 用户自定义函数 UDFs、从 Hive 表中读取数据等。HiveContext 不依赖 Hive 是否安装，换句话说，即使某台机器上没有安装 Hive，我们也能在该机器上使用 Spark SQL 来处理已有的 Hive 数据。从 Spark1.3 以后，推荐使用 HiveContext，未来 SQLContext 会包含 HiveContext 中的功能。在 Spark2.x 中，Spark SQL 将 HiveContext 和 SQLContext 进行合并，直接使用 SparkSession 即可。

可以通过 spark.sql.dialect 选项更改 SQL 解析器，这个参数在 SQLContext 的 setConf 方法设置，也可以通过 SQL 的 key=value 语法设计。在 SQLContext 中 dialect 只支持一种简单的 SQL 解析器“sql”。HiveContext 默认解析器是“hiveql”，同时支持“sql”，但一般推荐 hiveql，因为它语法更全。

9.2.2　DataFrame 是什么

1. DataFrame 前身

DataFrame 最初是在 R 和 Pandas 等单机处理引擎中出现的，但是由于是单机处理，那么能处理的数据量是有限的，肯定不能满足当前日益增长的数据量的处理需求。

对于之前熟悉其他语言中 DataFrame 的新用户来说，这个新的 API 可以让 Spark 的初体验变得更加友好。而对于那些已经在使用的用户来说，这个 API 会让基于 Spark 的编程更加容易，同时其智能优化和代码生成功能也帮助用户获得更好的性能。

已经存在的单节点数据处理框架（R、Pandas）：数据处理量到 GB 已经非常了不起了，然而 Spark DataFrame 天生就是分布式、大数据的处理引擎，能通过水平扩展机器的方式来处理 N 多数据量的数据。

2. Spark SQL 中的 DataFrame

DataFrame 是一个分布式数据容器，然而它更像传统数据库的二维表格，除了数据以外，还掌握数据的结构信息，即 schema。同时与 Hive 类似，DataFrame 也支持嵌套数据类型（struct、array 和 map）。从 API 易用性的角度上看，DataFrame API 提供的是一套高层的关系操作，比函数式的 RDD API 要更加友好，门槛更低。由于与 R 和 Pandas 的 DataFrame 类似，Spark DataFrame 很好地继承了传统单机数据分析的开发体验。

3. RDD 与 DataFrame 的对比

图 9.2 直观地体现了 DataFrame 和 RDD 的区别。左侧的 RDD[Person] 虽然以 Person 为类型参数，但 Spark 框架本身不了解 Person 类的内部结构。而右侧的 DataFrame 却提供了详细的结构信息，使得 Spark SQL 可以清楚地知道该数据集中包含哪些列，每列的名称和类型各是什么。了解了这些信息之后，Spark SQL 的查询优化器就可以进行针对性的优化。举一个不太恰当的例子，其中的差别有些类似于动态类型的 Python 与静态类型的 C++ 之间的区别。后者由于在编译期有详尽的类型信息，编译器就可以编译出更加有针对性、更加优化的可执行代码。

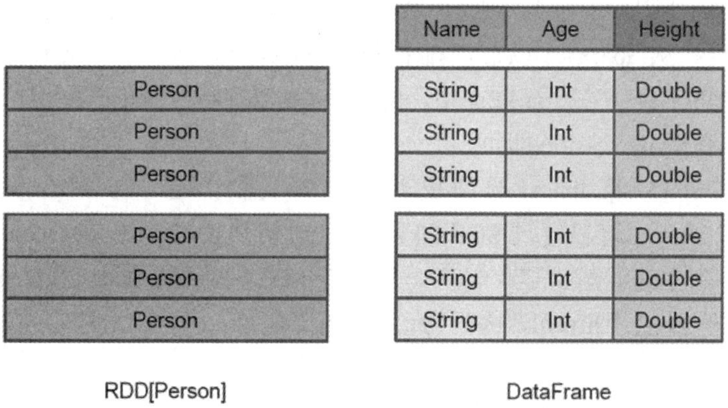

RDD[Person]
Person
Person
Person
Person
Person
Person

Name	Age	Height
String	Int	Double
String	Int	Double
String	Int	Double
String	Int	Double
String	Int	Double
String	Int	Double

RDD[Person]　　　　DataFrame

图 9.2　DataFrame 和 RDD 的对比

9.2.3　DataFrame 编程

1. 开发环境准备

在项目的 pom.xml 中添加 Maven 的依赖：

```
<!--Spark SQL 基础依赖 -->
<dependency>
   <groupId>org.apache.spark</groupId>
   <artifactId>spark-sql_2.10</artifactId>
   <version>${spark.version}</version>
</dependency>

<!--Spark SQL 操作 Hive 的依赖 -->
<dependency>
```

```
    <groupId>org.apache.spark</groupId>
    <artifactId>spark-hive_2.10</artifactId>
    <version>${spark.version}</version>
</dependency>
```

2. 创建 DataFrame

Spark 应用程序使用 SQLContext，可以通过 RDD、Hive 表、JSON 格式数据等数据源创建 DataFrame。下面是基于 JSON 文件创建 DataFrame 的示例：

代码 9.1　创建 DataFrame

```
package com.kgc.bigdata.spark.sql

import org.apache.spark.{SparkConf, SparkContext}

/**
 * DataFrame 常用操作案例
 */
object DataFrameApp {

  def main(args: Array[String]) {
    val sparkConf = new SparkConf().setMaster("local[2]").setAppName("DataFrameApp")
    val sc = new SparkContext(sparkConf)
    val sqlContext = new org.apache.spark.sql.SQLContext(sc)

    /** 使用 SQLContext 将 JSON 文件转成 DataFrame
      * people.json 内容如下
      * {"name":"Michael"}
      * {"name":"Andy", "age":30}
      * {"name":"Justin", "age":19}
      */
    val df = sqlContext.read.json("H:/workspace/SparkProject/src/data/people.json")

    // 使用 show 方法将 DataFrame 的内容输出
    df.show
    sc.stop
  }
}
```

3. DataFrame 操作

（1）DataFrame API 操作

DataFrames 支持 Scala、Java 和 Python 的操作接口。下面是以 Scala 语言为例进行几个操作示例：

代码 9.2　DataFrame 常用操作

```
package com.kgc.bigdata.spark.sql

import org.apache.spark.{SparkConf, SparkContext}

/**
```

```
 * DataFrame 常用操作案例
 */
object DataFrameApp {

  def main(args: Array[String]) {
    val sparkConf = new SparkConf().setMaster("local[2]").setAppName("DataFrameApp")
    val sc = new SparkContext(sparkConf)
    val sqlContext = new org.apache.spark.sql.SQLContext(sc)

    /** 使用 SQLContext 将 JSON 文件转成 DataFrame
      * people.json 内容如下
      * {"name":"Michael"}
      * {"name":"Andy", "age":30}
      * {"name":"Justin", "age":19}
      */
    val df = sqlContext.read.json("H:/workspace/SparkProject/src/data/people.json")

    // 使用 show 方法将 DataFrame 的内容输出
    df.show

    /**
      * 运行结果如下
      * null   Michael
      * 30     Andy
      * 19     Justin
      */

    // 使用 printSchema 方法输出 DataFrame 的 Schema 信息
    df.printSchema()

    /**
      * 运行结果如下
      * root
      * |-- age: long (nullable = true)
      * |-- name: string (nullable = true)
      */


    // 使用 select 方法来选择所需要的字段
    df.select("name").show()

    /**
      * 运行结果如下
      * Michael
      * Andy
      * Justin
```

```
  */

 // 使用 select 方法选择所需要的字段，并为 age 字段加 1
 df.select(df("name"), df("age") + 1).show()

 /**
  * 运行结果如下
  * Michael    null
  * Andy      31
  * Justin     20
  */

 // 使用 filter 方法完成条件过滤
 df.filter(df("age") > 21).show()

 /**
  * 运行结果如下
  * 30  Andy
  */

 // 使用 groupBy 方法进行分组，求分组后的总数
 df.groupBy("age").count().show()

 /**
  * 运行结果如下
  * null    1
  * 19   1
  * 30   1
  */

  sc.stop
 }
}
```

DataFrame 中提供了很多 API，详细 API 可以参见 DataFrame 源码。

（2）DataFrame sql 操作

Spark 可以使用 SQLContext 的 sql() 方法执行 SQL 查询操作，sql() 方法返回的查询结果为 DataFrame 格式。代码如下：

```
//sql() 方法执行 SQL 查询操作
val df = sqlContext.read.json("H:/workspace/SparkProject/src/data/people.json")
people.registerTempTable("people")
sqlContext.sql("select * from people where age>21")
```

4．RDD 与 DataFrame 互操作

在 Spark SQL 中有两种方式可以在 DataFrame 和 RDD 进行转换，第一种方法是利用反射机制，推导包含某种类型的 RDD，通过反射将其转换为指定类型的

DataFrame，适用于提前知道 RDD 的 Schema。第二种方法通过编程接口与 RDD 进行交互获取 Schema，并动态创建 DataFrame，在运行时决定列及其类型。

（1）使用反射获取 RDD 内的 Schema

当已知类的 Schema，使用这种基于反射的方法会让代码更加简洁而且效果也很好。Scala 支持使用 case class 类型导入 RDD 并转换为 DataFrame，通过 case class 创建 Schema，case class 的参数名称会被利用反射机制作为列名。case class 可以嵌套组合成 Sequences 或者 Array。这种 RDD 可以高效的转换为 DataFrame 并注册为表。

输入数据 people.txt 内容如下：

```
Michael, 29
Andy, 30
Justin, 19
```

功能实现：

代码 9.3　DataFrame 与 RDD 互操作之反射

```
package com.kgc.bigdata.spark.sql

import org.apache.spark.{SparkConf, SparkContext}

/**
 * DataFrame 和 RDD 互操作
 */
object DataFrameRDDApp {

 def main(args: Array[String]) {
  method1()
 }

 /**
  * 第一种操作方式：使用反射获取 RDD 内的 Schema
  */
 def method1(): Unit = {

  val sparkConf = new SparkConf().setMaster("local[2]").setAppName("DataFrameRDDApp")
  val sc = new SparkContext(sparkConf)
  val sqlContext = new org.apache.spark.sql.SQLContext(sc)

  import sqlContext.implicits._

  // 将 RDD 转成 DataFrame
  val people = sc.textFile("H:/workspace/SparkProject/src/data/people.txt")
   .map(_.split(",")).map(p => Person(p(0), p(1).trim.toInt)).toDF()

  /**
   * 使用 DataFrame API 访问
   *
```

```
  * 运行结果为：
  * Michael  29
  * Andy    30
  * Justin    19
  */
 people.show()

 /**
  * 将 DataFrame 注册成临时表，后续可以直接使用 SQL 进行查询
  *
  * 运行结果为：满足年龄条件的只有一条记录
  *  Justin  19
  */
 people.registerTempTable("people")
 val teenagers = sqlContext.sql("SELECT name, age FROM people WHERE age >= 13 AND age <=
19")
 teenagers.show()


 /**
  * DataFrame 转成 RDD 进行操作：根据索引号取值
  * 运行结果为：Name: Justin
  */

 teenagers.map(t => "Name: " + t(0)).collect().foreach(println)

 /**
  * DataFrame 转成 RDD 进行操作：根据字段名称取值
  * 运行结果为：Name: Justin
  */
 teenagers.map(t => "Name: " + t.getAs[String]("name")).collect().foreach(println)

 /**
  * DataFrame 转成 RDD 进行操作：一次返回多列的值
  *
  * 运行结果为： Map(name -> Justin, age -> 19)
  */
 teenagers.map(_.getValuesMap[Any](List("name", "age"))).collect().foreach(println)

 sc.stop()
}

/**
 * 定义 Person 类
 *
 * @param name 姓名
 * @param age  年龄
```

```
  */
  case class Person(name: String, age: Int)
}
```

（2）通过编程接口指定 Schema

通过 Spark SQL 的接口创建 RDD 的 Schema，这种方式会让代码比较冗长。这种方法的好处是，在运行时才知道数据的列以及列的类型的情况下，可以动态生成 Schema。可以通过以下三步创建 DataFrame：第一步将 RDD 转为包含 row 对象的 RDD；第二步基于 structType 类型创建 Schema，与第一步创建的 RDD 相匹配；第三步通过 SQLContext 的 createDataFrame 方法对第一步的 RDD 应用 Schema。

功能实现：

代码 9.4　DataFrame 与 RDD 互操作之编程接口

```
package com.kgc.bigdata.spark.sql

import org.apache.spark.{SparkConf, SparkContext}

/**
 * DataFrame 和 RDD 互操作
 */
object DataFrameRDDApp {

  def main(args: Array[String]) {
    method2()
  }

  /**
   * 第二种操作方式：通过编程接口指定 Schema
   */
  def method2(): Unit = {
    val sparkConf = new SparkConf().setMaster("local[2]")
      .setAppName("DataFrameRDDApp")
    val sc = new SparkContext(sparkConf)
    val sqlContext = new org.apache.spark.sql.SQLContext(sc)

    import sqlContext.implicits._
    val people = sc.textFile("H:/workspace/SparkProject/src/data/people.txt")

    // 以字符串的方式定义 DataFrame 的 Schema 信息
    val schemaString = "name age"

    // 导入所需要的类
    import org.apache.spark.sql.Row
    import org.apache.spark.sql.types.{StructType, StructField, StringType}

    // 根据自定义的字符串 schema 信息产生 DataFrame 的 Schema
    val schema =
      StructType(
```

```
    schemaString.split(" ").map(fieldName =>
      StructField(fieldName, StringType, true)))

  // 将 RDD 转换成 Row
  val rowRDD = people.map(_.split(",")).map(p => Row(p(0), p(1).trim))

  // 将 Schema 作用到 RDD 上
  val peopleDataFrame = sqlContext.createDataFrame(rowRDD, schema)

  // 将 DataFrame 注册成临时表
  peopleDataFrame.registerTempTable("people")

  /**
   * 获取 name 字段的值
   *
   * 运行结果为：
   * Name: Michael
   * Name: Andy
   * Name: Justin
   *
   * 其他的常用操作和第一种方式一样
   */
  val results = sqlContext.sql("SELECT name FROM people")
  results.map(t => "Name: " + t(0)).collect().foreach(println)

  sc.stop()
 }
}
```

至此，在学习了以上相关知识后，任务 2 就可以完成了。

任务 3　Spark SQL 进阶

关键步骤如下：

- 认知外部数据源并掌握使用 Spark SQL 操作常用数据源。
- Spark SQL 中内置函数和自定义函数的使用。
- 熟悉 Spark SQL 中常用的优化策略。

9.3.1　Spark SQL 外部数据源操作

1．什么是外部数据源

对于用户来说，只有一个结构化的数据抽象还是不够的。数据往往会以各种各样的格式存储在各种各样的系统上，而用户会希望方便地从不同的数据源获取数据，进行混合处理，再将结果以特定的格式写回数据源或直接用以某种形式的展现。Spark 1.2 引入的外部数据源 API 正是为了解决这一问题而产生的。Spark SQL 外部数据源 API 的一大优势在于，可以将查询中的各种信息下推至数据源处，从而充分利用数据源自身的优化能力来完成列剪枝、过滤条件下推等优化，实现减少 IO、提高执行效率的目的。自 1.2 发布以来，社区内涌现出了多种多样的外部数据源。图 9.3 是 Spark 1.3 支持的各种数据源的一个概览（左侧是 Spark SQL 内置支持的数据源，右侧为社区开发者贡献的数据源）。在外部数据源 API 的帮助下，DataFrame 实际上成为了各种数据格式和存储系统进行数据交换的中间媒介。在 Spark SQL 内，来自各处的数据都被加载为 DataFrame 混合、统一成单一形态，以此为基础进行数据分析和价值提取。

图 9.3　Spark SQL 支持的外部数据源

2. 处理 Parquet 文件

Parquet 是一种流行的列式存储格，SparkSQL 支持对 Parquet 的读写以及 Schema 和数据的维护。在写 Parquet 文件时，为了兼容，所有列都会转换为 nullable 格式。

代码 9.5　Spark SQL 处理 Parquet 文件

```
package com.kgc.bigdata.spark.sql

import org.apache.spark.sql.SQLContext
import org.apache.spark.sql.hive.HiveContext
import org.apache.spark.{SparkConf, SparkContext}

/**
 * Spark SQL 访问外部数据源数据
 */
object DataSourceApp {

  def main(args: Array[String]) {
```

```
    val sparkConf = new SparkConf().setMaster("local[2]").setAppName("DataSourceApp")

    val sc = new SparkContext(sparkConf)
    val sqlContext = new org.apache.spark.sql.SQLContext(sc)

    // 使用 Spark SQL 访问 Parquet 文件
    parquetFile(sqlContext)
    sc.stop
  }

  def parquetFile(sqlContext: SQLContext): Unit = {
    val df = sqlContext.read.parquet("H:/workspace/SparkProject/src/data/users.parquet")
    df.show()
  }
}
```

3．处理 Hive 表

Spark SQL 支持从 Hive 中读取数据，但由于 Hive 依赖过多，所以默认状态并不支持 Hive，需要在编译时添加 -Phive -Phive-thriftserver 选项。将 hive-site.xml 放入 $SPARK_HOME/conf 目录下。

若通过 Spark SQL 操作 Hive 需要创建 HiveContext，增加元数据功能及 HiveQL 支持。若没有部署 Hive 环境同样可以创建 HiveContext。如果没有在 hive-site.xml 中配置，会自动在当前目录创建 metastore_db 并在 /user/hive/warehouse 创建仓储目录，需要给 hive 对 /user/hive/warehouse 的写权限。

代码 9.6　Spark SQL 处理 Hive 表

```
package com.kgc.bigdata.spark.sql

import org.apache.spark.sql.SQLContext
import org.apache.spark.sql.hive.HiveContext
import org.apache.spark.{SparkConf, SparkContext}

/**
 * Spark SQL 访问外部数据源数据
 */
object DataSourceApp {

  def main(args: Array[String]) {
    val sparkConf = new SparkConf().setMaster("local[2]").setAppName("DataSourceApp")

    val sc = new SparkContext(sparkConf)
    val hiveContext = new HiveContext(sc)

    // 通过 Spark SQL 访问 Hive 表
    hiveTable(hiveContext).show()
```

```
    sc.stop
  }

  def hiveTable(hiveContext: HiveContext) = {
    hiveContext.table("emp")
  }
}
```

4. 处理关系型数据库表

Spark SQL 通过 JdbcRDD 实现对支持 JDBC 的数据库进行数据加载，将其作为 DataFrame 进行操作。使用外部数据源访问 MySQL 表常见属性如表 9-1 所示。

表 9-1 Spark SQL 访问 MySQL 表常见属性

属性	描述
url	JDBC 连接 URL
dbtable	需要读取的 JDBC 表。任何在 From 子句中的元素都可以，例如表或者子查询等
partitionColumn, lowerBound, upperBound, numPartitions	这些选项需要同时制定，他们制定了如何并发读取数据的同时进行分区。lowerBound, upperBound 仅用于确定分区边界不用于过滤数据，所有数据都会被分区
fetchSize	决定了每次数据取多少行

需求：使用 Spark SQL 访问 Hive 表存放的元数据中 TBLS 表。

代码 9.7 Spark SQL 处理关系型数据库表

```
package com.kgc.bigdata.spark.sql

import org.apache.spark.sql.SQLContext
import org.apache.spark.{SparkConf, SparkContext}

/**
 * Spark SQL 访问外部数据源数据
 */
object DataSourceApp {

  def main(args: Array[String]) {
    val sparkConf = new SparkConf().setMaster("local[2]").setAppName("DataSourceApp")

    val sc = new SparkContext(sparkConf)
    val sqlContext = new org.apache.spark.sql.SQLContext(sc)

    // 访问 MySQL 表
    jdbcTable(sqlContext).show()
    sc.stop
  }
```

```
  def jdbcTable(sqlContext: SQLContext) = {
   sqlContext.read.format("jdbc")
    .options( Map
    ("url" -> "jdbc:mysql://hadoop000:3306/hive?user=root&password=root",
     "dbtable" -> "TBLS",
     "driver" -> "com.mysql.jdbc.Driver")).load()
  }
}
```

注意：

由于访问 MySQL 数据表需要 MySQL 的驱动包，所以我们需要在 pom.xml 中添加 MySQL 驱动依赖包。

```
<!--MySQL 驱动 -->
<dependency>
  <groupId>mysql</groupId>
  <artifactId>mysql-connector-java</artifactId>
  <version>5.1.28</version>
</dependency>
```

9.3.2　Spark SQL 函数的使用

在 Hive 章节中我们知道 Hive 中为我们内置了很多函数，Spark SQL 中也是能使用的，而且 Spark SQL 中为我们提供了更加丰富的内置函数。使用 Spark SQL 中的内置函数能对数据进行分析，Spark SQL API 不同的是，DataFrame 中的内置函数操作的结果是返回一个 Column 对象，而 DataFrame 天生就是"A distributed collection of data organized into named columns"，这就为数据的复杂分析建立了坚实的基础并提供了极大的方便性，比如我们在操作 DataFrame 的方法中可以随时调用内置函数进行业务需要的处理，这之于我们构建附件的业务逻辑而言是可以极大的减少不必要的时间消耗（基于上就是实际模型的映射），让我们聚焦在数据分析上，这对于提高工程师的生产力而言是非常有价值的。Spark 1.5.x 开始提供了大量的内置函数。

1. Spark SQL 中内置函数介绍

Spark SQL 中提供的内置函数在源码 org.apache.spark.sql.functions.scala 中，我们对常用的函数进行分类，如表 9-2 所示。

表 9-2　Spark SQL 常用内置函数分类

类别	函数举例
聚合函数	countDistinct、sumDistinct
集合函数	sort_array、explode
日期、时间函数	hour、quarter、next_day
数学函数	asin、atan、sqrt、tan、round

续表

类别	函数举例
开窗函数	rowNumber
字符串函数	concat、format_number、rexexp_extract
其他函数	concat、format_number、rexexp_extract

2. Spark SQL 内置函数使用

需求：根据用户访问日志统计每天的访问量。

代码 9.8　Spark SQL 内置函数的使用

```
package com.kgc.bigdata.spark.sql

import org.apache.spark.sql.Row
import org.apache.spark.sql.types.{IntegerType, StringType, StructField, StructType}
import org.apache.spark.{SparkConf, SparkContext}

/**
 * Spark SQL 内置函数
 *
 * 需求：根据用户访问日志统计每天的访问量 (pv)
 */
object FunctionApp {

  def main(args: Array[String]) {
    val sparkConf = new SparkConf().setMaster("local[2]").setAppName("FunctionApp")

    val sc = new SparkContext(sparkConf)
    val sqlContext = new org.apache.spark.sql.SQLContext(sc)
    import sqlContext.implicits._

    // 模拟每个用户的访问日志信息
    val accessLog = Array(
      "2016-12-27,001",
      "2016-12-27,001",
      "2016-12-27,002",
      "2016-12-28,003",
      "2016-12-28,004",
      "2016-12-28,002",
      "2016-12-28,002",
      "2016-12-28,001"
    )

    // 根据集合数据生成 RDD
    val accessLogRDD = sc.parallelize(accessLog).map(row => {
      val splited = row.split(",")
```

```
    Row(splited(0), splited(1).toInt)
  })

  // 定义 DataFrame 的结构
  val structTypes = StructType(Array(
    StructField("day", StringType, true),
    StructField("userId", IntegerType, true)
  ))

  // 根据数据以及 Schema 信息生成 DataFrame
  val accessLogDF = sqlContext.createDataFrame(accessLogRDD, structTypes)

  // 导入 Spark SQL 内置的函数
  import org.apache.spark.sql.functions._

  /**
   * 求每天所有的访问量 (pv)
   *
   * 执行结果为:
   * [2016-12-27,3]
   * [2016-12-28,5]
   */
  accessLogDF.groupBy("day").agg(count("userId").as("pv"))
    .select("day", "pv")
    .collect.foreach(println)

  sc.stop()
 }
}
```

3. Spark SQL 自定义函数开发及使用

和 Hive 一样，Spark SQL 虽然提供了很多内置的函数，但是在生产环境中，还有不少需要统计的场景是内置函数无法支持的，那么就需要我们自定义开发函数来支持。

需求：用户行为喜好个数统计。

输入数据：

```
alice   jogging,Coding,cooking
lina    travel,dance
```

输出数据：

```
alice   jogging,Coding,cooking   3
lina    travel,dance             2
```

功能实现：

代码 9.9　Spark SQL 用户自定义函数

```
package com.kgc.bigdata.spark.sql

import org.apache.spark.sql.SQLContext
```

```
import org.apache.spark.{SparkConf, SparkContext}

/**
 * Spark SQL 用户自定义函数
 */
object UDFFunctionApp {

 def main(args: Array[String]) {
  val sparkConf = new SparkConf().setMaster("local[2]").setAppName("UDFFunctionApp")

  val sc = new SparkContext(sparkConf)
  val sqlContext = new org.apache.spark.sql.SQLContext(sc)

  val info = sc.textFile("H:/workspace/SparkProject/src/data/hobbies.txt")

  // 进行 RDD 到 DataFrame 的转换，需手动导入一个隐式转换，否则 RDD 无法转换成 DataFrame
  import sqlContext.implicits._

  // 通过反射方式将 RDD 转换为 DataFrame
  val hobbyDF = info.map(_.split("\t")).map(p => Hobbies(p(0), p(1))).toDF
  hobbyDF.show
  hobbyDF.registerTempTable("hobbies")

  /**
   * 定义和注册自定义函数三步曲：
   *（1）定义函数：自己写匿名函数（将某个字段中逗号分隔的数量统计出来）
   *（2）注册函数：SQLContext.udf.register()
   *（3）使用
   */
  sqlContext.udf.register("hobby_num", (s: String) => s.split(',').size)

  sqlContext.sql("select name, hobbies, hobby_num(hobbies) as hobby_num from hobbies").show()

  sc.stop
 }

 // 自定义类，供反射使用
 case class Hobbies(name: String, hobbies: String)
}
```

9.3.3 Spark SQL 常用调优

由于 Spark 的计算本质是基于内存的，除了要考虑广为人知的木桶原理外，还要考虑集群中的任何因素出现瓶颈：CPU、网络带宽、或者是内存。如果内存能够容纳所有的数据，那么网络传输和通信就会导致性能出现瓶颈；但是如果内存比较紧张，不足以在内存中存放所有的数据（比如在针对 10 亿以上的数据量进行计算时），此时需要对内存的使用进行优化，比如使用性能更好的序列化方式 Kyro。

木桶原理又称短板理论，如图 9.4 所示，其核心思想是：一只木桶盛水的多少，并不取决于桶壁上最高的那块木块，而是取决于桶壁上最短的那块。将这个理论应用到系统性能优化上，系统的最终性能取决于系统中性能表现最差的组件。

图 9.4　木桶原理

例如，即使系统拥有充足的内存资源和 CPU 资源，但是如果磁盘 I/O 性能低下，那么系统的总体性能是取决于当前最慢的磁盘 I/O 速度，而不是当前最优越的 CPU 或者内存。在这种情况下，如果需要进一步提升系统性能，优化内存或者 CPU 资源是毫无用处的，只有提高磁盘 I/O 性能才能对系统的整体性能起到优化作用。

Spark SQL 作为 Spark 的一个组件，在调优的时候，也要充分考虑到上面的原理，既要考虑如何充分的利用硬件资源，又要考虑如何利用好分布式系统的并行计算。

1. 合适的数据类型

对于要查询的数据，定义合适的数据类型也是非常有必要。对于一个 tinyint 可以使用的数据列，不需要为了方便定义成 int 类型，一个 tinyint 的数据占用了 1 个 byte，而 int 占用了 4 个 byte。也就是说，一旦将这数据进行缓存的话，内存的消耗将增加数倍。在 SparkSQL 里，定义合适的数据类型可以节省有限的内存资源。

2. 合适的数据列

对于要查询的数据，在写 SQL 语句的时候，尽量写出要查询的列名，如 select a,b from tbl，而不是使用 select * from tbl；这样不但可以减少磁盘 I/O，也减少缓存时消耗的内存。

3. 更优的数据存储格式

在查询的时候，最终还是要读取存储在文件系统中的文件。采用更优的数据存储格式，将有利于数据的读取速度。查看 SparkSQL 的 Stage 可以发现，很多时候数据读取消耗占有很大的比重。对于 sqlContext 来说，支持 textFile、SequenceFile、ParquetFile、jsonFile；对于 hiveContext 来说，支持 AvroFile、ORCFile、ParquetFile，以及各种压缩。根据自己的业务需求，测试并选择合适的数据存储格式将有利于提高SparkSQL 的查询效率。

4. 合适的 Task 数量

对于 Spark SQL，还有一个比较重要的参数，就是 shuffle 时候的 Task 数量，通过 spark.sql.shuffle.partitions 来调节。调节的基础是 Spark 集群的处理能力和要处理的数据量，Spark 的默认值是 200。Task 过多，会产生很多的任务启动开销；Task 过少，则每个 Task 的处理时间过长，进而容易导致整个作业的运行时间延长。

5. 内存缓存数据

Spark SQL 可以通过 sqlContext.cacheTable("tableName") 或 dataFrame.cache() 接口将 RDD 数据缓存到内存中。Spark SQL 可以扫描需要的列并自动压缩、进行垃圾回收等。可以通过 sqlContext.uncacheTable("Tablename") 从内存中移除表。与内存缓存数据相关的参数如表 9-3 所示。

表 9-3　内存缓存数据相关参数

属性	默认值	描述
spark.sql.inMemoryColumnarStorage.compressed	true	若设为 true，Spark SQL 会基于列的统计数据自动选择压缩器进行数据压缩
spark.sql.inMemoryColumnarStorage.batchSize	10000	控制列缓存的每批次的数据大小，数据越大则内存利用率及压缩比例越大，但 OOM 风险也越大

6. BroadcastJoin 的使用

在 Spark SQL 中如果是大表关联小表，那么建议将小表广播出去，使得能在 Map 端就完成 Join 操作，避免 shuffle 操作。BroadcastJoin 常用属性如表 9-4 所示。

表 9-4　BroadcastJoin 常用属性

属性	默认值	描述
spark.sql.autoBroadcastJoinThreshold	10485760 (10 MB)	配置做 Join 操作时被广播变量的表的大小。当设为 -1 时禁用广播。目前只有 Hive 元数据支持统计信息，可以通过 ANALYZE TABLE <tablename> COMPUTE STATISTICS 进行信息统计
spark.sql.tungsten.enabled	true	若为 true，或使用 tungsten 物理优化执行，显式地管理内存并动态生成表达式计算的字节码

至此，在学习了以上相关知识后，任务 3 就可以完成了。

本章总结

本章学习了以下知识点：

- 常用的 SQL on Hadoop 框架有哪些。
- Spark SQL 的前世今生。
- DataFrame 是什么，使用 DataFrame 进行编程。
- 外部数据源是什么，使用 Spark SQL 操作常用的外部数据源。
- Spark SQL 的内置函数以及自定义函数的使用。
- 常见的 Spark SQL 调优策略。

本章作业

编写 UDF 函数实现添加 10 以内的随机前缀的功能，比如输入：SPARK，输出：xxx_SPARK。

随手笔记

第 10 章
Spark Streaming

本章重点

※ 使用 SparkStreaming 处理 Socket 数据
※ 使用 SparkStreaming 处理 HDFS 数据
※ 使用 SparkStreaming 整合 Flume 使用
※ 使用 SparkStreaming 整合 Kafka 使用

本章目标

※ 掌握 Spark Streaming 核心概念
※ 掌握 Spark Streaming 进行流处理应用的开发

本章任务

学习本章，需要完成以下 3 个工作任务。请记录下学习过程中所遇到的问题，可以通过自己的努力或访问 kgc.cn 解决。

任务 1：初识流处理框架 Spark Streaming

了解在什么是流处理系统、常用的流处理系统有哪些。

任务 2：Spark Streaming 编程

认识 Spark Streaming 编程的入口点 StreamingContext 以及其他核心概念，掌握使用 Spark Streaming 处理 HDFS、Socket 等数据源的数据。

任务 3：Spark Streaming 进阶

使用 Spark Streaming 整合 Flume、Kafka 打造通用流处理应用，认识 Spark Streaming 的常用调优策略。

任务 1 初始流处理框架及 Spark Streaming

关键步骤如下：

- 认识流是什么。
- 常用的流处理框架有哪些。
- Spark Streaming 和 Storm 的对比。

10.1.1 流处理框架概述

1. 流是什么

在大数据时代，数据流就像水流一样，有数据的流入、数据的处理、数据的流出。日常工作或者生活中数据来自很多不同的地方，例如电商网站、日志服务器、社交网络和交通监控产生的很多实时数据，数据流无处不在。

2. 常用流处理框架

（1）Apache Storm

在 Storm 中，先要设计一个用于实时计算的图状结构，我们称之为拓扑（Topology）。这个拓扑将会被提交给集群，由集群中的主控节点（Master Node）分发代码，将任务分配给工作节点（Worker Node）执行。一个拓扑中包括 Spout 和 Bolt 两种角色，其中 Spout 发送消息，负责将数据流以 Tuple 元组的形式发送出去；而 Bolt 则负责转换这些数据流，在 Bolt 中可以完成计算、过滤等操作，Bolt 自身也可以随机将数据发送给其他 Bolt。由 Spout 发射出的 Tuple 是不可变数组，对应着固定的 key/value。Storm 数据处理流程如图 10.1 所示。

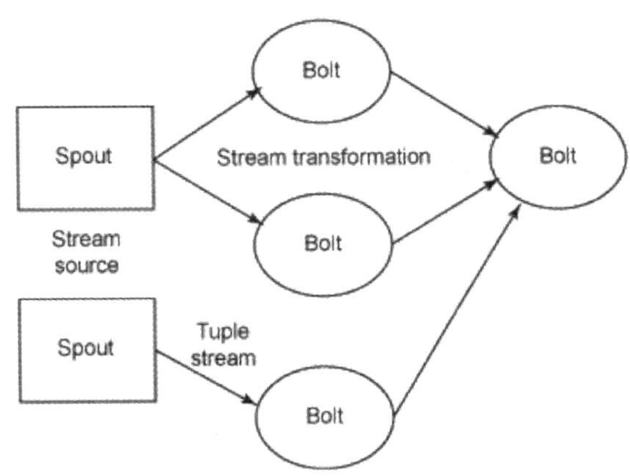

图 10.1 Storm 数据处理流程图

（2）Spark Streaming

Spark Streaming 是核心 Spark API 的一个扩展，它并不会像 Storm 那样一次一个地处理数据流，而是在处理前按时间间隔将其切分为一段一段的批处理作业。Spark 针对持续性数据流的抽象称为 DStream（Discretized Stream），一个 DStream 是一个微批处理（micro-batching）的 RDD（弹性分布式数据集）；而 RDD 则是一种分布式数据集，能够以两种方式并行运作，分别是任意函数和滑动窗口数据的转换。

（3）Apache Samza

Samza 处理数据流时，会分别按次处理每条收到的消息。Samza 的流单位既不是元组，也不是 Dstream，而是一条条消息。在 Samza 中，数据流被切分开来，每个部分都由一组只读消息的有序数列构成，而这些消息每条都有一个特定的 ID（offset）。该系统还支持批处理，即逐次处理同一个数据流分区的多条消息。Samza 的执行与数据流模块都是可插拔式的，Samza 的特色是依赖 Hadoop 的 YARN（另一种资源调度器）和 Apache Kafka。

（4）Apache Flink

Apache Flink 是一个高效、分布式、基于 Java 实现的通用大数据分析引擎，它具有分布式 MapReduce 一类平台的高效性、灵活性和扩展性以及并行数据库查询优化方案，它还支持批量和基于流的数据分析，且提供了基于 Java 和 Scala 的 API。Spark Streaming 是基于数据片集合（RDD）进行小批量处理，所以 Spark 在流式处理方面，不可避免增加一些延时。Flink 的流式计算跟 Storm 性能差不多，支持毫秒级计算，而 Spark 则只支持秒级计算。

3. Spark Streaming 对比 Storm

虽然说 Storm 和 Spark Streaming 都是分布式流处理的开源框架，但是他们之间还是有些差别的。

（1）处理模型以及延迟

这两个框架都提供可扩展性和可容错性，但是它们的处理模型从根本上说是不一样的。Storm 处理的是每次传入的一个事件，而 Spark Streaming 是处理某个时间段窗口内的事件流。因此，Storm 处理一个事件可以达到亚秒级的延迟，而 Spark Streaming 则有秒级的延迟。简而言之，如果你需要亚秒级的延迟，Storm 是一个不错的选择，而且没有数据丢失；如果你需要有状态的计算，而且要完全保证每个事件只被处理一次，Spark Streaming 则更好。Spark Streaming 编程逻辑也可能更容易，因为它类似于批处理程序，特别是在使用批次（尽管很少）时。

（2）容错和数据保证

Spark Streaming 提供了更好的支持容错状态计算。在 Storm 中，当每条单独的记录通过系统时必须被跟踪，所以 Storm 能够至少保证每条记录将被处理一次，但是在从错误中恢复过来时允许出现重复记录，这意味着可变状态可能不正确地被更新两次。而 Spark Streaming 只需要在批处理级别对记录进行跟踪处理，因此可以有效地保证每条记录将严格被处理一次，即使一个节点发生故障。虽然 Storm 的 Trident library 库也提供了完全一次处理的功能。但是它依赖于事务更新状态，而这个过程是很慢的，并且通常必须由用户实现。

（3）实现和编程 API

Storm 主要是由 Clojure 语言实现，Spark Streaming 主要是由 Scala 实现。如果想知道这两个框架是如何实现的或者想自定义一些东西就得记住这一点。Storm 是由 BackType 和 Twitter 开发，而 Spark Streaming 是在 DataBricks 开发的。Storm 提供了 Java API，同时也支持其他语言的 API。Spark Streaming 支持 Scala 和 Java 语言（其实也支持 Python）。另外，Spark Streaming 的一个特性就是运行在 Spark 框架之上的，这样就能一栈式解决各种不同应用场景的问题。

（4）集群管理集成

尽管两个系统都运行在它们自己的集群上，Storm 也能运行在 Mesos 上，而 Spark Streaming 能运行在 YARN 和 Mesos 上，更加方便。

10.1.2 Spark Streaming 概述

1．什么是 Spark Streaming

Spark Streaming 是基于 Spark 核心 API 的扩展，使高伸缩性、高带宽、容错的流式数据处理成为可能。数据可以来自于多种源，如 Kafka、Flume、Kinesis、或者 TCP Sockets 等，而且可以使用 Map、Reduce、Join 和 Window 等高级接口实现复杂算法的处理。最终，处理的数据可以被推送到数据库、文件系统以及动态布告板。实际上，还可以将 Spark 的机器学习（Machine Learning）和图计算（Graph Processing）算法用于数据流的处理。Spark Streaming 对于数据处理的输入输出如图 10.2 所示。

图 10.2　Spark Streaming 输入和输出

Spark Streaming 内部工作流程如图 10.3 所示。Spark Streaming 接收数据流的动态输入，然后将数据分批，每一批数据通过 Spark 创建一个结果数据集然后进行处理。

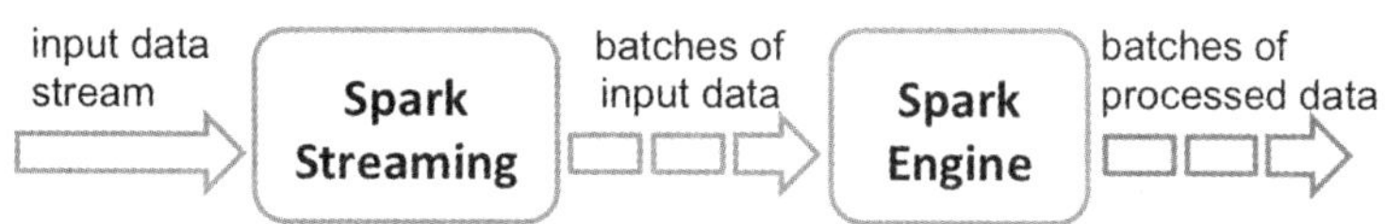

图 10.3　Spark Streaming 内部工作流程

Spark Streaming 提供一个高级别的抽象——离散数据流（DStream），代表一个连续的数据流。DStreams 可以从 Kafka、Flume、Kinesis 等源中创建，或者在其他的 DStream 上执行高级操作。在内部，DStream 代表一系列的 RDDs。

2. Spark Streaming 快速入门

在开始 Spark Streaming 编程之前，先了解一个简单的 Spark Streaming 程序是什么样子。我们从基于 TCP Socket 的数据服务器接收一个文本数据，然后对单词进行计数。

首先，我们导入 Spark Streaming 的类命名空间和一些 StreamingContext 的转换工具。StreamingContext 是所有的 Spark Streaming 功能的主入口点。我们创建 StreamingContext，指定两个执行线程和分批间隔为 1 秒钟。

```
import org.apache.spark._
import org.apache.spark.streaming._
import org.apache.spark.streaming.StreamingContext._ // not necessary since Spark 1.3

val conf = new SparkConf().setMaster("local[2]").setAppName("NetworkWordCount")
val ssc = new StreamingContext(conf, Seconds(1))
```

使用这个 context，我们可以创建一个 DStream，这是来自于 TCP 数据源的流数据，我们通过 hostname（如 localhost）和端口（如 9999）来指定这个数据源。

```
val lines = ssc.socketTextStream("localhost", 9999)
```

这里 line 是一个 DStream 对象，代表从服务器收到的流数据。每一个 DStream 中的记录是一个文本行。下一步，我们将每一行中以空格分开的单词分离出来。

```
val words = lines.flatMap(_.split(" "))
```

flatMap 是“一对多”的 DStream 操作，通过对源 DStream 的每一个记录产生多个新的记录创建新 DStream。这里，每一行将被分解多个单词，并且单词流代表了 words

DStream。下一步，我们对这些单词进行计数统计。

```
val pairs = words.map(word => (word, 1))
val wordCounts = pairs.reduceByKey(_ + _)
wordCounts.print()
```

words DStream 映射为 (word, 1) 的 key/value 的 DStream，然后用于统计单词出现的频度。最后，wordCounts.print() 打印出每秒钟创建出的计数值。

注意：

上面这些代码行执行的时候，仅仅是设定了计算执行的逻辑，并没有真正的处理数据。

在所有的设定完成后，为了启动处理，需要调用：

```
ssc.start()
ssc.awaitTermination()
```

完整代码如下：

代码 10.1　使用 Spark Streaming 进行 wordcount 统计

```
package com.kgc.bigdata.spark.streaming

import org.apache.spark.SparkConf
import org.apache.spark.storage.StorageLevel
import org.apache.spark.streaming.{Seconds, StreamingContext}

object NetworkWordCount {
 def main(args: Array[String]) {
  if (args.length < 2) {
   System.err.println("Usage: NetworkWordCount <hostname> <port>")
   System.exit(1)
  }

  val sparkConf = new SparkConf().setMaster("local[2]").setAppName("NetworkWordCount")
  val ssc = new StreamingContext(sparkConf, Seconds(1))

  val lines = ssc.socketTextStream(args(0), args(1).toInt, StorageLevel.MEMORY_AND_DISK_SER)
  val words = lines.flatMap(_.split(" "))
  val wordCounts = words.map(x => (x, 1)).reduceByKey(_ + _)
  wordCounts.print()
  ssc.start()
  ssc.awaitTermination()
 }
}
```

与 Spark 类似，Spark Streaming 也可以通过 Maven 中心库访问。为了编写你相应的 Spark Streaming 程序，需要加入下面的依赖到 Maven 的工程文件。

```
<dependency>
  <groupId>org.apache.spark</groupId>
  <artifactId>spark-streaming_2.10</artifactId>
```

```
  <version>1.6.1</version>
</dependency>
```

（1）首先运行 Netcat（一个 UNIX 风格的小工具）作为数据服务器，如下所示：

```
nc -lk 9999
```

> **注意：**
>
> 在有些 Linux 中是没有安装 nc 的，使用之前我们需要先安装，在 CentOS 系统中的安装命令为：yum install nc。

（2）其次在 IDEA 中运行 SparkStreaming 程序。

（3）最后在 netcat 服务器运行控制台键入的行都会被计数，然后每隔 1 秒钟在屏幕上打印出来。

```
// 控制台
$ nc -lk 9999
hello world

//IDEA 控制台
(hello,1)
(world,1)
```

> **注意：**
>
> Socket 接收数据在本地运行 Spark Streaming 应用，记得不能将 master 设为“local”或“local[1]”。这两个值都只会在本地启动一个线程。而如果此时你使用一个包含接收器（如：套接字、Kafka、Flume 等）的输入 DStream，那么这一个线程只能用于运行这个接收器，而处理数据的逻辑就没有线程来执行了。因此，本地运行时一定要将 master 设为“local[n]”，其中 n > 接收器的个数（有关 master 的详情请参考 Spark Properties）。将 Spark Streaming 应用置于集群中运行时，同样，分配给该应用的 CPU core 数必须大于接收器的总数。否则，该应用就只会接收数据，而不会处理数据。

至此，在学习了以上相关知识后，任务 1 就可以完成了。

任务 2　Spark Streaming 编程

关键步骤如下：

- 掌握 Spark Streaming 的入口 StreamingContext。
- 掌握 Spark Streaming 编程的核心概念。
- 掌握使用 Spark Streaming 进行流处理应用程序的开发。

10.2.1 Spark Streaming 核心概念

1. StreamingContext

为了初始化 Spark Streaming 程序，StreamingContext 对象必须首先创建作为总入口。StreamingContext 对象可以通过 SparkConf 对象创建，如下所示。

```
import org.apache.spark._
import org.apache.spark.streaming._

val conf = new SparkConf().setAppName(appName).setMaster(master)
val ssc = new StreamingContext(conf, Seconds(1))
```

这里 appName 参数是应用在集群中的名称。master 是 Spark、Mesos 或 YARN cluster URL，或者“local[*]”字符串指示运行在 local 模式下。实际上当运行一个集群，不应该硬编码 master 参数在集群中，而是通过 launch the application with spark-submit 接收其参数。但是，对于本地测试和单元测试，可以传递“local[*]”来运行 Spark Streaming 在进程内运行（自动检测本地系统的 CPU 内核数量）。注意，这里内部创建了 SparkContext（所有 Spark 功能的入口点），可以通过 ssc.sparkContext 进行存取。分批间隔时间基于应用延迟需求和可用的集群资源进行设定。

注意：

设定间隔要大于应用数据的最小延迟需求，同时不能设置太小以至于系统无法在给定的周期内处理完毕。

StreamingContext 对象也可以从已有的 SparkContext 对象中创建。

```
import org.apache.spark.streaming._

val sc = ...              // existing SparkContext
val ssc = new StreamingContext(sc, Seconds(1))
```

在 StreamingContext 创建之后，可以进行如下的工作：

（1）定义 input sources，通过创建 input DStreams 完成。

（2）定义 streaming 计算，通过 DStreams 的 transformation 和 output 操作实现。

（3）启动接收数据和处理，通过 streamingContext.start()。

（4）等待处理停止（通常因为错误），通过 streamingContext.awaitTermination()。

（5）处理过程可以手动停止，通过 streamingContext.stop()。

注意实现：

（1）一旦 context 启动，没有新的 streaming 计算可以被设置和添加进来。

（2）一旦 context 被停止，它不能被再次启动。

（3）在 JVM 中只有一个 StreamingContext 在同一时间可以被激活。

（4）在 StreamingContext 执行时，stop() 同时停止了 SparkContext。为了仅终止 StreamingContext，将 stopSparkContext 的 Stop 选项设置为 false。

（5）SparkContext 可以重用来创建多个 StreamingContexts，一直到前一个 StreamingContext 被停止时（不停止 SparkContext），才能创建下一个 StreamingContext。

2. DStream

离散数据流（DStream）是 Spark Streaming 最基本的抽象。它代表了一种连续的数据流，要么从某种数据源提取数据，要么从其他数据流映射转换而来。DStream 内部是由一系列连续的 RDD 组成的，每个 RDD 都是不可变、分布式的数据集。每个 RDD 都包含了特定时间间隔内的一批数据，如图 10.4 所示。

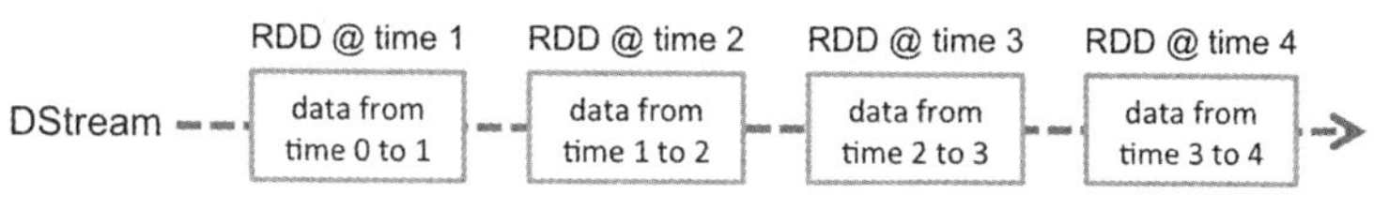

图 10.4　DStream 与 RDD 的关系

任何作用于 DStream 的算子，其实都会被转换为对其内部 RDD 的操作。例如，在前面的例子中，我们将 lines 这个 DStream 转成 words DStream 对象，其实作用于 lines 上的 flatMap 算子，会施加于 lines 中的每个 RDD 上，并生成新的对应的 RDD，而这些新生成的 RDD 对象就组成了 words 这个 DStream 对象。其过程如图 10.5 所示。

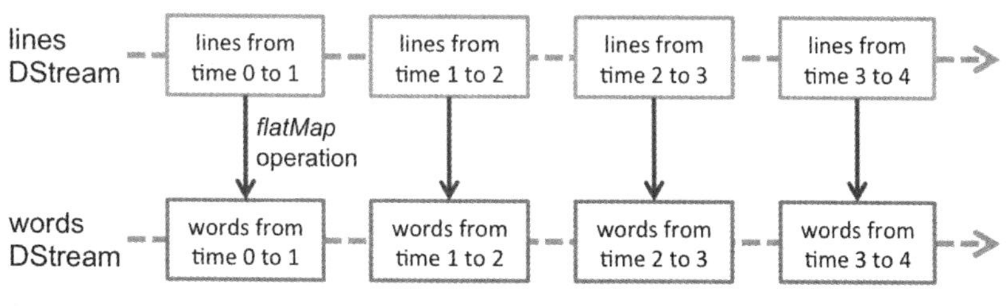

图 10.5　DStream 转换

底层的 RDD 转换仍然是由 Spark 引擎来计算。DStream 的算子将这些细节隐藏，并为开发者提供了更为方便的高级 API。后续会详细讨论这些高级算子。

3. 输入 DStream & Receiver

输入 DStream 代表从某种流式数据源流入的数据流。在之前的例子里，lines 对象就是输入 DStream，它代表从 netcat server 收到的数据流。每个输入 DStream（除文件数据流外）都和一个接收器（Receiver –Scala doc, Java doc）相关联，而接收器则是专门从数据源拉取数据到内存中的对象。

Spark Streaming 主要提供以下两种内建的流式数据源：

（1）基础数据源（Basic sources）：在 StreamingContext API 中可直接使用的源，如：文件系统、Socket 等。具体案例后续章节介绍。

（2）高级数据源（Advanced sources）：需要依赖额外工具类的源，如：Kafka、Flume 等数据源。这些数据源都需要增加额外的依赖，后续章节也会详细介绍。

4. DStreams 支持的 Transformation 操作

DStream 支持的 Transformation 算子和 RDD 类似，DStream 也支持从输入 DStream 经过各种 Transformation 算子映射成新的 DStream。DStream 支持很多 RDD 上常见的 Transformation 算子，一些常用的操作如表 10-1 所示。

表 10-1 DStream 的转换操作

算子	用途
map(func)	返回会一个新的 DStream，并将源 DStream 中每个元素通过 func 映射为新的元素
flatMap(func)	和 map 类似，不过每个输入元素不再是映射为一个输出，而是映射为 0 到多个输出
filter(func)	返回一个新的 DStream，并包含源 DStream 中被 func 选中（func 返回 true）的元素
repartition(numPartitions)	更改 DStream 的并行度（增加或减少分区数）
union(otherStream)	返回新的 DStream，包含源 DStream 和 otherDStream 元素的并集
count()	返回一个包含单元素 RDDs 的 DStream，其中每个元素是源 DStream 中各个 RDD 中的元素个数
reduce(func)	返回一个包含单元素 RDDs 的 DStream，其中每个元素是通过源 RDD 中各个 RDD 的元素经 func（func 输入两个参数并返回一个同类型结果数据）聚合得到的结果。func 必须满足结合律，以便支持并行计算
countByValue()	如果源 DStream 包含的元素类型为 K，那么该算子返回新的 DStream 包含元素为 (K, Long) key/value，其中 K 为源 DStream 各个元素，而 Long 为该元素出现的次数
reduceByKey(func, [numTasks])	如果源 DStream 包含的元素为 (K, V) key/value，则该算子返回一个新的也包含 (K, V) key/value 的 DStream，其中 V 是由 func 聚合得到的。注意：默认情况下，该算子使用 Spark 的默认并发任务数（本地模式为 2，集群模式下由 spark.default.parallelism 决定）。可以通过可选参数 numTasks 来指定并发任务个数
join(otherStream, [numTasks])	如果源 DStream 包含元素为 (K, V)，同时 otherDStream 包含元素为 (K, W) key/value，则该算子返回一个新的 DStream，其中源 DStream 和 otherDStream 中每个 K 都对应一个 (K, (V, W)) key/value 元素
cogroup(otherStream, [numTasks])	如果源 DStream 包含元素为 (K, V)，同时 otherDStream 包含元素为 (K, W) key/value，则该算子返回一个新的 DStream，其中每个元素类型为包含 (K, Seq[V], Seq[W]) 的 tuple
transform(func)	返回一个新的 DStream，其包含的 RDD 为源 RDD 经过 func 操作后得到的结果。利用该算子可以对 DStream 施加任意的操作
updateStateByKey(func)	返回一个包含新"状态"的 DStream。源 DStream 中每个 key 及其对应的 values 会作为 func 的输入，而 func 可以用于对每个 key 的"状态"数据作任意的更新操作

5. Window 操作

Spark Streaming 同样也提供基于时间窗口的计算，也就是说，可以对某一个滑动时间窗内的数据施加特定 Tranformation 算子。具体参照图 10.6 所示，Window 算子如表 10-2 所示。

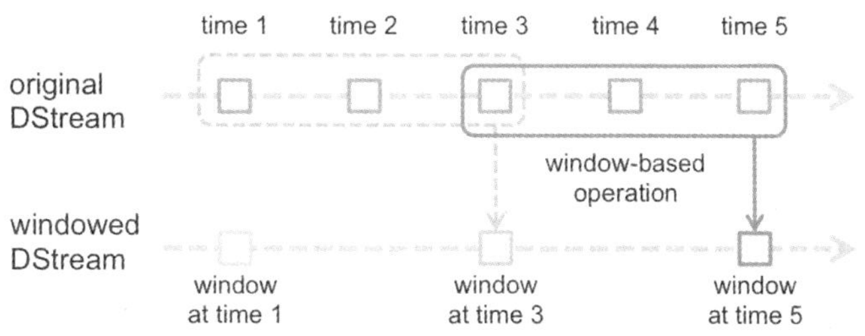

图 10.6 Spark Streaming Window 算子

表 10-2 Window 算子

算子	用途
window(windowLength, slideInterval)	将源 DStream 窗口化，并返回转化后的 DStream
countByWindow(windowLength,slideInterval)	返回数据流在一个滑动窗口内的元素个数
reduceByWindow(func, windowLength, slideInterval)	基于数据流在一个滑动窗口内的元素，用 func 做聚合，返回一个单元素数据流。func 必须满足结合律，以便支持并行计算
reduceByKeyAndWindow(func,windowLength, slideInterval, [numTasks])	基于 (K, V) key/value DStream，将一个滑动窗口内的数据进行聚合，返回一个新的包含 (K,V) key/value 的 DStream，其中每个 value 都是各个 key 经过 func 聚合后的结果。 注意：如果不指定 numTasks，其值将使用 Spark 的默认并行任务数（本地模式下为 2，集群模式下由 spark.default.parallelism 决定）。当然，也可以通过 numTasks 来指定任务个数
reduceByKeyAndWindow(func, invFunc, windowLength,slideInterval, [numTasks])	和前面的 reduceByKeyAndWindow() 类似，只是这个版本会用之前滑动窗口计算结果，递增地计算每个窗口的归约结果。当新的数据进入窗口时，这些 values 会被输入 func 做归约计算，而这些数据离开窗口时，对应的这些 values 又会被输入 invFunc 做”反归约”计算。举个简单的例子，就是把新进入窗口数据中各个单词个数“增加”到各个单词统计结果上，同时把离开窗口数据中各个单词的统计个数从相应的统计结果中“减掉”。不过，你的自己定义好”反归约”函数，即：该算子不仅有归约函数（见参数 func），还得有一个对应的”反归约”函数（见参数中的 invFunc）。和前面的 reduceByKeyAndWindow() 类似，该算子也有一个可选参数 numTasks 来指定并行任务数。注意，这个算子需要配置好检查点（checkpointing）才能用
countByValueAndWindow(windowLength,slideInterval, [numTasks])	基于包含 (K, V) key/value 的 DStream，返回新的包含 (K, Long) key/value 的 DStream。其中的 Long value 都是滑动窗口内 key 出现次数的计数。 和前面的 reduceByKeyAndWindow() 类似，该算子也有一个可选参数 numTasks 来指定并行任务数

每次窗口滑动时，源 DStream 中落入窗口的 RDDs 就会被合并成新的 windowed DStream。在上图的例子中，这个操作会施加于 3 个 RDD 单元，而滑动距离是 2 个 RDD 单元。由此可以得出，任何窗口相关操作都需要指定以下两个参数：

（1）window length（窗口长度）– 窗口覆盖的时间长度（上图中为 3）。

（2）sliding interval（滑动距离）– 窗口启动的时间间隔（上图中为 2）。

注意，这两个参数都必须是 DStream 批次间隔（上图中为 1）的整数倍。

6. DStream 支持的输出操作

输出算子可以将 DStream 的数据推送到外部系统，如：数据库或者文件系统。因为输出算子会将最终完成转换的数据输出到外部系统，因此只有输出算子调用时，才会真正触发 DStream transformation 算子的真正执行（这一点类似于 RDD 的 action 算子）。目前所支持的输出算子如表 10-3 所示。

表 10-3 Output 算子

算子	用途
print()	在驱动器（driver）节点上打印 DStream 每个批次中的头十个元素
saveAsTextFiles(prefix, [suffix])	将 DStream 的内容保存到文本文件。 每个批次一个文件，各文件命名规则为“prefix-TIME_IN_MS[.suffix]”
saveAsObjectFiles(prefix, [suffix])	将 DStream 内容以序列化 Java 对象的形式保存到顺序文件中。 每个批次一个文件，各文件命名规则为“prefix-TIME_IN_MS[.suffix]”Python API 暂不支持 Python
saveAsHadoopFiles(prefix, [suffix])	将 DStream 内容保存到 Hadoop 文件中。 每个批次一个文件，各文件命名规则为“prefix-TIME_IN_MS[.suffix]”Python API 暂不支持 Python
foreachRDD(func)	这是最通用的输出算子了，该算子接收一个函数 func，func 将作用于 DStream 的每个 RDD 上。 func 应该实现将每个 RDD 的数据推到外部系统中，比如：保存到文件或者写到数据库中。 注意，func 函数是在 streaming 应用的驱动器进程中执行的，所以如果其中包含 RDD 的 action 算子，就会触发对 DStream 中 RDDs 的实际计算过程

10.2.2 使用 Spark Streaming 编程

1. 使用 Spark Streaming 处理 HDFS 上的数据

文件数据流（File Streams）：可以从任何兼容 HDFS API（包括：HDFS、S3、NFS 等）的文件系统，创建方式如下：

```
streamingContext.fileStream[KeyClass, ValueClass, InputFormatClass](dataDirectory)
```

Spark Streaming 将监视该 dataDirectory 目录，并处理该目录下任何新建的文件（目前还不支持嵌套目录）。注意：

（1）各个文件数据格式必须一致。

（2）dataDirectory 中的文件必须通过 moving 或者 renaming 来创建。

（3）一旦文件移进 dataDirectory 之后，就不能再改动。所以如果这个文件后续还有写入，这些新写入的数据不会被读取。

（4）另外，文件数据流不是基于接收器的，所以不需要为其单独分配一个 CPU core。

对于简单的文本文件，更简单的方式是调用 streamingContext.textFileStream (dataDirectory)。

需求：统计 HDFS 文件的词频。

代码 10.2　使用 Spark Streaming 处理 HDFS 上的文件

```
package com.kgc.bigdata.spark.streaming

import org.apache.spark.SparkConf
import org.apache.spark.streaming.{Seconds, StreamingContext}

object HdfsWordCount {
  def main(args: Array[String]) {
    // 判断输入的参数是否为 1，即文件输入路径
    if (args.length != 1) {
      System.err.println("Usage: HdfsWordCount <directory>")
      System.exit(1)
    }

    val sparkConf = new SparkConf().setAppName("HdfsWordCount").setMaster("local[2]")

    // 创建 StreamingContext
    val ssc = new StreamingContext(sparkConf, Seconds(2))

    // 创建 FileInputDStream 去读取文件系统上的数据
    val lines = ssc.textFileStream(args(0))

    // 使用空格进行分割每行记录的字符串
    val words = lines.flatMap(_.split(" "))

    // 类似于 RDD 的编程，将每个单词赋值为 1，并进行合并计算
    val wordCounts = words.map(x => (x, 1)).reduceByKey(_ + _)
    wordCounts.print()
    ssc.start()
    ssc.awaitTermination()
  }
}
```

在 HDFS 上创建文件夹并拷贝文件到该目录下，观察 Spark Streaming 应用程序的输出：

```
hadoop fs -mkdir -p /ss/data/input/

hadoop fs -put hello.txt /ss/data/input/
hadoop fs -put hello.txt /ss/data/input/2.txt      // 注意文件名不要重复
```

2. 使用 Spark Streaming 处理带状态的数据

updateStateByKey 算子支持维护一个任意的状态。要实现这一点，只需要两步：

（1）定义状态：状态数据可以是任意类型。

（2）定义状态更新函数：定义好一个函数，其输入为数据流之前的状态和新的数据流数据，且可其更新步骤（1）中定义的输入数据流的状态。

在每一个批次数据到达后，Spark 都会调用状态更新函数，来更新所有已有 key（不管 key 是否存在于本批次中）的状态。如果状态更新函数返回 None，则对应的 key/value 会被删除。

需求：计算到目前为止累计词频的个数。

分析：不管是处理 Socket 还是 HDFS 的数据时都只能处理当前批次的词频统计。

代码实现：

代码 10.3　使用 Spark Streaming 处理有状态的数据

```
package com.kgc.bigdata.spark.streaming

import org.apache.spark.SparkConf
import org.apache.spark.streaming.{Seconds, StreamingContext}

object StatefulWordCount {

  def main(args: Array[String]) {

    val sparkConf = new SparkConf
    sparkConf.setAppName("StatefulWordCount").setMaster("local[2]")
    val ssc = new StreamingContext(sparkConf, Seconds(5))

    ssc.checkpoint(".")

    val lines = ssc.socketTextStream("localhost", 6789)
    val result = lines.flatMap(_.split(" ")).map((_, 1))

    val state = result.updateStateByKey(updateFunction)
    state.print()

    ssc.start()
    ssc.awaitTermination()
  }
```

```
  def updateFunction(currentValues: Seq[Int], preValues: Option[Int]): Option[Int] = {
   val curr = currentValues.sum
   val pre = preValues.getOrElse(0)

   Some(curr + pre)
  }
}
```

updateFunction 方法说明：用当前 batch 的数据去更新已有的数据。

注意事项：

（1）如果要长期保存一份 key 的 state 的话，那么 Spark Streaming 是要求必须 checkpoint 的，要设置一个 checkpoint 目录，开启 checkpoint 机制。

（2）那么每个 key 对应的 state 除了在内存中有之外，在 checkpoint 中也会有一份，以便在内存数据丢失时可以从 checkpoint 中恢复数据。

（3）开启 checkpoint 机制，只要调用 ssc 的 checkpoint 方法，设置一个 HDFS 目录即可。

3. 使用 Spark Streaming 整合 Spark SQL 进行词频统计分析

在 Streaming 应用中可以调用 DataFrames 和 SQL 来处理流式数据。开发者可以通过 StreamingContext 中的 SparkContext 对象来创建一个 SQLContext，并且，开发者需要确保一旦驱动器（driver）故障恢复后，该 SQLContext 对象能重新创建出来。同样，还可以使用懒惰创建的单例模式来实例化 SQLContext，如下面的代码所示，这里将最开始的那个例子做了一些修改，使用 DataFrame 和 SQL 来统计单词计数。其实就是将每个 RDD 都转化成一个 DataFrame，然后注册成临时表，再用 SQL 查询这些临时表。

需求：使用 SparkStreaming 整合 DataFrame 完成词频统计分析。

代码 10.4　使用 Spark Streaming 整合 Spark SQL 完成 WordCount 统计

```
package com.kgc.bigdata.spark.streaming

import org.apache.spark.{SparkContext, SparkConf}
import org.apache.spark.sql.SQLContext
import org.apache.spark.streaming.{Seconds, StreamingContext}

object NetworkSQLWordCount {

 def main(args: Array[String]) {
  val sparkConf = new SparkConf().setAppName("NetworkSQLWordCount").setMaster("local[2]")
  val ssc = new StreamingContext(sparkConf, Seconds(5))

  val lines = ssc.socketTextStream("localhost", 6789)
  val result = lines.flatMap(_.split(" "))


  result.foreachRDD(rdd => {
   if (rdd.count() != 0) {
```

```
      // 得到 SQLContext 实例
      val sqlContext = SQLContextSingleton.getInstance(rdd.sparkContext)
      import sqlContext.implicits._

      // 将 RDD 转换成 DataFrame
      val df = rdd.map(x => Word(x)).toDF
      df.registerTempTable("tb_word")

      // 使用 SparkSQL 进行词频统计分析
      sqlContext.sql("select word, count(*) from tb_word group by word").show
    }
  })

  ssc.start()
  ssc.awaitTermination()
 }
}

//SQLContext 获取实例单词类
object SQLContextSingleton {

 @transient private var instance: SQLContext = _

 def getInstance(sparkContext: SparkContext): SQLContext = {
  if (instance == null) {
   instance = new SQLContext(sparkContext)
  }
  instance
 }
}

// 定义单词的 case class 类
case class Word(word: String)
```

至此，在学习了以上相关知识后，任务 2 就可以完成了。

任务 3　Spark Streaming 进阶

关键步骤如下：

- 掌握 Spark Streaming 整合 Flume 的两种方式。
- 掌握 Spark Streaming 整合 Kafka 的两种方式。
- 熟悉 Spark Streaming 中常用的优化策略。

10.3.1　Spark Streaming 整合 Flume

1．Push 风格的推方法

Flume 被设计用来在 Flume 代理之间推送数据。在这种方法中，Spark Streaming 本质上设置了一个接收器作为 Flume 的一个 Avro 代理，Flume 把数据推送到接收器上。

开发及测试步骤如下：

（1）开发环境添加 Spark Streaming 对 Flume 的依赖，pom.xml 中添加如下 dependency。

```
<dependency>
  <groupId>org.apache.spark</groupId>
  <artifactId>spark-streaming-flume_2.10</artifactId>
  <version>${spark.version}</version>
</dependency>
```

（2）Flume Agent 配置文件：flume_push_streaming.conf。

```
# 定义 agent
simple-agent.sources = netcat-source
simple-agent.channels = netcat-memory-channel
simple-agent.sinks = avro-sink

# 定义 source
simple-agent.sources.netcat-source.type = netcat
simple-agent.sources.netcat-source.bind = localhost
simple-agent.sources.netcat-source.port = 44444

# 定义 channel
simple-agent.channels.netcat-memory-channel.type = memory

# 定义 sink
simple-agent.sinks.avro-sink.type = avro
simple-agent.sinks.avro-sink.channel = channel1
simple-agent.sinks.avro-sink.hostname = localhost
simple-agent.sinks.avro-sink.port = 41414

# 组装 Agent 的关系
simple-agent.sources.netcat-source.channels = netcat-memory-channel
simple-agent.sinks.avro-sink.channel = netcat-memory-channel
```

（3）Spark Streaming 处理 Flume 数据。

代码 10.5　使用 Spark Streaming 整合 Flume 的 Push 风格

```
package com.kgc.bigdata.spark.streaming

import org.apache.spark.SparkConf
import org.apache.spark.streaming.flume.FlumeUtils
```

```
import org.apache.spark.streaming.{Seconds, StreamingContext}

object FlumePushWordCount {
  def main(args: Array[String]) {
    if (args.length < 2) {
      System.err.println(
        "Usage: FlumePushWordCount <host> <port>")
      System.exit(1)
    }
    val Array(hostname, port) = args
    val sparkConf = new SparkConf().setAppName("FlumePushWordCount").setMaster("local[2]")
    val ssc = new StreamingContext(sparkConf, Seconds(5))

    // 推送方式：flume 向 spark 发送数据
     val flumeStream = FlumeUtils.createStream(ssc, hostname, port.toInt, StorageLevel.MEMORY_
ONLY_SER_2)

    //flume 中的数据通过 event.getBody() 才能拿到真正的内容
    flumeStream.map(x =>  new String(x.event.getBody.array()).trim).flatMap(_.split(" "))
      .map(word => (word, 1)) // 每个单词映射成一个 pair
      .reduceByKey(_ + _) // 根据每个 key 进行累加
      .print() // 打印前 10 个数据
    ssc.start()
    ssc.awaitTermination()
  }
}
```

（4）启动 Spark Streaming 作业。

（5）启动 Flume。

```
flume-ng agent \
--name simple-agent \
--conf $FLUME_HOME/conf  \
--conf-file $FLUME_HOME/conf/flume_push_streaming.conf \
-Dflume.root.logger=INFO,console &
```

（6）启动 telnet 进行测试。

```
telnet localhost 44444
```

（7）观察 Spark Streaming 应用程序控制台的输出。

2. Pull 风格的拉方式

除了让 Flume 将数据推送到 Spark Streaming，还有一种方式，可以运行一个自定义的 flume sink：Flume 推送数据到 sink 中，然后数据缓存在 sink 中；然后 Spark Streaming 用一个可靠的 flume receiver 以及事务机制从 sink 中拉取数据。

开发及测试步骤：

（1）开发环境添加 Spark Streaming 对 Flume 的依赖，pom.xml 中添加如下 dependency。

```
<dependency>
  <groupId>org.apache.spark</groupId>
  <artifactId>spark-streaming-flume_2.10</artifactId>
  <version>${spark.version}</version>
</dependency>
```

（2）Flume Agent 配置文件：flume_poll_streaming.conf。

```
# 定义 agent
simple-agent.sources = netcat-source
simple-agent.channels = netcat-memory-channel
simple-agent.sinks = spark-sink

# 定义 source
simple-agent.sources.netcat-source.type = netcat
simple-agent.sources.netcat-source.bind = localhost
simple-agent.sources.netcat-source.port = 44444

# 定义 channel
simple-agent.channels.netcat-memory-channel.type = memory

# 定义 sink
simple-agent.sinks.spark-sink.type = org.apache.spark.streaming.flume.sink.SparkSink
simple-agent.sinks.spark-sink.hostname = localhost
simple-agent.sinks.spark-sink.port = 41414

# 组装 agent 的关系
simple-agent.sources.netcat-source.channels = netcat-memory-channel
simple-agent.sinks.spark-sink.channel = netcat-memory-channel
```

（3）Spark Streaming 处理 Flume 数据。

代码 10.6　使用 Spark Streaming 整合 Flume 的 Pull 风格

```
package com.kgc.bigdata.spark.streaming

import org.apache.spark.SparkConf
import org.apache.spark.streaming.flume.FlumeUtils
import org.apache.spark.streaming.{Seconds, StreamingContext}

object FlumePullWordCount {
  def main(args: Array[String]) {
    if (args.length < 2) {
      System.err.println(
        "Usage: FlumePushWordCount <host> <port>")
      System.exit(1)
    }

    val Array(hostname, port) = args
    val sparkConf = new SparkConf().setAppName("FlumePullWordCount").setMaster("local[2]")
```

```
    val ssc = new StreamingContext(sparkConf, Seconds(5))

    // 获取 flume 数据
     val flumeStream = FlumeUtils.createPollingStream(ssc, hostname, port.toInt, StorageLevel.
MEMORY_ONLY_SER_2)
    flumeStream.map(x => new String(x.event.getBody.array()).trim).flatMap(_.split(" "))
      .map(word => (word, 1))       // 每个单词映射成一个 pair
      .reduceByKey(_ + _)           // 根据每个 key 进行累加
      .print()                      // 打印前 10 个数据
    ssc.start()
    ssc.awaitTermination()
  }
}
```

（4）启动 Flume。

```
flume-ng agent \
--name simple-agent \
--conf $FLUME_HOME/conf  \
--conf-file $FLUME_HOME/conf/flume_poll_streaming.conf \
-Dflume.root.logger=INFO,console &
```

（5）启动 Spark Streaming 作业。

（6）启动 telnet 进行测试。

```
telnet localhost 44444
```

（7）观察 Spark Streaming 应用程序控制台的输出。

10.3.2 Spark Streaming 整合 Kafka

Kafka 是一个分布式的发布 - 订阅式的消息系统，简单来说就是一个消息队列，数据是持久化到磁盘的（此处不重点介绍 Kafka）。

Kafka 的使用场景比较多，比如用作异步系统间的缓冲队列。另外，在很多场景下，我们都会做如下的设计：

（1）将一些数据（比如日志）写入到 Kafka 做持久化存储，然后另一个服务消费 Kafka 中的数据，做业务级别的分析，然后将分析结果写入 HBase 或者 HDFS。

（2）正因为这个设计很通用，所以像 Storm 这样的大数据流式处理框架已经支持与 Kafka 的无缝连接。

当然，作为后起之秀，Spark 同样对 Kafka 提供了原生的支持。

1. Kafka 基本使用

（1）Kafka 部署

（2）Kafka 简单使用

```
// 启动 zk
zkServer.sh start
```

```
// 启动 kafka server
kafka-server-start.sh -daemon $KAFKA_HOME/config/server.properties

// 创建 topic：topic 的名称不要采用中划线，可以采用下划线
kafka-topics.sh --create --zookeeper localhost:2181 --replication-factor 1 --partitions 1 --topic kafka_
streaming_topic

// 查看所有 topic
kafka-topics.sh --list --zookeeper localhost:2181

// 查看指定 topic
kafka-topics.sh --describe --zookeeper localhost:2181 --topic kafka_streaming_topic

// 启动 producer
kafka-console-producer.sh --broker-list localhost:9092 --topic kafka_streaming_topic

// 启动 consumer
kafka-console-consumer.sh --zookeeper localhost:2181 --topic kafka_streaming_topic
```

在 producer 控制台输入数据，能在 consumer 控制台将输入数据进行输出，就表明 Kafka 已经能正常使用了。

2. 基于 Receiver 的方式

Spark Streaming 使用 Receiver 来获取数据，那么 Receiver 的实现使用 Kafka 的高层次 Consumer API 来实现的，Receiver 从 Kafka 中获取的数据都是存储在 Spark Executor 的内存中，然后 Spark Streaming 启动的 job 会去处理那些数据。

开发及测试步骤：

（1）开发环境添加 Spark Streaming 对 Kafka 的依赖，pom.xml 中添加如下 dependency。

```
<dependency>
  <groupId>org.apache.spark</groupId>
  <artifactId>spark-streaming-kafka_2.10</artifactId>
  <version>${spark.version}</version>
</dependency>
```

（2）使用 Spark Streaming 处理 Kafka 的数据。

代码 10.7　使用 Spark Streaming 整合 Kafka 的 Receiver 风格

```
package com.kgc.bigdata.spark.streaming

import org.apache.spark.SparkConf
import org.apache.spark.streaming.kafka.KafkaUtils
import org.apache.spark.streaming.{Seconds, StreamingContext}

object KafkaWordCount {
  def main(args: Array[String]) {
    if (args.length < 4) {
```

```
      System.err.println("Usage: KafkaWordCount <zkQuorum> <group> <topics> <numThreads>")
      System.exit(1)
    }

    val Array(zkQuorum, group, topics, numThreads) = args
    val sparkConf = new SparkConf().setAppName("KafkaWordCount").setMaster("local[2]")
    val ssc = new StreamingContext(sparkConf, Seconds(2))

    // 我们需要消费的 kafka 数据的 topic
    val topicMap = topics.split(",").map((_, numThreads.toInt)).toMap

    // 创建 DStream
    val messages = KafkaUtils.createStream(ssc, zkQuorum, group, topicMap)

     messages.map(_._2)     // 取出 value
      .flatMap(_.split(" ")) // 将字符串使用空格分隔
      .map(word => (word, 1))     // 每个单词映射成一个 pair
      .reduceByKey(_+_) // 根据每个 key 进行累加
      .print()   // 打印前 10 个数据

    ssc.start()
    ssc.awaitTermination()
  }
}
```

（3）在 Kafka 的 Producer 中输入数据，观察 Spark Streaming 应用程序控制台的输出。

注意事项：

（1）Kafka 中 topic 的 partition，与 Spark 中 RDD 的 partition 是没有关系的。所以在 KafkaUtils.createStream() 中，提高特定 topic 的 partition 的数量，只会增加一个 Receiver 中，读取 partition 的线程的数量，不会增加 Spark 处理数据的并行度。

（2）可以创建多个 Kafka 输入 DStream，使用不同的 consumer group 和 topic，来通过多个 Receiver 并行接收数据。

（3）如果基于容错的文件系统，比如 HDFS，启用了预写日志机制，接收到的数据都会被复制一份到预写日志中。因此，在 KafkaUtils.createStream() 中，设置的持久化级别是 StorageLevel.MEMORY_AND_DISK_SER。

3. 基于 Direct 的方式（没有 Receiver）

这种新的不基于 Receiver 的直接方式，是在 Spark1.3 中引入的，从而能够确保更加健壮的机制。不是启动一个 Receiver 来连续不断地从 Kafka 中接收数据并写入到 WAL 中，而且简单地给出每个 batch 区间需要读取的偏移量位置，最后，每个 batch 的 Job 被运行，那些对应偏移量的数据在 Kafka 中已经准备好了。这些偏移量信息也被可靠地存储（checkpoint），再从失败中恢复可以直接读取这些偏移量信息。需要注意的是，Spark Streaming 可以在失败以后重新从 Kafka 中读取并处理那些数据段。然而，由于仅处理一次的语义，最后重新处理的结果和没有失败处理的结果是一致的（这就是所谓的幂等操作：多次处理但结果是一样的）。

基于 Direct 方式的特点：

（1）简化并行读取：如果要读取多个 partition，不需要创建多个输入 DStream，然后对它们进行 union 操作。Spark 会创建跟 Kafka partition 一样多的 RDD partition，并且会并行从 Kafka 中读取数据。所以在 Kafka partition 和 RDD partition 之间，有一个一对一的映射关系；

（2）高性能：如果要保证零数据丢失，在基于 Receiver 的方式中，需要开启 WAL 机制，这种方式其实效率低下，因为数据实际上被复制了两份，Kafka 自己本身就有高可靠的机制，会对数据复制一份，而这里又会复制一份到 WAL 中；而基于 Direct 的方式，不依赖 Receiver，不需要开启 WAL 机制，只要 Kafka 中作了数据的复制，那么就可以通过 Kafka 的副本进行恢复，一次且仅一次的事务机制。

（3）基于 Receiver 的方式，是使用 Kafka 的高阶 API 来在 ZooKeeper 中保存消费过的 offset 的，这是消费 Kafka 数据的传统方式。这种方式配合着 WAL 机制可以保证数据零丢失的高可靠性，但无法保证数据被处理一次且仅一次，可能会处理两次。因为 Spark 和 ZooKeeper 之间可能是不同步的。

（4）基于 Direct 的方式，使用 Kafka 的简单 API，Spark Streaming 自己就负责追踪消费的 offset，并保存在 checkpoint 中。Spark 一定是同步的，因此可以保证数据是消费一次且仅消费一次。

补充：关于 Kafka offset 的监控开源软件，在生产上用的比较多的有雅虎开源的 Kafka Manager（https://github.com/yahoo/kafka-manager）和 KafkaOffsetMonitor（https://github.com/quantifind/KafkaOffsetMonitor），有兴趣可以按照 GitHub 上的文档说明进行安装和使用。

代码实现：

代码 10.8　使用 Spark Streaming 整合 Kafka 的 Direct 风格

```
package com.kgc.bigdata.spark.streaming

import kafka.serializer.StringDecoder
import org.apache.spark.SparkConf
import org.apache.spark.streaming.kafka.KafkaUtils
import org.apache.spark.streaming.{Seconds, StreamingContext}

object DirectKafkaWordCount {
  def main(args: Array[String]) {
    if (args.length < 2) {
      System.err.println(s"""
        |Usage: DirectKafkaWordCount <brokers> <topics>
        |  <brokers> is a list of one or more Kafka brokers
        |  <topics> is a list of one or more kafka topics to consume from
        |
```

```
      """.stripMargin)
    System.exit(1)
  }
  val Array(brokers, topics) = args
  val sparkConf = new SparkConf().setAppName("DirectKafkaWordCount").setMaster("local[1]")
  val ssc = new StreamingContext(sparkConf, Seconds(2))

  // 我们需要消费的 kafka 数据的 topic
  val topicsSet = topics.split(",").toSet

  // kafka 的 broker list 地址
  val kafkaParams = Map[String, String]("metadata.broker.list" -> brokers)

   val messages = KafkaUtils.createDirectStream[String, String, StringDecoder, StringDecoder](ssc,
kafkaParams, topicsSet)
  messages.map(_._2)    // 取出 value
    .flatMap(_.split(" ")) // 将字符串使用空格分隔
    .map(word => (word, 1))    // 每个单词映射成一个 pair
    .reduceByKey(_+_) // 根据每个 key 进行累加
    .print() // 打印前 10 个数据
  ssc.start()
  ssc.awaitTermination()
 }
}
```

10.3.3 Spark Streaming 常用优化策略

要获得 Spark Streaming 应用的最佳性能需要一点点调优工作。总体上需要考虑：提高集群资源利用率，减少单批次处理耗时和设置合适的批次大小，以便数据处理速度能跟上数据接收速度。

1. 减少批处理时间之数据接收并发度

跨网络接收数据（如：从 Kafka、Flume、socket 等接收数据）需要在 Spark 中序列化并存储数据。如果接收数据的过程是系统瓶颈，那么可以考虑增加数据接收的并行度。注意，每个输入 DStream 只包含一个单独的接收器（Receiver，运行于 worker 节点），每个接收器单独接收一路数据流。所以，配置多个输入 DStream 就能从数据源的不同分区分别接收多个数据流。例如，可以将从 Kafka 拉取两个 topic 的数据流分成两个 Kafka 输入数据流，每个数据流拉取其中一个 topic 的数据，这样一来会同时有两个接收器并行地接收数据，因而增加了总体的吞吐量。同时，我们又可以把这些 DStream 数据流合并成一个，然后可以在合并后的 DStream 上使用任何可用的 transformation 算子。示例代码如下：

```
val numStreams = 5
val kafkaStreams = (1 to numStreams).map { i => KafkaUtils.createStream(...) }
```

```
val unifiedStream = streamingContext.union(kafkaStreams)
unifiedStream.print()
```

2．减少批处理时间之数据处理并发度

在计算各个阶段（stage）中，任何一个阶段的并发任务数不足都有可能造成集群资源利用率低。例如，对于 reduce 类的算子，reduceByKey 和 reduceByKeyAndWindow 的默认并发任务数是由 spark.default.parallelism 决定的，既可以修改这个默认值（spark.default.parallelism），也可以通过参数指定这个并发数量。

3．减少批处理时间之任务启动开销

如果每秒启动的任务数过多，比如每秒 50 个以上，那么将任务发送给 slave 节点的开销会明显增加，也就很难达到亚秒级（sub-second）的延迟。不过以下两个方法可以减少任务的启动开销。

（1）任务序列化（Task Serialization）：使用 Kryo 来序列化任务，以减少任务本身的大小，从而提高发送任务的速度。任务的序列化格式是由 spark.closure.serializer 属性决定的。不过，目前还不支持闭包序列化，未来的版本可能会增加这个功能。

（2）执行模式（Execution mode）：Spark 独立部署或者 Mesos 粗粒度模式下任务的启动时间比 Mesos 细粒度模式下的任务启动时间要短。

这些调整有可能能够减少 100ms 的批处理时间，这也使得亚秒级的批次间隔成为可能。

4．设置合适的批次间隔

要想 Streaming 应用在集群上稳定运行，那么系统处理数据的速度必须能跟上其接收数据的速度。换句话说，批次数据的处理速度应该和其生成速度一样快。对于特定的应用来说，可以从其对应的监控（monitoring）页面上观察验证，页面上显示的处理耗时应该要小于批次间隔时间。

根据 Spark Streaming 计算的性质，在一定的集群资源限制下，批次间隔的值会极大地影响系统的数据处理能力。例如，在 WordCountNetwork 示例中，对于特定的数据速率，一个系统可能能够在批次间隔为 2 秒时跟上数据接收速度，但如果把批次间隔改为 500 毫秒系统可能就处理不过来了。所以，批次间隔需要谨慎设置，以确保系统能够处理得过来。

要找出适合的批次间隔，可以从一个比较保守的批次间隔值（如 5 ～ 10 秒）开始测试。要验证系统是否能跟上当前的数据接收速率，可能需要检查一下端到端的批次处理延迟（可以看 Spark 驱动器 log4j 日志中的总延迟，也可以用 StreamingListener 接口来检测）。如果这个延迟能保持和批次间隔差不多，那么系统基本就是稳定的。否则，如果这个延迟持久在增长，也就是说系统跟不上数据接收速度，那也就意味着系统不稳定。一旦系统文档下来后，你就可以尝试提高数据接收速度，或者减少批次间隔值。需要注意，瞬间的延迟增长可以只是暂时的，只要这个延迟后续会自动降下来就没有问题（如：降到小于批次间隔值）。

5. 内存调优

Spark Streaming 应用在集群中占用的内存量严重依赖于具体所使用的 tranformation 算子。例如，如果想要用一个窗口算子操纵最近 10 分钟的数据，那么集群至少需要在内存里保留 10 分钟的数据；另一个例子是 updateStateByKey，如果 key 很多的话，相对应的保存 key 的 state 也会很多，而这些都需要占用内存。如果你的应用只是做一个简单的“映射 - 过滤 - 存储”（map-filter-store）操作的话，那需要的内存就很少了。

一般情况下，streaming 接收器接收到的数据会以 StorageLevel.MEMORY_AND_DISK_SER_2 这个存储级别存到 spark 中，也就是说，如果内存装不下，数据将被吐到磁盘上。数据吐到磁盘上会大大降低 streaming 应用的性能，因此还是建议根据应用处理的数据量，提供充足的内存。最好的方式就是，一边小规模地放大内存，再观察评估，然后再放大，再评估。

另一个内存调优的方向就是垃圾回收。因为 streaming 应用往往都需要低延迟，所以肯定不希望出现大量的或耗时较长的 JVM 垃圾回收暂停。

以下是一些能够帮助你减少内存占用和 GC 开销的参数或手段。

（1）DStream 持久化级别（Persistence Level of DStreams）：前面提到数据序列化（Data Serialization），默认 streaming 的输入 RDD 会被持久化成序列化的字节流。相对于非序列化数据，这样可以减少内存占用和 GC 开销。如果启用 Kryo 序列化，还能进一步减少序列化数据大小和内存占用量。如果还需要进一步减少内存占用的话，可以开启数据压缩（通过 spark.rdd.compress 这个配置设定），只不过数据压缩会增加 CPU 消耗。

（2）清除老数据（Clearing old data）：默认情况下，所有的输入数据以及 DStream 的 transformation 算子产生的持久化 RDD 都是自动清理的。Spark Streaming 会根据所使用的 transformation 算子来清理老数据。例如，你用了一个窗口操作处理最近 10 分钟的数据，那么 Spark Streaming 会保留至少 10 分钟的数据，并且会主动把更早的数据都删掉。当然，可以设置 streamingContext.remember 以保留更长时间段的数据（比如：你可能会需要交互式地查询更老的数据）。

（3）CMS 垃圾回收器（CMS Garbage Collector）：为了尽量减少 GC 暂停的时间，我们强烈建议使用 CMS 垃圾回收器（concurrent mark-and-sweep GC）。虽然 CMS GC 会稍微降低系统的总体吞吐量，但我们仍建议使用它，因为 CMS GC 能使批次处理的时间保持在一个比较恒定的水平上。最后，需要确保在驱动器（通过 spark-submit 中的 –driver-java- options 设置）和执行器（使用 spark.executor.extraJavaOptions 配置参数）上都设置了 CMS GC。

（4）其他提示：如果还想进一步减少 GC 开销，可以尝试以下的手段：配合 Tachyon 使用堆外内存来持久化 RDD 或者使用更多但是更小的执行器进程。这样 GC 压力就会分散到更多的 JVM 堆中。

至此，在学习了以上相关知识后，任务 3 就可以完成了。

本章总结

本章学习了以下知识点:

- 了解大数据处理中常用的实时流处理框架有哪些。
- 使用 Spark Streaming 处理 Socket 和 HDFS 上的数据。
- 使用 Spark Streaming 处理有状态的统计分析操作。
- 使用 Spark Streaming 整合 Flume 的两种不同方式。
- 使用 Spark Streaming 整合 Kafka 的两种不同方式。
- 通过案例掌握 DStream 中常用的 transformation 和 ouput operation 的使用。
- 常见的 Spark Streaming 调优策略。

本章作业

使用 mapWithState 算子实现有状态的统计分析，mapWithState 的性能高于 updateStateByKey 的实现。

随手笔记